刘敦桢全集

第十卷

中国建筑工业出版社

图书在版编目（CIP）数据

刘敦桢全集．第十卷／刘敦桢著．—北京：中国建筑工业出版社，2007

ISBN 978-7-112-09530-8

Ⅰ．刘… Ⅱ．刘… Ⅲ．古建筑－中国－文集 Ⅳ．TU-092.2

中国版本图书馆CIP数据核字（2007）第140797号

本卷主要内容有：《营造法式》校勘记录；广州古建筑随笔；南京附近六朝陵墓调查笔记；粮食仓库设计大要；曲阜古建筑调查笔记；皖南歙县古建筑调查笔记；《中国建筑史》课程学习说明；访问波兰笔记；访问苏联笔记。另有对河北等地一些佛塔的调查记录及写给建筑界著名人士的信函等。

责任编辑：许顺法　王莉慧
责任设计：冯彝诤　赵明霞
责任校对：刘　钰　关　健

刘敦桢全集
第十卷
*
中国建筑工业出版社出版、发行（北京西郊百万庄）
各地新华书店、建筑书店经销
北京广厦京港图文有限公司制作
北京盛通印刷股份有限公司印刷
*
开本：880×1230毫米　1/16　印张：19　字数：559千字
2007年10月第一版　2007年10月第一次印刷
印数：1-2500册　定价：65.00元
ISBN 978-7-112-09530-8
（16194）

出版说明

刘敦桢先生（1897−1968年）是我国著名建筑史学家和建筑教育家，曾毕生致力于中国及东方建筑史的研究，著有大量的学术论文和专著，培养了一大批建筑学和建筑史专业的人才。今年恰逢刘敦桢先生诞辰110周年，值此，我社正式出版并在全国发行《刘敦桢全集》（共10卷），这是我国建筑学界的一件大事，具有重要的意义，也是对建筑学术界的重大贡献。作为全集的出版单位，我们深感荣幸和欣慰。

《刘敦桢全集》收录了刘敦桢先生全部的学术论文和专著，包括了以往出版的《刘敦桢文集》（4卷）中的全部文章、《苏州古典园林》、《中国住宅概说》、《中国古代建筑史》（刘敦桢主编）和未曾出版的一些重要的文章、手迹。全集展示了刘敦桢先生在中国传统建筑理论著述、文献考证、工程技术文献研究、古建筑和传统园林实地调研等多方面的成就，反映了刘敦桢先生在文献考证方面的功力和严谨的学风，也表现了他在利用文献考证古代建筑方面所作出的卓越贡献。《刘敦桢全集》无疑是一份宝贵的学术遗产，具有非常珍贵的历史文献价值。对于推动我国建筑史学科的发展，传承我国优秀的传统建筑文化，将起非常重要的推动作用。

全集前九卷收入的文章是按照成稿的时间顺序而相应编入各卷的。

第一卷编入了1928～1933年间撰写的对古建筑的研究文章和调查记等。

第二卷编入了1933～1935年间撰写的对古建筑调查报告和研究文章等。

第三卷编入了1936～1940年间撰写的对古建筑的调查笔记、日记和研究文章。

第四卷编入了1940～1961年间撰写的对古建筑调查报告和研究文章等。

第五卷编入了1961～1963年间撰写的对古建筑、园林等方面的研究文章以及关于《中国古代建筑史》编辑工作的信函等。

第六卷编入了1943～1964年间撰写的中国古代建筑史教案及1965年间写的古建筑研究文章。

第七卷编入了《中国住宅概说》和《中国建筑史参考图》。

第八卷是《苏州古典园林》。

第九卷是刘敦桢先生主编的《中国古代建筑史》。

第十卷编入了未曾发表过的对古建筑的研究文章、生平大事、著作目录、部分建筑设计作品以及若干文稿手迹与生前照片等。

为了全集的出版，哲嗣刘叙杰教授尽最大可能收集了尚未出版过的遗著，并花费了大量的心血对全集所有的内容进行了精心整理，包括编修校核已有文稿、补充缺失图片以及改补文稿中的错漏等，对于全集的出版给予了大力支持。同时，在全集的出版过程中，我社各部门通力合作，尽了最大努力。但由于编校仓促，难免有不妥和错误之处，敬请读者指正。

中国建筑工业出版社

2007年9月

刘敦桢全集·第十卷

目　录

宋 · 李明仲《营造法式》校勘记录*（1933年4月）

《营造法式》序		第一页第二行	准崇□二年……	故宫本作“宁”字。
		第四行	勘熙□中……	故宫本作“宁”字。
		第八行	圣旨茬臣……	[校勘者注]：疑为“差”字。
《营造法式》看详		第二页第七行	朞列百司……	故宫本作“棊”字。
	看详一	第一行	营造法式看详	[校勘者注]：故宫本中《看详》在后，《目录》在前。
	方圜平直	第十行	立者中垂	[校勘者注]：《考工记》原文作“悬”。宋避始祖玄朗讳，改“垂”。
		第十三行	衡以水	[校勘者注]：《墨子》法仪篇无此三字。
		第十四行	正以垂	[校勘者注]：“垂”，宜改“悬”。
			无功工	故宫本作“巧”。
	看详二	第一行	韩□子曰	[校勘者注]：韩非子脱“非”字。
			班亦	应作“王尔”。
		第四行注	陊，丁来切，俗作“隋”，非。	故宫本“陊”作“果”。“隋”作“堕”。
		第六行	枰绳	故宫本作“抨”。
	取径围	第九行	未圜	故宫本作“求”。
		第九行	为准	故宫本作“率”。
		第十行	理非情密	故宫本作“精”。
	看详三　定功	第五行	法云	故宫本作“注”。
		第九行	柱弃	故宫本作“枉”。
		第十一行	为十分为准	故宫本“以十分率”。
	取正	第十九行	定平准	故宫本作“北”（误）。
		第二十行	《周礼》天官……条	[校勘者又注]：应作《周官》。又此条似应另行。
	看详四	第一行	《考工记》置槷以垂	[校勘者又注]：原本为“悬”。

*［整理者注］宋 · 李明仲《营造法式》刊行千年以来，原书久已不存，而传世抄本亦极为少见。盖岁久沧桑，书中图文或散失亡佚，或因讹传讹，致后学者每每不能通览。刘敦桢先生有鉴于斯，乃于1933年4月与谢刚主、单士元二先生以石印丁本校核北平故宫图书馆藏之抄本，纠其舛误，补其残缺。虽未能尽复该书之原貌，然亦大有俾益有志于斯学者之研究矣。除先生书于扉页之记文业经问世外，现又将多次校订之文图予以发表。另先生对陶本所作之勘校，其有关内容并予列入（页、行仍依丁本，注前则加“又”以示区别）。而在整理过程中发现之若干疑点，亦随附聊供参考。

	第八行	刊谬证俗	[校勘者又注]：应作“匡谬正俗”（唐颜师古撰，见《四库》总目）。
	第九行	有详	故宫本作“看”。
看详五	第二行	以为南□则四方正	[校勘者又注]：“南”后脱一“北”字（既记两穹心于地，故应加“北”字）。
	第五行末	丁本正文脱漏□□二字	故宫本作“安于”。
	第九行	以地板	故宫本作“池”。
	第十行注	今立表	故宫本作“令”。
	第十一行注	一丈二尺……	故宫本作“三”。
		立衣内向也	故宫本作“立表内向池”。
定平	第十三行、第十四行	垂	[校勘者又注]：均应作“悬”。
	第十九行	河晏	故宫本作“何”。
看详六	第四行	《周礼》	[校勘者又注]：应作《周官》。
	第十三行	内重记	故宫本作“画”。
	第十四行注	墨钱	故宫本作“线”。
	第十五行注	自子	故宫本作“平”。
	第十六行	用贡尺	故宫本作“真”。
看详七　墙	第三行	为准	故宫本作“率”。
	第四行	既勒	故宫本作“勤”。
	第十行	将，卑垣也	故宫本作“埒”。
	第十二行	□□贲墉	陶本作“天子贲墉”（漏二字）。
看详八	第三行	斜收北厚	故宫本作“比”。
举折	第十六行	刊谬证俗	[校勘者又注]：应作“匡谬正俗”。
看详九	第二行	以□分举一为祖	[校勘者注]：应为“以四分举一为祖”（漏一字）。
	第九行	相去远退	[校勘者又注]：故宫本亦作“退”，依前后之义，应作“近”。

	第十八行	下屋橑檐方	[校勘者又注]：应作“至”。
看详十	第二行	注下缺正文一字	故宫本作“如”。
	第三行	从樽心梓绳	故宫本作“抨”。
	第八行	从大角□背	[校勘者注]：依文义与建筑结构，应为“大角梁背”，缺一字。
	第十三行	义次	故宫本作“又”。
	第十六行注	以曲尺于纭上	故宫本作“纮”。
诸作异名	第十九行	修德 摠	故宫本作“立总”。
看详十一	第一行	有详	故宫本作“看”。
	第四行	今于遂作	故宫本作“逐”。
大木制度	第十一行注	一日开	故宫本作“閞”。
	第十六行注	二日柴瘤	故宫本作“枈”。
	第十八行注	三日阙阁	故宫本作“角”。
	第二十行	四日枝柱	[校勘者又注]：应作“樘”。
看详十二	第一行注	九日桅	故宫本作“櫋”。
	第四行注	一日栋	故宫本作“棟”。
	第五行	六日招	故宫本作“柖”。
		九日樟	故宫本作“橝”。
	第六行注	三日檐桅	[校勘者注]：故宫本无“檐”字。
小木制度	第九行注	二日表楬	故宫本作“揭”。
	第十二行注	三日袭	故宫本作“桊”。
	第十五行注	五日落	四库本作“箈”。
泥作制度	第十七行注	一日规	故宫本作“垷”，误。
看详十三 总诸作看详	第十三行	于经史等□书	故宫本作“于经史等群书”（漏一字）。又“书”字下不应空一格。
		考究到□制度典经传	故宫本作“考究到或制度与经传”（缺一字，误一字）。
	第十六行	与诸□谙会	故宫本作“与诸作谙会”（缺一字）。
	第十九行注	如功斗等	故宫本作“如斗栱等”。
		增减一等具功限	故宫本作“增减一等其功限”。

	看详十四 □□□□□□	第五行	（缺篇末标题）	故宫本有"营造法式看详"六字。
《营造法式》目录	第一□	第一页第四行		[整理者注]：似脱卷字。以下同。
	总释（上）	第一页第七行上注	殿堂□	故宫本作"殿堂附"（缺一字）。
	第三□			
	石作制度	第三页第三行下及注	壂阑石地□石	[整理者注] 应作"压"。故宫本于"地"后缺一"面"字。
		第五行下注	单钩□	故宫本作"单钩阑"（缺一字）。
		第十行上注	井口石□□□	故宫本作"井口石井盖子"（缺三字）。
	第四□			
	大木作制度	第十五行下		故宫本作"栱"。
	第六□			
	小木作制度	第四页第十行上注	朝门牙头护缝□□□□□□	故宫本作"软"门，牙头护缝"软门合板软门"（缺六字）。
	第七□			
	木作制度	第十八行上注及下注	四斜球文格子	故宫本均作"四斜毬文格子"。
		第二十行上、下	堂閤、殿閤	[整理者注]：均应作"阁"。
	第十二□			
	雕作制度	第六页第五行上	起突卷叶华	故宫本作"起突卷菜华"，误。
		第五行下	剔地漥叶华	故宫本作"剔地漥菜华"，误。
	锯作制度	第六页第十行下	枰墨	故宫本作"抨墨"。
	竹作制度	第六页第四行下	雀眼经	故宫本作"雀眼网"。
	第十三□			
	泥作制度	第七页第四行下注	直板	故宫本作"直扳"。
	第十四□			
	彩画作制度	第七页第十行下注	三晕带红淡间装附	故宫本作"棱"。
		第十二行上	杂闲装	[校勘者注]：故宫本亦作"闲"字，误。依

				卷十四彩画作制度，应作“间”。
	第十五□ 砖作制度	第七页第十七行下	幔道	故宫本作“慢”。
		第七页第十八行下	砖墻	故宫本作“榑”，误。[整理者注]“墻”应为“墙”。
		第十九行下	城辟水道	[整理者注]：应作“壁”。
	第十六□ 石作功限	第八页第十九行下	地栿石	故宫本作“袱”。
		第九页第一行下	□□	故宫本有“水槽”（缺漏二字）。
		第二行下	□□□	故宫本有“井□石”（缺漏三字）。
		第三行下	□□□	故宫本有“幡竿颊”（缺漏三字）。
		第四行下	□□□	故宫本有“笏头碣”（缺漏三字）。
	第十七□ 大木作功限一	第九页第十二行	每缝用供料	故宫本作“栱”。
	第十九□ 大大作功限三	第九页第二行注	准殿间法	[校勘者注]：应作“阁”。
	第二十一□ 小木作功限二	第十一页第五行上	胡梯	[整理者注]似应作“扶”。
总例图样	第三十□ 大木作制度图样上	第十三页第十六行	纹割铺作	[校勘者注]故宫本亦作“纹”字。依后文应改为“绞”。
	第三十三□ 彩画作制度图样□	第十四页第十七行		此标题下缺“上”字。
		第十五页第一行下	“□□□□□□”六字	应补标题“碾玉琐文第八”（缺六字）。
		第十五页第二行下	“□□□□□□”六字	应补标题“碾玉平綦第十”（缺六字）。
	第三十四□ 彩画作制度图样下	第十五页第九行及注	名件第十六解绿装附	应为“名件第十五”（下注四字取消）。

		第十五页第十行	□□□□□□□□□□□□□□	脱标题及注"解绿结华装名件第十六解绿装附"，共十四字。
《营造法式》卷第一	总释（上）	第一页第十一行下	□□	缺项。应作"飞昂"（漏二字）。
		第十二行下	□	缺项。应作"斗"（漏一字）。
		第十三行下	□□	缺项。应作"平座"（漏二字）。
		第十四行下	□	缺项。应作"柱"（漏一字）。
		第十五行下	□□□	缺项。应作"侏儒柱"（漏三字）。
		第二页第一行	礼儒	[校勘者又注] 应作《礼记》儒有。
		第三行注	曰寝但有太室	"太" 应作 "大"。
		第四行注	诗曰：尚末媿于	"末" 应作 "不"。
		第五行及注	谓之窔。礼曰：归室聚窔窔	"窔" 均作 "窔"。
		第六行	古之名未知为宫室	故宫本作 "民"。
		第七行	为宫室之法曰：□高足以辟润湿。	[校勘者又注]：故宫本作 "曰：宫高足"（缺一字）。然依《墨子》辞过·第六："故圣王作为宫室，为宫室之法曰：高足以辟润湿，边足以圉风寒……"。
		第六页第十四行	寝，寝也。	故宫本作 "寑"。
		第二页第十八行	之康音次。	故宫本作 "庾"。
		第二页第十九行	谓之 "控"。	故宫本作 "椌"。
	阙	第三页第四行	礼	[校勘者又注] 按所引为《公羊》昭公二十五年传，何休解诂文《礼记》礼器，仅有 "天子诸侯台门"。无下二

			句。
	第三页第七行	鲁昭公	故宫本误作“照”。
殿堂附	第三页第十二行	其上丹□之	故宫本作“其上丹壁之”（漏缺一字）。
	第三页第十八行	堂脩二七，广四脩一商人重屋	故宫本“脩”均作“修”。[校勘者又注]：宋避太祖父弘殷讳，改殷为商
楼	第四页第十二行	以候神人，乃帝立神台。	故宫本作“帝乃”（二字颠倒）。
亭	第四页第十八行	人所亭集也	[校勘者又注]：应作“停”。
	第二十行	今语有亭留□待	故宫本作“亭留亭待”（缺一字）。
城	第五页第十行	方九里，旁三门，□□□□□□□	故宫本依《周官》考工记，作“方九里，旁三门，国中九经九纬，经”（缺七字）。
	第十二行注	积七十二凡。	故宫本作“尺”。
	第十三行注	广度以广	故宫本作“度广以广”（二字颠倒）。
	第十五行	用书餱粮	故宫本作“糇”。
	第十七行注	天子之城千雉，高十雉。	故宫本作“七”。
	第十八行	《礼》月令	[校勘者又注]：应作“《礼记》月令”。
	第二十行	鲧越城	故宫本作“鲧筑”。
	第六页第二行	天子之□□九仞	应作“城高”（缺二字）。
	第四行	言于孔中	故宫本作“於”。
	第五行	比之于城	故宫本作“於”。
	第六页第二十行	队	故宫本作“隊”。
墙	第七页第一行及注	庀音匕	故宫本作“庀”音“乇”。
		□垣谓之腔	故宫本作“穿”（漏一字）。
柱础	第七页第七行注	磌音真，又徙年切	故宫本作“徒”。
定平	第七页第十二行注	于四角立柱	故宫本作“植”。
	第十三行注	既定，□为位□平地	故宫本作“既定，乃为位而平地”（缺二字）。

	第十五行	营子夫淮	[校勘者又注]：应为“《管子》夫准”。
取正	第七页第十九行	《周礼》天官	[校勘者又注]：应作《周官》。
	第二十行	置槷以垂	[校勘者又注]：“垂”应作“悬”。
	第八页第一行注	自日出而画其景……	故宫本作“景”。
		既则为规，测景雨端	故宫本作“两”。
	第五行	刊谬证俗	[校勘者又注]：应作“匡谬正俗”。
材	第八页第七行	《周礼》	[校勘者注]：应作《周官》。
	第十一行	又《西都赋》因坏材	[校勘者又注]：应作《西京赋》。故宫本“坏”作“瓌”。
	第十二行	官职材	故宫本作“赋”。
	第十四行及注	傅子……桁音行	故宫本作“传”及“衡”。
	第十五行注	以章梁为祖□□□人。	故宫本作“以章梨为祖今语以人”（错一字，缺三字）。
	第十五行注	谓之失章□□盖此也。	故宫本作“谓之失章失㮣盖此也”（缺二字）。
栱	第八页第十七行注	曰楢開音弁	故宫本作“关”，误。
	第十八行	㭜，柱上方木	故宫本作“枅”。
	第十九行	奉然也	故宫本作“拳”。
飞昂	第九页第七行	栌角落以相承	故宫本作“各”。
	第八行	双覆并菱	故宫本作“井”。
	第十行注	昂字又作抑或依	故宫本作“昂字又作柳或作”。
		鹹于交切俗作四者，非是。	故宫本作“於交切，俗作凹者”，非是。
斗	第九页第十五行	《语》	[校勘者又注] 应作“《论语》”。
	第十六行	《尔雅》□□	[校勘者又注] 下遗“释宫”二字。
	第十八行	虚在柱端	[校勘者又注] 应作“栌”。

	第十九行	棯也	[校勘者又注]应作“员檼”。
	第十页第二行及注	楷𩞄	故宫本作“楷”及“沓”。
铺作	第十页第四行	柱榱	[校勘者又注]“榱”应作“枅”。
	第六行	夭矫而交结	[校勘者又注]“矫”应作“蟜”。
	第九行	李含华《含元殿赋》:云蒲万栱	故宫本作“李华含元殿赋云薄万栱”。
	第十行	千栌骈凑	[整理者注]陶本作“悬”。
平坐	第十页第十二行	张衡《西都赋》	[校勘者又注]应作《西京赋》(又见第十九行)。
	第十四行	绿云上征	故宫本作“缘”。
梁	第十页第十八行	委参差之糠梁	[校勘者又注]“之”应作“以”。
	第十一页第一行	(缺字,新增一行)。□□□□□□□□□□□□□	故宫本作“《景福殿赋》:双枚既修两重作梁也”(缺正文及注共十三字)。
	第一行(原)	乂	故宫本作“又”。
	第二行(原)	谓之昴	故宫本作“罚”。
柱	第十一页第六行	《春秋》	[校勘者又注]应作《左传》庄二十三年。
	第七行(原)	大夫苍士黈	故宫本作“士”,误。
	第九行	《西都赋》	[校勘者又注]应为《西京赋》。
	第九行正文及注(原)	雕玉填以居楹填音镇	均作“瑱”。
阳马	第十一页第十五行	商人四阿重屋	[校勘者又注]“商”原作“殷”。
	第十九行正文及注(原)	以涌霤屋上四角两水	[校勘者又注]:“以”应作“而”。故宫本“两”作“雨”。
	第十九行注(原)	写之于地也	[整理者注]应为“泻之于地也”。
	第十二页第一行	谓之柧棱	[整理者注]似应作

				"柧"。
	侏儒柱	第十二页第三行	《语》	[校勘者又注] 应作"《论语》"。
		第四行	谓之棁	[校勘者又注] 原作"棳"(音"拙",与"棁"通)。
	斜柱	第十二页第九行	《长门赋》离栖梧	故宫本作"楼"。
《营造法式》卷第二	总释下	第一页第六行上	摶风	[整理者注] 似应为"搏"。
		第七行下	擔	[整理者注] 似应为"檐"。
	栋	第二页第二行	《尔雅》□□	[校勘者又注] 脱"释宫"二字。
		第三行注	前曰庋	故宫本作"庪"。
		第五行	《西都赋》	[校勘者又注]:应作《西京赋》。
		第六行注	即屋檼也	故宫本作"穏"。
		第七行注	徐偕曰:所以承瓦……	故宫本作"锴"。
		第八行	所以隐桶也	[校勘者又注]:"桶"应作"桷"。
		第二页第十一行注	亦谓之标	故宫本作"檦"。
	两际	第二页第十三行	《尔雅》:桷直而遂	故宫本作"桶",误。
	风	第十七行正文及注	东槩槩屋	故宫本均作"荣"(又见第二十行)。
		第十九行	屋梠	[整理者注]应作"梠"。
	柎	第三页第三行	跧伏于柎恻	[整理者注]"于"应作"於"。故宫本"恻"作"侧"。
	椽	第三页第十行	桷谓之榱	故宫本作"桶",误。
		第十一行	璇题玉英	故宫本作"琁"。
		第十三行	谓之栋,驰绿切	故宫本作"椟",误。"驰"作"耻"。
		第十五行	榱在稳旁	故宫本作"穏"。
		第十七行注	叶徧短椽也	故宫本作"槅"。[整理者注]"叶"为"禁"之误。
		第三页第十九行注	或作槶	[整理者注] 陶本作"槶"。

檐	第四页第四行	礼复廇重檐天子之庙饰也	[校勘者又注] 原文作"《礼记》明堂位：复庙，天子之庙饰也。"
	第十行	又曰棔棔旅也，连旅旅	故宫本"旅"均作"旅"，误。"棔"应作"梠"。
	第十五行注	连檐木□承瓦也	故宫本漏"以"字。
举折	第五页第二行	刊谬证俗	[校勘者又注] 应为"匡谬正俗"。
		今犹言陠	[整理者注]似应作"峬"。
	第五页第六行	闲以	故宫本作"间"。
门	第五页第八行	重门击柝	故宫本作"析"，误。
	第九行	诸衡门	故宫本作"《诗》"。
	第十一行	诗义横□木作门	故宫本作"一"（缺一字）。
	第十二行	高其闲闳	故宫本作"闬"。
	第十六行注	或达北稳	故宫本作"槐"。
	第十九行	闺持立之	故宫本作"特"。
	第六页第四行注	朱若木切	故宫本作"苦"。
	第五行	为扪幕障卫也	[校勘者又注] 应为"在外，为人所扪摸也。"
	第九行正文及注	臬谓之扶	故宫本作"柣"。
		阑谓之阏	故宫本作"闳"。
		谓之扊扅上音珓下音移。	故宫本作"琰"。
	第十行正文及注	门上梁谓之楣音胃	故宫本作"楣"及"眉"。
	第十一行	外关谓之扃	故宫本作"扃"。
	第十二行	门次谓之闯	故宫本作"阘"。
华表	第七页第三行正文及注	言渊圣御名声如今人犹	[校勘者又注] 应为"言桓声如和今犹……"（见《汉书》尹赏传注）。
	第十三行	谓之莗	[整理者又注]陶本作"華"。
窗	第七页第十二行	在墙曰牖	故宫本作"墻"。
	第十六行注	谓之篰□□	故宫本作"音部"（注缺二字）。

	第十七行	廔	故宫本作“瘻”。
平棊	第七页第十九行正文及注	出马今本作平栎者悮	故宫本“马”作“馬”。[整理者注]“悮”应为“误”。
	第二十行	《山海经》	[整理者注]应作“经”。
	第八页第一行注	如攀额樘柱	故宫本作“撑”。
	第二行注	谓之平用	故宫本作“闇”。
斗八藻井	第八页第四行	带倒茄于	故宫本作“蔕”。
	第五行注	以莲茎	故宫本作“茎”。
	第六行注	及美蓉	故宫本作“芙”。
钩阑	第八页第十一行	《西都赋》	[校勘者又注] 应作《西京赋》。
	第十四行	棂槛披张	[校勘者又注]“披”应作“邳”。
	第十五行	如蛇之停	故宫本作“虬”。
	第十六行	攀槛楹折	故宫本作“槛”。
	第十七行	当中两洪不施寻杖	[整理者注]疑“洪”字有误 。
	第十八行	阶□谓之阑	故宫本作“阶槛谓之阑”(缺一字)。
拒马叉子	第八页第二十行	《周礼》	[校勘者又注] 应作《周礼》(又见第九页页第四行)。
	第二十行注	郑司农云：枇榱	故宫本作“梐”。
	第九页第一行注	揩枑	故宫本作“楷”。
屏风	第九页第八行	屏风□可以□障风也	[校勘者又注] 脱“言”及“屏”二字。
槏柱	第九页第十行注	或额及榑之下	故宫本作“榑及额之下”(颠倒)。
		今俗	故宫本作“忞”。
露篱	第九页第十六行	《傅雅》 檬	[整理者注]“傅”似应作“博”。故宫本“據”作“摅”。
	第十六行注	谓之栩音湖	故宫本作“朔”。
鸱尾	第十页第一行	宋海有鱼	故宫本作“东”。
瓦	第十页第四行	瓦上器	故宫本作“土”。
	第九行注	瓪音版	故宫本作“敢”。
涂	第十页第十一行	唯其涂塈茨	故宫本作“既”，误。
	第十六行注	涂土□作具也	故宫本作“涂土之作

			具也”（漏一字）。
		第十八行	阕东谓	故宫本作“関”。
		第十一页第一行正文及注	黝垩乌故切□□□□□□□□□□□□□□□□□□□□□	故宫本作“垷岘又乎典切墀墅忧奴回切垅力奉切㮲古湛切”（漏遗达二十一字之多）。
		第三行正文及注	塓谓□□□□□□□□□□□	“之垅音垄仰塗谓之塈音洎”（漏遗十一字）。
	彩画	第十一页第八行	绣栖云楣	[校勘者又注] 应作《西京赋》。故宫本“栖”作“栭”。
		第十行正文及注	青琑丹楹（注中亦为琑）	故宫本作“琐”（注中亦依此改）。
		第十五行	作熋	故宫本作“缋”。
	阶	第十二页第二行注	博雅陀任己切	故宫本作“仕”。
		第十二页第十行注	音洞	故宫本作“侗”。
	总例	第十三页第十六行	所得功十分为准	故宫本作“率”。
		第十八行	或柯木	故宫本作“材”。
		第十四页第一行	各随所用细计	故宫本作“纽”。[校勘者注]“纽”疑为“约”。
《营造法式》卷第三	壕寨制度：取正	第二页第七行注	用瓪合造	故宫本作“版”。
		第九行	令日景北夜透望以筒指北	故宫本作“令日景透北夜望以筒指北”（字句颠倒）。
		第十一行	以为南□	[校勘者又注] 漏“北”一字。
		第十七行注	要置令立表在南地版在北	故宫本作“安置令立表在南池版在北”。
	定平	第三页第七行注	若槽□如有不可用水处即于桩子当心施墨线一□上垂绳墨	故宫本作“若槽内如有不可用水处即於桩子当心施墨线一道上垂绳坠”（漏二字，错二字）。
	立基	第三页第十六行	中庭修广□	故宫本作“中庭修广者”（缺一字）。
		第十七行	与材五倍	故宫本作“六”。
	筑基	第三页第二十行注	每窝子内名打三杵	故宫本作“各”。

	第四页第三行	厚三寸每布碎砖瓦	故宫本作“碎”。（又见第六行正文二处）。
	第六行	或曰尺……每二三分内	故宫本作“或四尺”。［校勘者又注］“二”作“土”。
城	第四页第八行	厚加高一十尺	故宫本作“二”。
墙	第五页第二行注	屋下只加三寸翊削并准筑城□□	故宫本作“屋下只加二寸翊削，并准筑城制度”（错一字，缺二字）。
筑临水基	第五页第五行	斜随乌头	故宫本作“马”。
	第六行	稍上用胶上	故宫本作“土”。
	第七行注	两岸马头准□	故宫本作“准此”（缺一字）。
石作制度 造作次序	第五页第十行注	用錾楬剥高处	故宫本作“揭”。
	第十行	一曰矗搏	［校勘者又注］“一”应作“二”。
	第十三行	墼地隐起华	故宫本作“压”。（又见第十四行注及第十五行）。
	第十六行	并用翎翩刷	故宫本去一“翩”字。
柱础	第六页第二行	五曰碱六曰碌今谓之石硬碇	故宫本作“五曰碱，六曰磉今谓之石碇”（去“硬”一字）。
	第三行注	谓柱经二尺	故宫本作“径”。
	第五行	以厚三尺为准	故宫本作“率”。
角柱	第六页第十五行	令与角石□□	故宫本作“令与角石通平”（缺二字）。
	第十八行	皆随两□转角	故宫本作“皆随两面转角”（缺一字）。
殿阶基	第七页第三行	作起突壶门造	故宫本作“壸”。
殿阶螭首	第七页第九行	以十分为准	故宫本作“率”。
殿内斗八	第七页第十行		［整理者注］应作“斗”（亦见第十一行）。
	第十二行	当心施云捲捲内用	故宫本作“棬”。［整理者注］故宫本仅改第二字，第一字似亦应改。

	第八页第二行	坐	[校勘者注]此字应属注，非正文，故应用小号字。
重台鉤阑	第八页第三行		[整理者注]应为"钩"（下注及后文多有此误）。
	第八行	地袱（二处）	故宫本作"栿"。
	第十二行注	头上即子	故宫本作"狮"。
	第十六行注	各留十分中日厘如单鉤阑即據项造	故宫本作"各留十分中四厘如单钩阑即撮项造"。[校勘者注]此"厘"疑为"分"之误。
	第九页第八行	各作一半令遂段相接	故宫本作"逐"。
螭子石	第九页第十行	施之于阶校	故宫本作"棱"。
	第十一行	上阑方口其广□阑卯	故宫本作"上开方口其广随阑卯"（错一字，缺一字）。
门砧限	第九页第十六行及注	广一尺厚六分凿卯口与立杖合角造	故宫本作"广一尺厚六寸凿卯口与立柣合角造"。
	第十七行注	侧面分心举金口一道	故宫本作"凿"。
	第十九行注	下栽三尺	故宫本作"二"。
	第十页第一行正文及注	□□□□□□□□□□□□□□□□□□□□	故宫本作"止扉石其长二尺方八寸上露一尺下栽一尺入地"（缺二十字）。
□□	第十页第二行		缺标题"地栿"。
	第十页第四行注	为准	故宫本作"率"。
	第六行	立排叉柱	故宫本作"义"。
流杯渠	第十页第八行注	用方三尺石二千五段造	故宫本作"十"。
	第八行正文	□□□□□	故宫本作"其石厚一尺"（缺五字）。
	第九行注	或作风字作作国字	[校勘者注]故宫本与陶本一致。疑应作"或"。
	第十行注	广二尺厚二尺	故宫本作"一"。
	第十一行	厚一尺工寸	故宫本作"二"。
	第十二行	水斗子二枚名方二尺	故宫本作"各"。

	坛	第十页第十七行正文及注	或起突作壸门造石段里用砖填□心内	故宫本亦作“壶”，误。注中“填后”（缺一字）。
	卷輂水窗	第十一页第一行	用碎砖瓦打筑	故宫本作“碎”。
		第六行	用斧两石	故宫本作“刃”。
	水槽子	第十一页第十四行起	□□□□□□……（全节脱漏）	故宫本作“造水槽之制长七尺方二尺每广一尺唇厚二寸每高一尺底厚二寸五分唇内底上并为槽内广深”（共漏三十九字）。
	□□	第十一页第四行（原）		缺标题“马台”。
		第十一页第十四行（原）	造水槽之制高一尺二寸	造马台之制高二尺二寸（误三字）。
	井□石井盖子	第十一页第十七行注及第十九行正文（原）	造蓋子	［整理者注］均应作“盖”。
		第十二页第一行注	五分安说角铁	故宫本作“讹”。
	笏头碣	第十三页第五行	或作垒涩	［校勘者又注］应为“或作叠涩”。
		第十三页第十行		移至本页第七行。
《营造法式》卷第四	大木作制度一			
	材	第一页第十一行	□	［校勘者注］之（原行首之“之字，上升至顶）。
		第十二行正文及注	第一等广九寸厚六寸以六分为一分	［校勘者注］“此行另起一行，距顶低一字”。
	栔	第二页第八行	契广六分厚四分	故宫本作“栔”。
		第九行注	谓之閤架	故宫本作“栔”。
	栱	第二页第十三行	二曰栾三曰欂四曰曲折	故宫本作“二曰栾，三曰欂，四曰曲枅”。
		第十五行注	或谓之杪	故宫本作“抄”。［整理者注］“杪”与“抄”二者都曾使用，目前学术界似以赞同前者居多。
		第十六行	其长十二分若铺	故宫本作删去“若铺”二字。

	第二十行注	如里跳或多不及四瓣者柢用三瓣	故宫本作“减”及“祇”。
	第三页第三行	心不过三千	故宫本作“十”。
	第五行注	出栌头者	故宫本作“楮”。
	第六行	其华杪	故宫本作“栱”。
	第十一行注	全用单栱造者尺用令栱	故宫本作“只”。
	第十八行	与要头相交	故宫本作“耍”。
	第四页第三页末缺遗慢栱全条	□□□□□□□□□ □□□□□□□□□ □□□□□□□□□ □□□□□□□□□ □□□□□□□□□ □□□□	[校勘者注]应补：“五曰慢栱或谓之肾栱，施之于泥道瓜子栱之上，其长九十二分。每头以四瓣卷杀，每瓣长三分。骑栿及至角则用足材”（共缺漏四十六字）。
（因补充之行数尚无法统计，故下文仍依原来页数及行数）	第四页第一行	凡栱之广厚并如村	故宫本作“材”。
	第八行注	又栱头童出一枓	故宫本作“量”。
	第十三行	慢栱与切几头相对	[校勘者注]按前后文义，当为“列”字。
	第十五行正文及注	令栱与爪子栱出跳相列乘替木头	故宫本亦为此字，应为“瓜”字。又见第十八行注。 [校勘者注]“乘”疑为“承”之误。
	第十七行	口上当心面面	故宫本作“两”。
	第十八行注	合栱慢栱也	[校勘者注]故宫本作亦为“合”。依文义应作“令”。
	第十九行注	各陡所用	故宫本作“随”。
	第二十行注	深十分连契	故宫本作“栔”。
	第五页第二行注	如今用栱只用四瓣	故宫本“今”作“令”。又删去“用”字。
	第五页第四行	造昂之制有二：一曰下昂	故宫本作“造昂之制有二：一曰下昂”（另起一行）。
	第五行		
	第八行注应紧接于第七行正文之后		势圜和亦有于昂面……

	第十二行注	每瓣长四分□	[校勘者注] 故宫本与丁本一致。但前文华头子长九分，匀分两卷瓣，每瓣应长四分半，故疑"分"下脱"半"字。
	第十三行	尺于枓口内	故宫本作"只"。
	第十四行	皆斜开镫日	故宫本作"口"。
	第十六行	五铺作并歸平	故宫本作"归"。
	第十九行	二八	故宫本作"分"。
	第六页第二行	笞至下平槫	故宫本作"皆"。又见第九行注。
	第三行注	槫昂又谓之梓昂	故宫本作"插昂又谓之挣昂"。
	第五行	于第□跳上用之	故宫本作"一"（漏一字）。
	第八行	或只跳一枓或跳一材两梨	故宫本均作"挑"。
	第十一行	柱头即□草袱或丁袱压之	故宫本作"以"（漏一字）。[整理者注]"袱"均应作"栿"。
	第十二行	三曰上昂	[校勘者注] 故宫本同丁本。依前文"造昂之制有二"，则"三"应为"二"。
	第十四行	如五铺作草杪	故宫本作"单抄"。
	第十七行	共高五材四梨	故宫本作"栔"（又见第七页第一行）。
	第二十行注	斗口内用鞾梨	故宫本作"楔"。
	第七页第十四行	施之于外跳彧单栱彧重栱	[整理者注] 均应作"或"。
	第十六行	笞主下枓底	故宫本作"皆至"。
	第十八行	凡骑枓栱宜车用	故宫本作"单"。
爵头	第八页第二行	长五分下火棱	故宫本作"大"。
	第三行	开龙牙口广牙半分	故宫本删去"牙"字。
	第六行	有碍昂势处即随昂势斜杀于	故宫本将"势"及"于是"二字删除。
	第七行	安到心股卯	[整理者注] 似应作"鼓"。

	第八行注	只用皁材	故宫本作“单”。
斗	第八页第十六行注	补间铺作用讹角□斗	[校勘者又注] 卷三十大木作图样绞割铺作栱昂枓等所用卯口图内作讹角箱斗，较此增一“箱”字。
	第八页第十七行注	四耳如旋	故宫本作“施”。
	第九页第一行注	若施之于平座	故宫本作“於”。
	第三行注	如施□□田昂	[校勘者注] 故宫本作“田昂”。依文义应为“由昂”。所缺二字为“之于”。
	第九行	欹䫜半分。凡四耳斗于顺跳口内……	[校勘者注] 自“凡四耳枓于顺跳口内……”，应另起一行。
	第十行注	栱口内晋隔口包耳	故宫本作“留”。
总铺作次序	第九页第十六行注	下出一卷头山施一昂	故宫本作“上”。
	第十七行注	下出一卷头，上施两昂	[整理者注] 或下出两卷头、上施一昂。
	第十页第一行	相相以承以承撩檐枋至至角	故宫本作“相交以承橑檐枋至角”（错二字，删去三字）。
	第二行注	以坐角神	[整理者注]应作“坐”。
	第五行注	每间之广又尺不得过一尺	故宫本“又”作“丈”。[校勘者注] 故宫本“尺”亦作“尺”。依前文疑为“丈”之误。
	第八行注	谓之转药偷心	故宫本作“叶”。
	第十行	每跳令栱上□用素枋一重	故宫本作“只”。
	第十一行注	谓之罗漫方，方上斜斗安遮椽版	[校勘者注] 故宫亦作“漫”，陶本作“汉”，孰是待考。后文中“斗”删去。
	第十二行	一梁	故宫本作“絜”。
	第十四行注	瓜子栱槾栱	故宫本作“慢”。
	第十五行	斗慢栱	故宫本此三字均删去。

		第十六行	若铺作数方	故宫本作“多”。
		第十一页第八行	昂若下一杪偷心	[校勘者注] 此行应下移六字。
		第十行	单栱八铺作四抄三昂	故宫本作“两”。
	平坐	第十一页第十五行	其铺作减土屋一跳	故宫本作“上”。
		第十九行注	于附角斗上各别如铺作一缝	[校勘者注] 应作“加”。
		第二十行	凡平坐先自铺作下	故宫本删去“先自”二字。
		第十二页第一行注	若缠柱边造	故宫本删去“边”字。
		第四行	凡平坐四角坐起	故宫本作“生”。
		第四行注	生负柱法	故宫本作“角”。
		第十行		应移至第九行之起首
《营造法式》卷第五	大木作制度二	第一页第八行上	榑风板	[整理者注] 似宜用“搏”。
		第九行下	擔	[整理者注] 似宜用“檐”。
	梁	第一页第十六行注	与大梁广用	[整理者注] 疑为“同”。
		第二页第二行	四铺作五铺作广如材一倍	故宫本作“加”。
		第五行	准此法如加减	故宫本减去“如”字。
		第六行注	凡方本小	故宫本作“木”。
		第七行注	如碍搏及替木即于梁上角开抱搏口	故宫均作“榑”。
		第八行注	即上如缴背下贴两頬不得刻剜梁面	故宫本作“上加缴背，下贴两颊，不得剜刻梁面”。
		第二十行	从下高二十五分背上	故宫本作“从下高一十五分上背”。
		第三页第二行注	留一分作琴面	[校勘者注] 疑为“二”。
		第三行	若劄臺	故宫本作“牵”。
		第八行	并作隱斗	[整理者注] 宜用“隐”。
		第十行	在尺梁之上	故宫本作“大”。
		第十三行	在明梁之上外至橑檐	故宫本将此数字均删除。

	第十五行	以两椽材斜长加之	故宫本无"材"字。
	第十六至十九行	"凡平棊方在梁背……"全段	故宫本将此段列于本节之后，即阑额之前。但第十七行中"杀"字应为"殿"。
	第四页第三行	"柱樘固济"	[校勘者注]应为"枝樘固济"。
阑额	第四页第七行	入柱卯减厚之半	故宫本作"夘"，误。
	第十二行注	出外卷杀	故宫本作"夘"，应作"卯"。
	第十五行	广一材三分至一分材一栔	故宫本无"分"字。
	第十六行	凡地栿广如材厚二分至三分	故宫本作"加"。
柱	第四页第二十行	若殿间	故宫本作"阁"。
	第五页第二行注	柱虽长下越间之广	故宫本作"不"。
	第四行注	自平柱叠递向角	故宫本作"进"。
	第九行	令柱头与栌枓底相副	[整理者注]宜用"符"。
	第十五行	即侧脚八厘至每角柱	故宫本删去"每"。
	第十九行	柱侧脚底只以柱以上为则	故宫本删去"底"、"以"二字，"只"作"秖"，误。
阳马	第六页第十五行	凡堂厅共厦两头造	[校勘者注]故宫本亦如此。疑为"厅堂"之误。又"共"应为"若"。
	第十五行注	亭榭之类转二椽	故宫本为"一"。
	第十六行注	王公以下居第并厅厦两头	故宫本作"听"。
侏儒柱	第七页第六行	即于蜀柱之上	故宫本为"蜀"。
	第十行	如屋内遍用欅间	[整理者注]应作"遍"。故宫本作"襻"，误。
	第十一行注	作楷头以乘替木	[校勘者注]"乘"疑作"承"。
	第十二行	欅间（二处）	故宫本皆作"襻"，误。
	第十三行	凡蜀柱……中心安顺脊串	[整理者注]应为"蜀"。故宫本作"脊"，误。

	第十四行注	其长随举相高下	故宫本作"柱"。
	第十五行	足顺墼串	[校勘者注]丁本作"顺压串"，陶本作"顺脊串"，皆误。应依故宫本作"顺栿串"。又"足"为"凡"之误。此条依文义应移至阑额节内。
		即作牖头	故宫本作"楷"。
	第十六行	在牵梁或乳袱下	故宫本作"栿"。
栋	第七页第十七行注	三曰棉，八曰栋，	故宫分别作"櫋"、"檀"。
	第十八行	用槫之制	故宫本作"槫"。
		厅堂往	故宫本作"槫径"。
	第十九行	屋槫径加材至二分至二分	[整理者注]"槫"应作"槫"(又见二十行)。故宫本作"加材一分至二分"(删去"至"字)。
	第十九行	长随间广	[校勘者注]"间广"二字为正文，不应小写。
	第二十行	及西间者皆头东而尾西	故宫本"皆"作"皆"(又见第八页第一行)。
	第八页第七行	凡橑檐方更不用橑风槫	故宫本作"撩"及"槫"。
	第八行	至用随宜	故宫本作"角"。
	第十一行	或随宜加高	[整理者注]宜用"或"。
	第十二行	槫(二处)	[整理者注]宜用"槫"(又见第十四行及第十六行)。
		谓之午脊槫	故宫本作"牛"。
	第十三行	用矮柱敦椂	故宫本作"㮫"。
博风板	第八页第十五行	二曰槫风	[整理者注]应作"搏"(又见第六行)。
	第十六行	于屋两际两际	故宫本中删去重复之"两际"。

柎	第九页第三行	其长一百一十六分	故宫本作“二”。
	第五行及注	与“榑”齐随榑齐处	[整理者注] 均应作“榑”(又见第十行)。
椽	第九页第七行注	短椽其名有二：一曰栋	故宫本作“楝”。
	第十行	至下架即如长出擔	故宫本“如”作“加”。[整理者注] 应作“檐”。
	第十三行	若四裵回转	[整理者注] 此字意义不明。
	第十四行注	至次角□补间	[校勘者又注] 漏柱字。
檐	第九页第二十行	六曰梠七曰檽八曰联櫋	故宫本分别作“梠”、“棂”、“櫋”。[校勘者又注] 按康熙字典无“櫋”字，仍以“櫋”为是。
	第十页第三行	即檐出四寸凡至四尺五寸	故宫本“寸”作“尺”，又删去“凡”字。
	第七行注	恐擔圜而不直	故宫本作“檐”，亦误。
	第八行注	大小不同纳此	故宫本作“约”。亦从上条校正。
	第十行	杀二分皆以三瓣卷杀上一瓣长一分	故宫本分别作“皆”与“五”。[校勘者又注] 依实际绘图结果，仍以“一分”为是。
	第十二行注	令背兴小连檐平	故宫本作“与”。
举折	第十页第十八行	屋内筑柱之高	故宫本作“梁”。
	第二十行	相法远近	[校勘者注] 应作“去”。
	第十一页第三行	若筒瓦廊屋及瓪瓦厅堂	故宫本作“瓪”，误（又见第十四行注）。
	第五行注	二分中举六分	故宫本作“一”。
	第七行	下屋橑檐枋背	故宫本“屋”作“至”。
	第十行注	第二缝二尺	故宫本作“一”。
	第十六行	先从大角□背	[校勘者再注] 缺一“梁”字。
	第十九行	取太角梁背	故宫本作“大”。

		第十二页第二行注	于纮上取	故宫本作“纮”。
《营造法式》卷第六	小木制度一	第一页第七行上 第十一行下	睒电 □□	故宫本作“睒”。 故宫本作“地棚”（漏二字）。
	板门	第一页第十三行注	谓门高一尺则每扇之处	故宫本作“丈”及“广”。
		第十五行注	獨扇用者高不过七又余	故宫本作“独”及“尺”。
		第十七行注	或靴臼	［整理者注］宜用“或” ［校勘者注］“鞾臼”于故宫本及丁本中均一致，疑为“靴臼”之误。
		第十八行注	广一尺厚三丈尺大不等	［校勘者注］“丈”于故宫亦作此。依文义应为“寸”。其后之“大”则应为“丈”。
		第二页第二行末至第三行首		［校勘者注］据陶本于“合缝计数”与“鹅台石”之间脱第二页全页。
		第二页第三行	以下脱漏全页	令足一扇之广如牙缝造者，每一板广加五为定法，厚二分。
		第四行至第六行		楅：每门广一尺，则长九寸二分广八分厚五分，衬关楅同，用楅之数，若门高七尺以下用五楅，高八尺至一丈三尺用七楅；高一丈四尺至一丈九尺用九楅；高二丈至二丈二尺用十一楅；高二丈三尺至二丈四尺用十三楅。
		第七行		额：长随间之广，其广八分，厚三分双卯

			入柱。
		第八行	鸡栖木：长厚同额，广六分。
		第九行至十一行	门簪：长一寸八分，方四分，头长四分半余分为三分，上下各去一分，留中心为卯。颊内额上两壁各留半分，外均作三分，安簪四枚。
		第十二行至十三行	立颊：长同肘板，广七分，厚同额三分中取一分为心卯，下同。如颊外有余空，即里外用难子安泥道板。
		第十四行	地栿：长厚同额，广同颊若断砌门，则不用地栿，于两颊下安卧柣、立柣。
		第十五行	门砧：长二寸一分，广九分，厚六分地栿内、外各留二分，余并挑肩破瓣。
		第十六行至二十五行	凡板门如高一丈，所用门关径四寸关上用柱门拐榼鏁柱长五尺，广六寸四分，厚二寸六分，如高一丈以者，只用伏兔手栓。伏兔广厚同楅。长令上下至楅。手栓长二尺至一尺五寸，广二寸五分至二寸，厚二寸至一寸五分。缝内透栓及劄，并间楅用。透栓广二寸，厚七分。每门增高一尺，则关径加一分五厘。搕鏁柱长加一寸，广加四分，厚加一分。透

			栓广加一分，厚加三厘透栓若减，亦同加法。一丈以上用四栓，一丈以下用二栓。其劄若门高二丈以上，长四尺，广三寸二分，厚九分。一丈五尺以上，长同上，广二寸七分，厚八分。一丈以上，长三寸五分，广二寸二分，厚七分。高七尺以上，长三寸，广一寸八分，厚六分。若门高七尺以上，则上用鸡栖木，下用门砧若七尺以下，则上下并用伏兔，高一丈二尺以上者，或用铁桶子。
	第三行	鹅台石砧高一丈	故宫本作“二”。
	第四行	安铁靴四	故宫本作“臼”。
	第五行	随立柣□之广	[校勘者又注] 脱“间”一字。
	第六行	长一尺五寸用榴一枚	故宫本作“楅”。
乌头门	第二页第七行	二曰表楬	故宫本作“揭”，误。
	第十行注	或用草腰串	故宫本作“单”。
	第十一行	□中心分作两分腰上□子桯	故宫本分别作“串”及“安”字。
	第十一行及注	德子之数须只用腰华门下	故宫本分别为“棂”、“双”及“以”。
	第十三行注	左右结用	故宫本作“角”。
	第十六行	桯同上长	故宫本作“桯长同上”（顺序颠倒）。
	第十七行	厚同肘□	[校勘者注]“肘”下疑脱“版”字。
	第二十行	子桯广一分二厘	故宫本作“二”。
	第三页第六行	广一分	故宫本作“六”。
	第十一行注	頰下安□柣	故宫本有“卧”字。
	第十二行	挟门柱方八分	[校勘者注]“八分”，指门每高一尺而言。
	第十四行	枪柱	故宫本作“抢”。

	第十四行注	每门高一尺则加一寸	故宫本作“二”。
	第十六行	白鸱	故宫本作“白鹅”。
软门	第三页第十七行注	牙头护缝钦软门	故宫本删去“钦”字。
	第四页第二行注	一丈二尺至一丈六尺	故宫本作“三”。
	第六行	厚一分八厘	故宫本作“氂”（又见第八行及十四行）。
	第七行	方一分八厘	故宫本作“方二分八氂”。
	第八行注	随其后三分	故宫本作“厚”。
	第十行	腰华板长同上广五分	此行字上升一字，与他行平齐。
	第十二行注	议缝广二寸	故宫本作“护”。
	第十五行	身口板长视广一寸	删去“视广一寸”四字。
	第十九行	鹅台之类	故宫本作“类”。
破子棂窗	第五页第四行注	合上下入手程内	故宫本作“令”及“子”。
	第六行	出卯间子桯	故宫本作“透”。
睒电窗	第五页第十八行注	其广厚皆为□□	故宫本“其”作“此”。又有“定法”二字。
	第十九行注	其名件广厚	[校勘者注] 此五字于故宫本作正文。
板棂窓	第六页第七行		[整理者注]“窗”之写法于丁本中有多种，如“窓”、“牕”、“窻”等。
	第八行	高一尺	故宫本作“二”。
截间板帐	第七页第五行	则方四分额长	故宫本删去“额长“二字。
截间屏风骨	第八页第二行	条柽	[整理者注] 疑为“径”（又见第九行）。
	第十四行	如作四扇□闭者	故宫本有“开”字。
露篱	第九页第六行注	一日㯳三日攎	故宫本分别作“攡”及“据”。
	第八行	上用榻头木	故宫本作“榻”。
	第十行	厚二分	故宫本作“一”。
	第十九行注	谓加五间	故宫本为“如”。
板引檐	第十页第十一行	施之于□□之外跳	故宫本有“屋垂”二字。

		第十七行	二分	[校勘者注]“二分”一行应再低一格
	井屋子	第十一页第十行	而为泫	[整理者注]疑为“泫”。
		第十四行	蜀柱	故宫本作“蜀”。
		第十五行	广四寸□分	漏“四”一字。
		第十三页第十行		应由第十行移至第三行处
《营造法式》卷第七	小木作制度二	第一页第七行上	堂閤	[整理者注]疑为“閤”。
		第九行下	垂魚惹草	故宫本作“鱼”。
		第十九行注	或用四宜方格	故宫本作“宜”，误。
	格子门	第二页第六行注	随其广狭门高一大	故宫本作“如”与“丈”。
		第七行注	即如二厘	故宫本作“加”。
		第八至第十行		每行行端俱上升一字。
		第九行	随扇内之广厚广四分	[校勘者注]删去第二“广”字。惟“四分”应作“四厘”，始与桯厚相当。
		第十二行注	扇数宜随宜加减	故宫本删去“宜”字。
		第十七行注	又加二分	故宫本为“一”。
		第三页第一行注	毬□随四直格眼	故宫本有“文”字。
		第二行	□曰通混	故宫本作“二”字。
		第四行	三曰丽曰绞瓣混	故宫本为“口”字。
		第十五行	之厚各试二厘	[校勘者又注]陶本作“减”。
		第十七行注	上开池稽	故宫本作“槽”。
	阑槛钓窗	第四页第六行	高五尺至八寸	故宫本作“尺”。
		第十七行	寻杖长槛随□	故宫本作“随槛面”。(二字颠倒，又缺一字)。
		第二十行	托柱长自楹面	故宫本作“槛”。
		第五页第一行	广一寸五分	故宫本作“二”。
	殿内截间格子	第五页第七行	截间于子之制	故宫本作“格”。
		第十三行	广一分五厘	故宫本作“三”。
		第十八行	厚三分一厘	故宫本作“二”。

	堂阁内截间格子	第六页第十行	只腰串造	故宫本作"双"。
		第十一行注	□□□□□□□□□□□□	此行下缺注："上下者每间广一尺即长九寸"（共十二字）。
		第七页第七行	泥道内腰串……（一行）	[校勘者注] 此第七、第八二行于故宫本内前后调换。即门额行在前。
		第八行	门额上心柱长……（一行）	
		第十三行注	出头石外	故宫本为"在"。
		第十九行	其广一分	故宫为"七"。
	殿阁照壁板	第八页第八行	造殿阁照辟板之制	[整理者注] 宜用"壁"。
	障日板	第九页第十六行	照壁板地施之于殿廊	故宫本无"地"字。
	胡梯	第九页第十九行	分作十二级棿	故宫本作"拢"。
		第二十行	施促踏板	故宫本作"踏"（又见第十页第六行）。
		第十页第二行注	鉤阑名件广皆以	[整理者注] 应为"钩"及"皆"。
		第八行注	单胡奁子造	[整理者注] 疑为"桃"字。
		第十四行	作两盘至三盘造	故宫本均作"盝"。
	垂鱼惹草	第十一页第一行	之外□□二尺	故宫本有"每长"二字。
	裹栿板	第十一页第十五行	加三分寸	故宫本删去"分"字。
		第十七行	壁板反底板	故宫本作"及"。
	护殿间檐竹网木贴	第十二页第五行		故宫本中作"护殿阁檐竹网木贴"。
		第六行	护殿阁擔斗栱 竹雀眼网	故宫本中作"檐"及"网"。
		第八行	雀眼网安钉	故宫本作"网"。
《营造法式》卷第八	小木作制度三 平棊	第一页第十一行	四邉用桯	[整理者注] 疑为"边"。
		第十二行	四曰琑子	故宫本作"琐"。
		第十七行	盘内施明镜	故宫本作"盝"、"鏡"，皆误。
		第十八行	广五尺五寸为准	故宫本作"率"。
		第二页第二行	桯□随背板四周之广	[校勘者又注] 疑夺"长"字。

斗八藻井	第二页第十行	造斗八⿱艹漆井	[整理者注] 似用“藻”为宜。
	第十三行	雕花云卷，皆内安	故宫本作“棬”,“背”。
	第十五行	方井于算桯方之下	故宫本作“笲”，误。
	第三页第五至第七行		[校勘者注]：随瓣方……以下三条均应低一格。
	第八行		[校勘者注] 斗八一条亦须低一格。
	第十行	阳每马斗八	故宫本作“阳马每斗八”。
小斗八藻井	第三页第十八行至十九行	其上四斗八高八寸于项心之下施垂莲或雕花云卷皆内安明镜	故宫本为“曰”及“頂”、“棬”、“背”。
	第二十行	八角井抹角勒算桯方作八瓣于算桯方上	故宫本皆作“笲桯”，误。又此段应提高一字。
	第四页第四行	一杪一昂重斗	故宫本为“栱”。
	第六行	斗槽板	[校勘者注]：此条下降半格。
拒马叉子	第五页第一行	以高五凡为祖	故宫本作“尺”。
	第四行注	于上亭上出者	故宫本作“串”。
	第七行	每之子高五尺	故宫本作“乂”。
	第八行	广四寸半厚二寸半	故宫本作“斗”。
叉子	第五页第十七行	用二十七棂	[校勘者又注]“二十七”疑为“一十七”之误。依《法式》卷六各种棂窗棂数只有一十七与二十一两种。拒马叉子用二十一棂交斜出首，宜较密。叉子则宜较疏。故疑为“一十七”,否则亦为“二十一”。
	第六页第三行	制度有二	故宫本作“三”。
	第十行	减亣如之	[整理者注] 当为“亦”。
	第十四行	则席加三分	故宫本作“广”。
	第十五行注	齐下至地栱上	故宫本作“栿”。

鉤阑	第七页第七行标题及注	重台鉤阑单鉤阑	[整理者注] 均应作"钩阑"(又见第八、九、十、十二、十三、十四行)。
	第十行注	寻杖或角合角	[校勘者注]"或"应作"或"。故宫本删去"角"字。
	第十二行注	其地栿之类广□准此	故宫本有一"厚"字。
重台鉤阑	第七页第十四行		[整理者注] 应作"台钩"。
	第十六行注	上下出夘在内	故宫本作"卯"。
	第十七行注	此上减半其下挑心尖留十分之二雨肩各	故宫本作"比"、"桃"及"两"。
	第十八行注	留十分中四厘其上出卯	[校勘者又注] 疑"厘"为"分"之误。
	第八页第四行	盆肩木长	故宫本作"脣"。
	第六行	随㽟柱内	故宫本作"蜀"(又见于第八行)。
单钩阑	第八页第十一行注	长反加同上法	故宫本作"及"。
	第十八行注	若萬字或鉤片造者每华板广一尺	故宫本作"万"。[整理者注]"鉤片"似应为"勾片"。
	第九页第七行	其㽟柱	故宫本作"蜀"。
棵笼子	第九页第十二行	或只腰串	[整理者注]"只"应作"双"。
	第十四行	刻作海石榴其名件广厚皆以每尺之高	故宫本中此十六字均删去。
	第十六行	以每尺□高	故宫本有"之"字。
	第十页第三行	相去准叉子制	故宫本作"义"。
井亭子	第十页第六行注	鹑尾在外	[校勘者注] 应为"鸱尾"。
	第八行	作九脊结瓨	[校勘者注] 应为"瓦"。
	第十一页第一行	栿长随㴱	[整理者注] 疑为"深"。
	第五行	脊槫蜀柱长一寸二分	故宫本中"一寸"为"二寸"。[整理者注]"脊槫"应为"脊槫"。
	第六行	平屋槫蜀柱长八寸	[校勘者又注] 疑为

			五分	"八角五厘"之误。按八分五厘制图，其高度适合举折之制。
		第十一行	曲广一寸六分	[校勘者又注] 疑为"一分六厘"。制图亦以改正者为是。
		第十二行	曲广一寸七分	[校勘者又注] 疑为"一分七厘"。制图亦以改正者为是。
		第十三行	厦头下架□	故宫本有一"椽"字。
		第十二页第五行	曲脊槫脊	故宫本"脊"作"阑"字。又"槫"应作"搏"。
			广四寸分厚二分	删去"寸"字。
		第六行注	每染一尺	故宫本作"深"。[整理者注] 依下条之文义，此字似应为"广"。
	牌	第十二页第十六行注	□□□□	故宫本缺"牌上横出"四字。
		第十三页第二行注	足寸不等依此加減一同	故宫本作"尺"及"下"。
《营造法式》卷第九	小木作制度四佛道帐	第一页第九行注	稜钩阑	应作"后"。
		第二页第三行	脱正文□□□□□□六字	故宫本中作"广一寸厚八分"八字。
		第四行	脱正文及注□□□□□□□□□□□共十一字	故宫本中作"同上减二寸广一寸六分厚"。
		第十二行	厚二分□□	后缺"二厘"二字。
		第三页第四行注	方榻□木	中缺"头"字。
		第十行	柱下用锭脚隔斗	[校勘者注]"锭"误，应为"鋜"。故宫本"斗"作"科"。(又见于第十一行及十八行、二十行及第四页第一、二行)。
		第十二行	每间用算程方	故宫本作"筭"，误。(又见第四页十八

				行）。
		第五页第六行	斗八藻井……	故宫本此条上升一格。
		第十四行	瓪	[校勘者又注] 应作“㼝”。（又见第七页十五行）。
		第十五行注	纯头在外	故宫本作“绞”。
		第六页第十七行	榑	[校勘者又注] 应作“搏”。
		第七页第一行	六铺作卷头重栱	[整理者注] 疑为“卷”。
		第四行注	合用在外	[校勘者又注]“用”应作“角”。按壁藏平座条改正。
	天宫楼阁	第八页第一行注	两侧亀头	[整理者注] 应作“龟”字。
		第六行注	最上始	故宫本作“结”。
		第八行及注	重臺鉤阑共高八守至一尺一寸……□□□□……	[整理者注] 应作“台钩”。 故宫本“守”作“寸”及“一”作“二”字。后正文缺“其名件等”四字。
		第九页第三行注	高一寸至一尺	故宫本作“五”。
		第六行	自盆唇木上□云云栱下	[校勘者又注] 疑脱“至”字。
		第十页第四行	每槗子高一尺	故宫本作“桥”。
		第十八行	板上皆山花蕉叶	故宫本作“安”。
		第十一页第十一行	随材减之□杀蒜瓣柱	[校勘者又注] 四库本及丁本皆作“杀蒜”。陶本前多一“卷”字，其他二本皆无。依文义应加入。
		第二十行		移至本页第十四行处。
《营造法式》卷第十	小木作制度五	第一页第五行下	□□□□	故宫本有“九脊小帐”四字。

第九行注	以此为准	故宫本为“率”。
第九行	帐身上用隔斗	故宫本作“科”。
第二页第一行	广一寸四分	故宫本作“二”。
第二行	广一寸八分	故宫本作“二”。
第八行	束腰上衬板长三分六厘	［校勘者又注］故宫本作“榇”，误。“三分六厘”疑为“三寸六分”之误。广一寸，厚四分，仅长三分六厘，似不可能。下文九脊小帐束腰衬版广厚略同，而长二寸八分，故改正。
第十行注	用五条	故宫本作“路”。
第十七行	虚柱长三寸，方四分五厘	［校勘者又注］卷九天宫楼阁、佛道帐及卷十九脊小帐之虚柱皆长过帐带。九脊小帐之虚柱亦方四分五厘，而长则三寸五分，故疑为长三寸五分或三寸六分之误。
第十八行	内外槽上隔科版长随每间之深广，其广一寸□□	故宫亦作“科”。后遗“二分”二字。
第二十行	上隔科	故宫本亦同此（同样见第三页之第一、第二行）。
第三页第二行至第三行	下柱子长三分□□□广厚并同上	漏“四厘其”三字。
第四行	内外欢门长同上，其广二分，厚一分五厘	［校勘者又注］“二分”疑为“一寸二分”或“一寸五分”之误。因佛道帐及九脊小帐欢门之广与厚均为十与一之比。
第九行	厚二分	故宫本作“一”。
第十一行	广随帐柱□□□□□	漏“心柱内其厚”

			五字。
	第十四行	柱内方同□	漏“上”一字。
	第四页第十四行	二分六厘□□	漏“厚五”二字。
	第十六行注	至用加一	应为“角”字。
	第十七行	顶板长□随混肚方内	[校勘者又注] 疑脱“广”字。
	第十八行注	坐角加一	应为“至”字。
		其广二寸五分厚一分	[整理者注] 此“一分”二字应为正文，而非注解。 故宫本中“一”作“三”。
	第十九行	合用	故宫本作“角”。
	第五页第七行	每一尺作一壸门	故宫本作“壶”，误。
九脊小帐	第五页第十一行注	尾鸱	应作“鸱尾”。
	第十九行	方一十二分	应作“寸”。
	第六页第四行注	减一寸五分其广一寸六分厚二分四厘	[校勘者又注] 此注乃正文，应改为大字。
	第六行	面板长随角随梯盘	[整理者注] 依陶本此二字为“广皆”。
	第七行	长随用柱内其广六寸一分	故宫本作“角”及“二”。
	第十七行	内外槽上隔斗	故宫本作“科”（又见于第十九、二十行及第七页之第一行等）。
	第七页第一行	长四分八厘□□□□□□□	漏“下柱子长三分八”七字。
	第三行	柱内外广一寸	[校勘者注] “外”应作“其”。
	第十一行	仰托榥□广随帐至柱	[校勘者又注] 疑脱“内”字。
	第十七行	平棊	[校勘者又注] 平棊各件尺寸太大。例如桯之大竟过帐柱，其他如贴、楅、护缝、难子皆然。恐全部有误。

		第八页第八行	一分厚八分	故宫本作“二”。
		第十八行	脊槫长……一条	故宫本作第十八行，在第十七行前。
		第九页第四行	从用椽	故宫本作“角”。
	壁帐	第十页第十九行注	及压度版	故宫本作“厦”。
		第十一页第四行	版之厚	故宫本作“广”。
		第八行	桯□随背版四周之广	[校勘者又注] 疑脱“长”字。
		第十行	用贴络昂二十五枚	故宫本作“华”。
		第二十行		移至本页第十七行。
《营造法式》卷第十一	小木作制度六 转轮经藏	第一页第十行	并同具名件	故宫本作“其”。
		第十二行	高一丈□□	缺“二尺”二字。
		第十三行注	歸瓣造	故宫本作“归”。
		第十四行	隔斗版长随帐柱内，其广一寸六分	故宫本作“科”。 [校勘者又注] 隔斗板广疑作“一寸一分”，因上卷九有隔斗板处，其广均等于上下贴广并上下柱子长之总和，故应作“一”。如是则帐带长度亦足矣。
		第二页第四行	出椽并飞子	故宫本作“井”，误。
		第十一行	广一寸五分□□□	后缺“厚同上”三字。
		第十四行注	用三条与从□椽取匀	[校勘者又注] 疑脱“角”字。
		第十七行	白板长同□版	脱“山”一字。
		第三页第九行正文及注	单鉤阑马六寸…… 其鉤阑……	[整理者注] “鉤”应作“钩”。下注同。故宫本“马”作“高”。
		第四页第二行	厚五分三厘	故宫本作“三”。
		第七行及注	□槽坐高三尺五寸 并帐身及山层楼阁	[校勘者又注] 依陶本，“槽”前有“里”字。又“山”应为“上”。
		第十五行	龟脚长二寸……	[校勘者注] 此条应比前条里槽坐……（第七行）低一格。

	第十七行	厚六尺	故宫本作“分”。
	第十九行注	在坐腰上下□	缺“者”一字。
	第十九行	广一寸厚三分	故宫本作“二”。
	第五页第十三行	猴面鉤板	故宫本作“钿”。
	第十八行注	上下角六条	故宫本作“用”。
	第六页第三行	广八分厚二分	故宫本作“一”。[校勘者又注]依制图亦以“一分四厘”为合。
	第七页第六行	筭程方	[整理者注]应系“算”。
	第九行	算程方及筴程方心	[整理者注]“筴”应作“算”。
转轮	第十八行注	如造地藏具辐	故宫本作“其”。
	第十九行	上下各劄辐挂輞	故宫本作“辋”(二十行同及第八页第一、第二行亦同)。
	第八页第十四行注	随轻用	故宫本作“辐”。
	第九页第八行	年坐	故宫本作“平”字。
壁藏	第九页第十一行	两摆子各广六尺	故宫本作“手”。
	第十二行	两侧制度兼同	故宫本作“並”。
	第十六行	造神龛壶门	故宫本作“壸”(亦见于第十页第十五行)。
	第十九行	厚六分一厘	故宫本作“六”。
	第十页第二行	□□寸五分	缺“广二”二字。
	第五行	广二寸七分	故宫本作“一”。
	第六行	广一寸	故宫本作“二”。
	第十三行	□□□□分	缺“广一寸六”四字。
	第十一页第二行	方一寸二分	故宫本作“一”。
	第十二行	广一寸三分厚□分八厘	缺“一”字。
	第十七行	厚一分三厘	故宫本作“二”。
	第十二页第三行	同上隔斗版	故宫本作“科”。
	第四、五行间	缺条：里槽下鋜脚外贴，长同上，广二分二厘，厚一分二厘	[校勘者又注]各本均无下鋜脚贴尺寸，缺之则制图难完成。不知系脱简抑原著疏缺。现谨按制图

				所得，并参酌上文“上隔斗上下贴”条补入。
		第十三页第六行	腰檐高一尺……三深三尺□寸四分	故宫本作“二”。又缺“八”一字。
		第七行	材□□寸厚六分	缺“广一”二字。
		第十行注及正文	前面长减八寸广二寸五分	[校勘者注] 故宫本“寸”作“尺”,待考。又“二”为“三”。
		第十二行注	减一寸	故宫本作“六”。
		第十九行	贴坐长随用梁	故宫本作“生”及“角”。
		第二十行	四椽长八寸	故宫本作“曲”。
		第十四页第五行注	均□	缺一“摊”字。
		第十一行注	隔版上下	故宫本作“瓣”。
		第十四行	共长一丈九尺八寸	故宫本作“二”。
		第十五页第五行	长随棍槽	故宫本作“斗”。
		第七行注	随卧棍同	故宫本作“用”。
		第十行	龟头殿挟屋	故宫本作“挟”。
		第十三行	龟头殿挟□各长	[校勘者注] 似缺一字，疑为“屋”字。
		第十六页第四行		应移至本页第三行同一位置。
《营造法式》卷第十二	雕作制度混作	第二页第二行注	蕃玉夷人	[校勘者注]“玉”字疑有误,陶本作“王”。
		第四行注	山鸡	故宫本作“鹔”。陶本作“鹧”。
		第五行注	羓羊	[校勘者注] 故宫本作“羫”,应作“羚”。
		第十一行	之类亦如之	故宫本作“用”。
		第三页第一行	画栋随其	故宫本作“样”。
	雕插写生花	第三页第二行	成华叶于寛山之上	故宫本作“宝”。
	起突卷叶花	第三页第三行		[整理者注]应作“叶”。
		第八行注	里帖同	[校勘者又注] 应作“裹贴”。
		第十行	贴络如平綦	[校勘者注] 故宫本作“基”，误。
		第十一行	以龙风化生□□□□	故宫本下有“飞禽

		□□	走兽等物”六字。
	第十三行	叶内翻卷令卷里分明则削枝条	故宫本作“翻”及“剔”。
剔地凹叶花	第三页第十九行注	胡云	[校勘者又注] 卷十四彩画作制度内作“吴云”，未审孰是。
	第四页第三行	就地随勿	故宫本作“刃”。
	第五行	惹花等皆用之	[校勘者注]“花”应作“草”。
旋作制度　殿堂等杂用名件	第十行注	加之厚一寸二分止	[校勘者注] 故宫亦作“之”。依文意应作“至”。
	第十二行	楷角梁宝缾	[整理者注]“楷角梁”疑即“老角梁”。“缾”即“瓶”。
	第十六行	其高减径之半	故宫本作“斗”。
	第二十行	每高一寸即径一分	故宫本作“二”。
照壁板宝床上名件	第五页第十行	即厚一分	故宫本作“二”。
	第二十行	莲菩蔕	[整理者注] 陶本作“莲蓓蕾”。
佛道帐上名件	第六页第七行	其长倍柱之广	故宫本作“径”。
	第八行	每径一寸即厚二分	故宫本作“三”。
	第十一行	即径广一分	故宫本作“二”。
	第十三行	高减径之半	故宫本作“斗”。（亦见于第十八行）
	第十六行注	角四子角铃共六	故宫本作“内”。
	第十七行	即胖径广八分	故宫本作“肚”。
锯作制度　抨墨	第七页第十一行	须合大面在下	[校勘者又注] 疑为“令”。
就余材	第十九行	即卯于材于心内	[校勘者又注] 陶本作“留”。故宫本作“那”，误。
竹作制度　造笆	第八页第四行注	径一寸五分至一寸者广八寸	[校勘者注] 故宫本作“经”，误。
	第七行	至径四分具竹不以大小	故宫本作“其”。
地面棊文簟	第九页第十三行	则先檯二篾	故宫本作“擡”。（又见第十五行第二十

				行）。
		第十五行注	归篾头子身内	故宫本作"于"。
	障日篛等簟	第十九行	用广三分至四分	故宫本作"二"。
	竹笍索	第十页第五行	劈作一寸一片……作五股瓣之每股用篾四条或二条	故宫本"寸"作"十"及"三条"。[校勘者又注] 此"瓣"疑应为"辫"。
		第六行注	二条合青在外	[校勘者又注]"合"字疑为"令"。
		第十行		移至本页第九行同一位置。
《营造法式》卷第十三	泥作制度	第一页第十行下注	直板	故宫本作"板"。陶本作"拔"。
		第十一行上	釜镬□	缺"灶"一字。
	瓦作制度　结	第二页第五行	等具结瓦之法	应作"具"及"宽"（下同）。
		第七行	等垒齐	故宫本作"脊"。
		第十行注	每长三尺用钉	故宫本作"二"。
		第十一行	身内用葱臺钉	故宫本作"葱"。
	用瓦	第二页十六行	用瓦之制	[校勘者注] 此四字于故宫本中顶格。
		第十八行	王间以下	故宫本作"三"。
		第三页第三行	广三寸五分	故宫本作"二"。
		第三行注	长六寸五分广五寸□分	故宫本"六"作"八"。又漏"五"一字。
		第十行	长一尺一寸	故宫本作"二"。
		第十行注	至擔头	[校勘者注]故宫本、丁本皆误。应作"檐"。
		第十一行注	重唇甋瓦其散瓪瓦结瓦者	[整理者注]"甋"似应为"瓪"。故宫本"瓦"作"[厂瓦]"。应作"宽"（又见于第十八行）。
		第十二行	凡瓦下补衬柴为上	[整理者注]"补"应为"铺"。[校勘者注] 故宫本"衬"字作"榇"，误。
	垒屋脊	第四页第一行	垒屋脊之制	故宫本此行顶格。

	第十四行注	营□屋五层止	[整理者注] 依上文，当脱“房”字。
	第十五行	正脊于线道凡上	故宫本作“瓦”。
	第五页第二行	其殿间于合脊	故宫本作“阁”。
	第六行注	五间者十条	[校勘者注] 故宫本作“余”，误。
用鸱尾	第五页第十二行	高九尺至□丈	脱“一”字。
	第二十行	用板木猪	故宫本作“椿”。
用兽头等	第六页第五行	正脊三十七层者，兽寓四尺。三寸五层者，兽高三尺五寸。	故宫本作“兽高四尺。三十五层者，兽高三尺五寸。”
	第六行	三十三层者，兽高三尺。三寸二层者，兽高二 尺五寸。	故宫本作“三十一”。层者，兽高二尺五寸。
	第十七行	殿间至厅堂	[校勘者又注] 疑“间”为“阁”。又“至”为衍文。
	第二十行	一尺一寸	故宫本作“二寸”。
	第七页第四行	蹲兽一枚	故宫本作“六”。
	第十二行	火珠□□□	漏“高五寸”三字。
	第十三行注	四用或八角撮尖亭子同	故宫本“用”作“角”。[校勘者注]“撮”疑为“攒”，待考。
	第十四行	头兽四枚	故宫本作“蹲”。
	第二十行	等殿间正脊	[校勘者注]“间”应为“阁”。
	第八页第四行	亭榭斗尖	故宫本中此行亦与上述“佛道寺观”条等高。
	第六行	至二丈者径一尺	故宫本作“二”。
泥作制度	第八页第十五行注	每面斜收白上	[校勘者注] 疑为“向”。
垒墙	第十五行	每用坯击三重，铺襻竹一重	故宫本作“墼”及“攀”。
	第十六行	厚加二尺五寸	[校勘者又注] 依“每高四尺则厚一尺”之比率，疑为“二寸五分”之误。
用泥	第十七行	一日垷二日墐	[整理者注] 故宫本

				作"现"及"墐"，恐皆误。
		第十九行	为衬止施石灰	故宫本作"上"。
		第九页第一行	用上朱五斤	故宫本作"土"。
		第一行注	用石灰一十七斤上朱三斤	故宫本作"土"。
		第十四行注	黄土石灰等斤数	[整理者注] 故宫本"灰"作"炭"，恐误。
	立灶	第十页第二行注	直版	故宫本作"扳"，误。依前文，应作"拔"。
		第十四行	之并	故宫本作"上"。
		第十九行注	出煙	故宫本作"烟"。
	釜镬灶	第十一页第六行注	加一寸加至二十石止	[校勘者注] 故宫本无"二"字。依前后例，似丁本为当。
		第八行	釜灶釜口径一尺六寸	[校勘者注] 此行故宫本距顶低一格。丁本则低二格。
		第十三行	镬灶镬口径三尺	[校勘者注] 此行故宫本距顶低一格。丁本则低二格。
		第十七行	后驼顶	[校勘者又注] 四库本"顶"作"项"。
	茶炉	第十二页第四行	面方七寸五分	[校勘者注] 四行至六行于故宫本距顶均低一格，而丁本则低三格。
		第五行	□圜径三寸五分深四寸	
		第六行	吵眼高六寸广三寸	
	垒射垛	第十三页第三行	以青灰为绿泥饰之	故宫本作"緑"。
《营造法式》卷第十四	彩画作制度	第一页第二行	皇弟外第专□提举	漏"一"字。
		第六行下	青绿垒晕	[校勘者注] 应作"叠"，诸本皆误。
		第八行注	黄土□饰附	漏"刷"字。
	总制度	第一页第十三行	以赭华描画	故宫本作"笔"。
	衬地之法	第一页第十九行注	或生狗牙斫令光	故宫本作"砑"。
		第二页第三行及注	和茶土刷之每三分中一分青淀二分茶土	故宫本"一"作"二"。[校勘者注]"茶"应作"荼"。又青淀、茶土不能各二分。待考。

	第十一行	先研合极细	[校勘者注] 故宫本作“斫令”,其中“斫”误。
	第十五行	去砂石粗脚不用	故宫本作“麤”。
	第三页第二行注	多澀燎者	故宫本作“燥”。
	第五行注	粉浅脚充合朱用	[校勘者注] 故宫本作“克令”，误。
取石色法	第三页第十九行	次色锁深者	故宫本作“稍”。
	第四页第四行注	其为用赤	故宫本作“亦”。
	第六行注	丽如组绣华锦之文……随其所写或岁或深	故宫本作“麗”、“繍”及“淺”。
五彩遍装	第四页第十一行注	绿道其广二分	故宫本作“缘”。
	第十七行注	团科斗蒂	[校勘者又注] 团窠，丁本四库本“窠”作“科”，或误作“斗”。按《新唐书》车服志，六品官及以下服绫，小窠无文。故应以“窠”为当。“斗蒂”故宫本作“柿蔕”。
	第五页第三行注	金锭	故宫本作“铤”。
	第五行注	宜以橑檐枋	[校勘者又注] 依文义应作“于”。
	第七行注	或作玉字及方字	故宫本作“王”、“万”。
	第十三行	飞仙之类有二品……	[校勘者注] 第十三、第十四与第十七行三条均应顶格。
	第十四行	飞禽之类有三品……	
	第十七行	走兽之类有四品……	
	第十三行注	共命乌	[校勘者注] 故宫本中“乌”作“同”,误。与图样不符，应以“鸟”为当。
	第十五行注	鸂鶒	故宫木作“谿”。
	第十六行注	三曰仙童	[校勘者又注] 依卷三十三图样，“仙”作“金”。
	第十八行	三曰羚羊	[校勘者又注] 故宫

			本作“羜”。(又见第二十行注)。应作“羚”。
	第六页第一行	云文有二品，一曰：吴云，二曰：曹云……	[校勘者注] 第一、第二、第八行三条皆应顶格。
	第二行	间装之法……	[校勘者又注] 吴云，卷十二雕作制度作“胡云”，未知孰是。曹云、吴云皆无图，其形状与出处不明。《法式》卷五阳马条有曹殿一种。同冠以“曹”字，是否具连带关系，待考。
	第八行	叠晕之法……	
	第十六行	□叠晕之法……	[校勘者注] 此条前缺“用”字。位置距顶低一格。
	第二十行注	金绿之广与叠晕同，金绿内用金或绿压之，其青绿广比外绿五分之一	故宫本中之三处“绿”均作“缘”。
	第七页第一行注	肃额入处	[校勘者注] 疑为“阑额”之误。
	第四行	或间四入瓣斗或四出尖斜	故宫本“斗”作“科”。[整理者注] 丁本之“斜”，为“斗”之误。均应依。[校勘者又注] “斗”及“科”均应改为“窠”。
	第八行	作出滔明珠	故宫本作“熖”。
	第十一行	不过一十	故宫本作“寸”。
	第十二行	作团斗	故宫本作“科”(亦见于第十九行)。应改为“窠”。
	第十四行	方圆	故宫本作“圜”。
	第二十行	柿蒂	故宫本作“蔕”。
碾玉装	第八页第三行	于淡绿地	[校勘者注] 故宫本

			作"緑"，误。仍应作"绿"。
	第四行注	缘缘内者	故宫本作"绿"。
	第五行注	玻璃也	故宫本作"地"。
	第六行注	增龙牙蕖草	故宫本作"蕙"。
	第九行	大青大緑	[校勘者注] 应作"绿"。
	第九行注	缘地以二青	故宫本作"绿"。
	第十二行	碾玉或问白画	故宫本作"间"。
	第十二行注	或尺碾玉	故宫本作"只"。
青绿叠晕棱间装	第八页第十七行	外棱缘广一分	故宫本作"绿"及"二" [校勘者注] 此二者故宫本皆误。依前文五彩遍装斗栱外棱缘亦广一分，应以"一"分为是。
	第十八行注	其外棱绿道	"绿"应作"缘"。
	第九页第二行	决以青叠晕	故宫本作"次"。
	第四行注	其外绿广	此处应作"缘"（又见第六行注）。
	第六行注	以紫碾压深	[校勘者注] 此处应作"矿"。
	第十行	共头作明珠	依文义应作"其"。
解绿装饰屋舍	第九页第十四行、第十七行	绿道	[校勘者注] 均应作"缘"？
	第十八行注	並用	故宫本作"同"。
	第十九行	身内道刷土黄	故宫本作"通"。
	第十页第一行注	簇毬文	故宫本作"毬"（又见第五行）。
	第五行	其杜身内道刷	故宫本"杜"作"柱"。 [校勘者注]"道"应作"通"。
	第七行注	或素録	故宫本作"绿"。
	第九行	或作翻卷花叶	故宫本均作"飜"。
丹粉刷饰屋舍	第十页第十五行注	替木叉手……火连檐博风板	故宫本作"义"、"大"、"搏"。
	第十八行注	仰楷	故宫本作"楷"。
	第二十行	中心空二分□	缺"上"字。

		第十一页第一行注	上其长	[校勘者注]应作"其上长"（排列颠倒）。
		第二行注	其下广随厚□分之土斜收面上当中合失	故宫本为"四"、"二"、"向"、"尖"。[整理者注]此"土"字作"二"，恐有误。
		第八行	柱身椽标	故宫本为"檩"。
		第十一行	牙头护缝……	[校勘者又注]此行"牙头护缝"之下疑有简脱。据《法式》卷二十五彩画作功限，牙头护缝应抹绿，或解染青绿，未审孰是。待考。
		第十六行	身内随顷两头	故宫本为"项"。
		第十二页第一行注	并以粉华解出	[校勘者注]应作"笔"。
		第二行	以墨粉刷缘□□□□□□	缺"道其墨缘道之"六字。
		第三行注	下□□□□处皆用黄土者□□□□	缺"面合用丹"及"亦有只用"八字。
		第四行注	墨绿更不用粉线□□□□□□□□□作内运花并用墨□□□□□□□□□更不用莲花	"绿"应为"缘"。下缺"压棱者制度并同其影"九字。又"运"应作"莲"。再下缺"刷以粉笔解出花瓣或"九字。
		第七行注	及影缝之类	[校勘者又注]"影"应作"护"。
	杂间装	第十二页第十一行注	装玉装四分	"装"应作"碾"（又见第十三行注）。
		第十三行注	装玉装二分	"二"应作"三"。
		第十六行注	三晕棱间装一分	"一"应作"二"。
	炼桐油	第十三页第四行	搅令令合金漆	应作"搅"及"冷"。
		第五行	□	缺"之"一字。
《营造法式》卷第十五	砖作制度	第一页第八行下	塼墻	故宫本作"砖墙"。
	窑作制度	第十五行下注	荼土棍	[整理者注]"荼"应作"茶"。
	砖作制度			

用砖之制	第二页第九行	底广六寸厚一寸	故宫本作“二”。
	第十二行	厚二寸一分	故宫本应作“二”。
垒阶基	第二页第十八行注	其内相□砖高八层	缺“并”字。
铺地面	第三页第三行	令下枝收入	故宫本作“棱”。
	第四行	高一分	故宫本作“二”。
墙下隔減	第九行		[整理者注]“減”应作“碱”（又见第十行）。
踏道	第三页第十八行	两类各广一尺二寸两类内线道各厚二寸	[校勘者注]故宫本与丁本俱作“类”。依下文意应为“颊”。
	第二十行	退入一寸尺以	故宫本为“又”。
	第四页第一行	两頬□单转加一周	[整理者注]似脱一“内”字。
须弥坐	第四页第十三行注	比身脚出三分	[校勘者又注]“身”应为“牙”。
城壁水道	第五页第七行注	用趄模砖	[校勘者又注]依前文及砖窑作制度内只有趄条砖。“模”字疑为“条”字之误。
	第八行注	散水方六尺	[校勘者注]此“六尺”应为正文，不应小书。
	第十三行	随圜分侧	[校勘者注]故宫本以“分”作“兮”，误。
接甑口	第十九行注	砖并倍□纯灰下	漏“用”一字。
马槽	第六页第七行	为槽底向	应作“面”。
井	第十行	□□若长一尺	漏“用砖”二字。
	第十七行	用芦蕟编	[整理者注]此字意义不明。
		若旧井损兑	[校勘者又注]“兑”疑作“脱”。
窑作制度 瓦	第六页第二十行注	其名有二，一曰瓦，二曰甍	[校勘者又注]于四库本作“[illegible]”。《玉篇》：“甍”，坯也。非瓦脊之“甍”。
	第七页第三行注	揑造大珠	故宫本作“火”。
瓦	第七页第五行及注	厚八分……所绪分数	[校勘者又注]丁本作“八”，四库本作

			"六"。依下列各瓦比例,似以"六"为是。故宫本"绪"作"缩"。
	第七行、第八行之间		[整理者注] 按《法式》卷十三瓦作制度用瓦条中，尚有长九寸，广三寸五分之甋瓦（用于散屋）未录此。而其他瓦之广（口径），亦多有出入。
瓪瓦	第七页第十七行注	五分	[校勘者注] 故宫本此二字大书。丁本作注小书，误。
	第八页第二行	每梋作四片	故宫本作"桶"。
	第三行	仍以水餙露明处	故宫本作"饰"。
砖	第八页第四行注	三曰毂	故宫本作"瑴"。
瑠琉瓦等	第九页第五行	黄丹河洛石□铜末用水调匀	[校勘者注] 故宫本"河洛石"下亦空一格。
	第六行注	各月以汤	[校勘者注] 疑"月"字有误。
	第六行注	青棍同	[整理者注]"棍"应作"掍"。
	第七行	并遍浇……	[校勘者注] 此行应即接于第六行之后。
青掍瓦	第九页第十二行注	磨去布文□	应在注后增加正文"次"一字。
烧变次序	第九页第十八行及注	先烧芠草茶土掍者止于曝露内	故宫本作"芟"。 [校勘者又注] 依四库本，"露"应作"窑"。 [整理者注]"茶"应作"荼"。
	第二十行	次日下火烧变，一日开窑，天候冷至第五日出窑	[整理者注]："一"于陶本为"三"。 [校勘者又注]"天候冷",于陶本为"火候冷"。依文义及四

				库本改正为“候火冷”。
		第十一页第四行	其窑池下面作蛾眉垒砌	故宫本作“蛾”。
		第十行		移至本页第七行。
《营造法式》卷第十六	壕寨功限	第一页第七行下	般运功	[整理者注] 标题之“般”应作“搬”，或“担”。
	石作功限	第一页第十行上	总造作□	标题漏一“功”字。
		第十四行上及注	单鉤阑重台鉤阑	[整理者注]“鉤”均应作“钩”。
		第十五行上下	门砧限、将军石	[整理者注] 丁本将“门砧限”、“将军石”各列为一条。而陶本仅列“门限石”一条，而将“卧立柣”、“将军石”、“止扉石”列为附注。
		第十七行下	卷輂水窗	[整理者注] 应作“卷”。
		第十八行上	水槽	[整理者注] 应作“槽”。
		第十九行上	并口石	[整理者注] 应作“井”。
		第二页第一行	笏头碣	[整理者注] 应作“碣”。
	壕寨功限 总杂功	第二页第七行	方一寸二两二钱□	正文漏一“砖”字。
		第十四行	诸于三十里外般运物一担往复一功	[校勘者注]“般”应作“搬”。
		第十五行	纽计每往复共一里六十担	[校勘者注] 故宫本亦作“纽”，疑为“约”。而“担”亦疑有误，依卜条应作“步”。
		第十八行	木作供作功	故宫本作“本”
		第三页第四行	装车及差篮	故宫本作“篡”。
		第五行注	百二十	故宫本作“三”。
		第七行注	压门	故宫本作“阑”。

		第八行注	一寸八口，一尺三寸方砖二十三口，一尺三寸条厚三十五口同	故宫本“寸”作“十”，及“三”为“二”、“厚”为“砖”。
		第九行	厚三寸干重十斤，每一百口一功	[校勘者又注]“三”，各本均作“二”。“一”，四库本作“二”，未知孰是。存疑。
	筑基	第三页第十二行注	即别计般土功	故宫本作“搬”（以下均准此）。
		第十三行	就上铺填打筑	故宫本作“土”，误。丁本不误。
	筑城	第三页第二十行注	及城高下不等准北	故宫本作“此”。
		第四页第三行注	般取	应作“搬”（又见第十行、第十一行、十二行等）。
般运功		第四页第十三行注	十千以上	故宫本作“斤”。
		第五页第十三行注	及二十件以上者一百尺	故宫本作“三”及“二”
		第十四行注	其重物一件长三十一尺以上八十尺	[校勘者注] 故宫本无“十”字，似脱简。当从丁本为是。
	石作功限 柱础	第七页第七行注	方五尺如五十功	[校勘者注] 应作“加”。
		第十三行注	方二尺五寸加一十六功	[整理者注] 应作“三”。
		第十五行注	方一尺加一功	故宫本作“二”。
	角柱	第八页第六行注	城门硧柱同	[整理者注]“硧”此字意义不明。似为“角”。
		第十三行	云丈两面	故宫本作“文”。
	地面石压阑石	第九页第十一行注	压地急起	故宫本作“隐”。
	单鉤阑	第十页第十三行	单鉤阑一段……	[校勘者注] 此行应升高一格至顶。“鉤”应作“钩”。
		第十九行	如素造化单钩阑	故宫本作“比”。
		第十一页第二行	长五尺往一尺	故宫本作“径”。
		第六行	平鈒华一卜一功	故宫本作“十二”。
		第七行	覆盆运花	故宫本作“莲”。
	门砧限	第十二页第十三行注	侧面上分心凿金字一道	[校勘者注] 故宫本

				无“字”字，其处空一格。
	流杯渠	第十四页第一行	每一段二十五功	故宫本作“一”。
	坛	第十四页第十二行	柱子㮕温造减地子鞁花	[校勘者注]“温”应作“涩”，“子鞁”应作“平钑”。后者于故宫及丁本皆误。
		第十四页第十七行	卷輂水窗	[整理者注]“卷”应为“卷”。
		第二十行	下熟铁鼓卯每二枚□功	[整理者注]“二”应作“三”，“枚”下空格，应有漏文。
	马台	第十五页第十二行	造减地平钑花□十功	缺一“二”字。
	赑屃碑	第十六页第十九行	土衬周四造	故宫本作“回”。
		第十七页第一行	络周造减地平钑花二十六功	[校勘者注]此行应与上行平齐，即距顶二字。
		第二行	安砌功	[校勘者注]此行应距顶一字。
		第三行	土衬石共四功	[校勘者注]此行应距顶二字。
	笏头碣	第十七页第四行		[整理者注]“碣”应作“碣”（又见第五行）。
		第五行	笏头碣一座	[校勘者注]此行应升至顶。
		第六行	雕镌功	[校勘者注]此行应距顶差一字。
		第七行	碑身及□络周	缺“额”一字。
	营造法式卷第十六	第二十行		移至本页第十二行。
《营造法式》卷第十七	大木作功限一	第一页第十行	把头绞项作	故宫本作“杷”。
	栱斗等造作功	第十四行	材长四十凡一功	故宫本作“尺”。、
	栱	第二页第一行	慢栱一只五分功	此行应上升一字。
		第二行	若材每加一等……	全段均应上升一字（首行与瓜子栱条平齐）。
		第七行	减半加	故宫本作“之”字。
		第八行	若造足材栱……	全段应上升一字（首

				行与慢栱条平齐）。
	出跳上名件	第十九行注	加减同交互斗□	脱一“法”字。
	殿阁外檐补间铺作用栱斗等数	第三页第六行注	八铺作里跳……	全段应上升至顶。
	殿阁身槽内补阁铺作用栱斗等数	第六页第二行	补阁	［整理者注］应为“补间”。
		第六页第十七行	自七铺作至四铺□□□□	脱“作各通用”四字。
	楼阁平座补间铺作用栱斗等数	第八页第七行	自七铺作至四铺作各随用	故宫本作“通”。
		第十行注	二百一十分°□□作	此段脱漏“四铺”二字。
		第十五行	阁梁二条	故宫本作“栔”。
		第九页第一行	自七铺作至四铺作各用	此行应上升一字（与第八页第十六行文字平齐，距顶一格）。
		第二行	华栱	此行应上升一字（较第一行低一字）。
		第三行注	一只身长一百五十分°，一只身长一百五十分°	［校勘者注］当是“二”字。
		第八行	慢栱	此行应升高一字（与第二行华栱平齐）。
	把头绞项作每缝用栱斗等数	第十页第十六行		［校勘者注］“把”应作“杷”（又见第十七行）。
		第十七行	把头绞项作……	此行应上升至顶。
		第十一页第十八行	四铺作一片	故宫本作“二”。
		第十三页第八行	柱头肉骑绞梁栿	应作“内”。
		第九行注	改作令栱者里跳别有增减	应作“若”。
		第十行注	合依所出之跳加减	应作“各”。
		第十三页第二十行		此行移至第十三行同一部位。
《营造法式》卷第十八	大木功限二	第一页第十一行	自八铺作至四铺作各通用	故宫本此行低顶一字。
	殿阁外檐转角铺作用栱斗等数	第十四行	角内田昂一	［校勘者注］“田”应作“由”。故宫本、丁本皆误。

	第十七行注	二条长三十一分，二条长三十一分	故宫本作“六”及“二”。
	第十九行	慢栱列切几头	故宫本作“儿”。
	第二页第四行	自令铺作……	故宫本作“八”。
	第七行注	小跳用	故宫本作“外”。
	第十行	小栱头分百四只	[校勘者注]“百”应作“首”。
	第十二行	各独用	故宫本作“独”（又见二十行及第三页第二行、第六行、第八行）。
	第十八、十九行		[校勘者又注]此二条当有“角内”二字。
	第三页第五行注	外随昂槫斜□□一百一十七□	故宫本作“身长”及“分”。
	第七行注	鸳鸯□	故宫本作“栱”。
	第十行	泥道栱一只	故宫本作“二”只。
	第十四行	交用吊	[校勘者注]“用”字依陶本当为“角”。故宫本“吊”作“昂”。
	第五页第四行	五铺作二十一	故宫本为“六”。
殿阁身内转角铺作用栱斗等数	第五页第八行	用斗栱等数□□	缺“下项”二字。
	第六页第一行	七铺作六铺作各独用	故宫本作“独”（以下第八行、第十三行、第十五行同）。
楼阁平座转角铺作用栱斗等数	第七页第二十行	跳挑斡	[校勘者注]“斡”或作“斡”，待考。[整理者注]似以“斡”为是。
	第八页第十九行注及第二十行注	身长六十三分	故宫本均作“二”。
	第二十行	第三杪华栱	[校勘者注]故宫本作“二”，待考。[校勘者又注]华栱列慢栱，实际上只能在第二杪。
	第九页第三行注	长九十一分	[校勘者又注]疑应

				作九十二分。
		第五行注	二只身长一百二十□□□□□长九十二分，二只身□□□□	缺“二分二只身”及“长六十二分”共十字。
		第十六行注	身长□□二十六分	[校勘者又注] 脱“一百”二字。
		第二十行注	身长一百一十二分	故宫本作“二”。
		第十页第十四行	四铺作八只	[校勘者又注] 疑为“七”。
		第十一页第十行		此行移至第九行同一部位。
《营造法式》卷第十九	大木作功限□	第一页第四行		缺“三”字。
		第十二行	圻脩挑拔	[整理者注] 疑为“拆修挑拔”。
	殿堂梁柱等事件功限	第十五行	造作功	[校勘者注] 此行应降至低于顶一格。
		第十八行注	栿加一尺六寸……	[校勘者注] 此段文字应紧接第十七行注解之后。
	直梁	第二页第一行注	栿加二尺二椽栿至两椽栿及下栿乳栿各加三尺	[校勘者注] 此段文字应紧接第一页第二十行末。又“下”应为“丁”字。[整理者注] “二椽栿”疑为“三椽栿”。
	柱	第二页第八行	每一功减三□功	[校勘者注] 疑脱一“分”字。
	驼峰	第二页第十行	□□□□□	[校勘者注] 行首脱正文“驼峰每一座”五字。
	柱礩	第二页第十四行注	或作氈笠样	故宫本为“氊”。
	大角梁	第十五行注	各加减一分五厘功	故宫本“一”为“三”，删去“五厘”二字。
		第十七行	续角梁	[校勘者注] 疑为“隐角梁”之误。
		第三页第一行注	八尺五寸□□□□	故宫本有“加减同上”四字。
		第六行	椽缠研事造者	故宫本作“斫”。

	第六行注	若事造圜椽者	[校勘者注] 此语不可解，疑"事"以上有脱文。
	第十一行注	每增减一等若加减四尺	故宫本作"各"。
	第十八行注	如有车架	故宫本作"草"。
	第十八行	车立搭架	故宫本"卓"。
城门道功限	第四页第二行	厚九十	故宫本作"寸"。
	第十二行	诞衣木	[校勘者又注] 应为"夜义木"。
	第二十行	凡城门道所取用……	[校勘者注] 此行须上升至顶格。
	第五页第一行	安勘穿拢功	[校勘者注] 此行亦须升至顶格。
仓厫库屋功限	第五页第四行注	各加减三分之一	故宫本作"五"。
	第六行	八椽栿項柱一条	[整理者注]"項"疑为"顶"。
	第十一行	乳栿每一条……	[校勘者注] 此条下脱简若干字，待查。
	第六页第四行	续角梁	[校勘者注]疑为"隐角梁"之误。
	第十四行	生头□每一条	[整理者注]疑为"生头木"，即脱一"木"字。
	第十七行	樁子	[整理者注] 应作"槫"（第十九行同）。
常行散屋功限	第七页第三行注	宫府廊屋	故宫本作"官"。
	第九行	连椽每长二百尺	[校勘者注]疑为"连檐"之误。
跳舍行墙功限	第八页第十行注	扢巴子	故宫本作"杚"（又见第十一行注）。
	第十三行注	角内者□三厘功	脱"加"一字。
营屋功限	第十页第十二行	椽每一条□□□	脱"一厘功"三字。
坼修挑拔舍屋功限	第十页第十四行		[整理者注]"坼"疑作"拆"（又见第十五、第十六行）。"拔"疑作"拔"。
	第十五行	坼修铺作舍屋每一椽	[校勘者注] 此行上升至顶格。
	第十八行	揭箔番修	[整理者注]"揭"当

				为“揭”，“番”疑为“翻”字。
		第十一页第二行	重别结裹	故宫本此行顶格。
		第二行注	减功□□之一	故宫本此处空二格。
	荐拔抽换柱栿等功限	第十一页第五行	荐拔抽换殿宇	故宫本此行顶格。
	殿宇楼阁	第八行	□□□	故宫本此脱“十一功”三字。
		第十行正文及注	□□□□□□□□□□□□□□□□□□□□	故宫本于“以长一丈七尺为准”之注下缺正文“六功”二字。再后又有注文“每增减一尺各加减五分功其厅堂三门亭台”脱漏十八字。
		第十二页第十行		后移至第十一行同一部位
《营造法式》卷第二十	小木功限一	第一页第八行下	照辟屏风骨□□□□□□□□□□	故宫本正标题后脱附注“截间屏风骨四扇屏风骨”十字。又“辟”应作“壁”。
		第十行下	水槽	［整理者注］应作“槽”。
		第十一行下	□□	缺标题“地棚”二字。
	版门	第一页第十六行	高五尺五丁	故宫本作“寸”。
		第四页第十四行	门簪四枚	［整理者注］应作“簪”。
		第二十行	高九尺一功	故宫本作“二”。
	软门	第七页第十二行注	牙头护缝较门	故宫本作“软”。
		第十四行	一丈六尺	［校勘者注］此行应上升至顶格。
	破子棂窗	第九页第七行注	一分六厘功□□□□□□□□□□□□□□□□	正文下缺附注“横钤三条共八厘功立旌二条共八厘功”十六字。
		第八行注	五分六厘功□□□□□□□□□□□□□□	正方下缺附注“障水版难子共三分功心柱槫柱各”十四字。

		第十行正文及注	共一分□□□□□□□□□□□	缺正文“五厘功”三字及附注“牙头三枚牙脚六枚”八字。
	截间版帐	第十页第六行	截门牙头护缝	故宫本作“间”。
		第十三行	截问屏风	故宫本作“间”。
	露篱	第十一页第五行注	内叚屋二功	故宫本作“版”。
		第十一行注	余减二分	故宫本作“一”。
	水槽	第十一页第二十行	□□□□□	脱“安卓五分功”一行五字。
	□□□	第十二页第一行		脱小标题“井屋子”三字。
		第二行	井屋子自脊至地……	将原第十一页第二十行移至第十二页第二行。
		第三行	□□十四功……	脱“造作”二字。(由本页第一行移此)。
		第四行	地棚	由本页二行移此。
		第五行	地棚一间……	由本页第三行移此。
		第六行	造作六功	由本页第四行移此。
		第七行	铺放安钉六功	由本页第五行移此。
		第十行		移至本页第九行。
《营造法式》卷第二十一	小木作功限二	第一页第五行注及第十七行注	四斜毬文格子上出条柱……雨明格子	故宫本分别作“毬”、“桱”及“两”。
		第七行上	堂閤	[整理者注]应为“阁”。
		第七行行下	殿閤	[整理者注]应为“阁”。(又见第十一行)。
		第九行上	胡梯	[整理者注]应为“扶”。
		第十一行上	擗簾竿	[整理者注]应为“帘”。
		第十二行下及十三行上	鬭八、小鬭八	[整理者注]均应为“斗”。
	格子门	第二页在第十九行前另增一行	□□□□□	增加五字“右各二十功”。
		第五页第四行注	一混减功分五厘功	故宫本“功”作“四”。
	殿内截间格子	第五页第八行注	心斗	故宫本作“柱”。
	堂阁内截间格子	第五页第十二行、	堂閤	[整理者注]:似应

	十九行		均作“阁”。
	第十三行	额子泥道……	此行应上移至顶格。
障日版	第六页十一行注	高三尺一功二分□□□□□□□□□□□□□□□□□□□□□□□□□□	正文下缺附注“每高增一尺则加三分功若用心柱槫柱难子合版造则每功减二”二十六字。
廊屋照壁版	第十四行	廊屋照壁版一门	故宫本作“间”。
	第十五行注	增减者即一本功分数加减之	[校勘者注]故宫本、丁本俱作“一”。依文意及前后例，疑为“以”误。
胡梯	第七页第一行	长一丈广二尺	故宫本作“三”。
垂鱼惹草	第七页第九行	□□□枚长五尺	前脱“惹草一”三字。
栱眼壁版	第七页第十三行正文及注	栱眼壁版一片长五尺广二尺六寸于第□等材栱内用	[校勘者注]按栱眼壁版分单栱、重栱二类。见卷三十四彩画作图样。依大木料栱结构，单栱者高三十四分°，重栱者高五十四分°。此云高二尺六寸，决非单栱内之栱眼壁版。因一等材以六分为一分°，三十三分°合一尺九寸八分，视此稍低，应为三等材之重栱栱眼壁版。 [整理者注]由上所述，注文内行空格当为“三”字。
斗八藻井	第九页第十二行注	如用平纂制度	故宫本作“綦”。
	第十三行	土昂重栱	故宫本作“上”。
	第十三行注	若八角其功加倍	故宫本作“入”。
小斗八藻井	第九页第十八行	小斗八一坐高一尺二寸	故宫本作“二”。
望柱	第十页第十七行	海石榴头□□□□	缺“一功二分”四字。
地栿	第十一页第四行	托枨每一条四厘□	缺“功”一字。

	单鉤阑	第十二页第三行	□鉤阑长一丈	缺"单"一字。此行应顶格。"鉤"应作"钩"。
		第七行	仰覆莲……	此行应上升半格。
		第十一行	蜀柱撮顷	故宫本作"项"。
		第十二行注	盆历加三厘功	故宫本作"唇"。
		第十四行	□混寻杖	脱漏一"八"字。
	棵笼子	第十二页第二十行	上广二尺下广二尺	故宫本作"三"。
	牌	第十三页第二十行	殿堂楼閣门亭等牌高二尺至七尺广一尺□□□□□六尺	[校勘者注]故宫本此行低一格，似不应如此。后缺"六寸至五尺"五字。又"閣"应作"阁"。
	营造法式卷第二十一	第十四页第十行		应将此行移至第七行。
《营造法式》卷第二十二	小木作功限□	第一页第四行		缺标题"三"一字。
		第五行下	□□□	缺标题"牙脚帐"三字。
		第六行下	□□	缺"壁帐"二字。
	佛道帐	第九行	生高四尺五寸	故宫本作"坐"。
		第十四行	卧棍每四条	故宫本作"棍"。
		第二页第十六行注	并贴络反仰托	故宫本作"及"。
		第十九行	裹槽	[校勘者又注]故宫本作"裹"，于四库本作"里"。
		第三页第一行	虚柱每三条	故宫本作"二"。
		第四页第三行	贴生每长四尺	故宫本"尺"作"丈"。
		第十一行	抹角栿每一条二分□	漏"功"一字。
	天宫楼阁	第五页第十二行	殿身每一坐……	[校勘者注]此行应与下行茶楼子平齐。
		第十四行注	殿身挟屋	故宫本作"楝"，误。(又见第十五行注)。
		第五页第二十行	圜桥子一座……	[整理者注]亦应与殿身、茶楼子诸条等高。
		第六页第十三行	每一条□□□□□	缺"一分二厘功"五字。
		第二十行	六十八功安车共	[校勘者注]此行应

				上升与第十九行平齐。又“车”应作“卓”。
	牙脚帐	第七页第十八行	三间帐头	[校勘者注] 此行应升至顶格。
		第十九行	牙脚坐高	[校勘者注] 此行应下降一格。
	九脊小帐	第十页第十九行	一丈四尺	故宫本作“二”。
		第十一页第十五行	共一功□□	缺“三分”二字。
		第十二页第六行	隔斗版	[校勘者注] 故宫本作“科”，丁本作“是”，皆误。
		第十三页第十七行	华板	故宫本作“版”。
		第二十行		此行应移至第十四页第一行。
《营造法式》卷第二十三	小木作功限第四 转轮经藏	第一页第五、六、七行		[整理者注] 均应作“藏”。
		第十九行	安卓二十五功	故宫本作“一”。
		第二页第八行	白板纽计海长	[整理者注] “纽”疑为“约”。故宫本“海”应作“每”。
		第十行及注	榑脊每长二丈五尺搏脊搏同	[校勘者注] 正文“榑”应作“搏”，注中“搏”应作“榑”。
	天宫楼阁	第三页第十二行	天宫楼閣	[整理者注] 应作“阁”。
		第四页第五行	各长二丈	故宫本作“一”。
		第十行	立棍每十条	[整理者注] 应作“棍”。
		第二十行	高八尺五寸径一□	缺“丈”一字。
		第五页第十一行	帐身版纽计	[校勘者又注] “纽”应作“约”。（又见第八页第八行、第九页第四行，第十四行、第十页第五行、第十一页第四行）。
		第六页第五行	拢裹一十功	故宫本作“二”。

	第十五行	挟木	[校勘者又注]“挟”应作“頬”。
转轮经藏	第七页第十行	三十五功二分□□	缺“拢裹”二字。
	第十一行	□□□□□□□□□□□□□	缺“共二百八十五功安卓二百二十功”十四字。(此行距顶下一格)。
	第十二行	□□	缺标题“壁藏”二字(此行距顶下三格)。
	第十三行	□□□□□□□□□□□□□□□□□□□□□□	缺“壁藏一坐高一丈九尺广三丈两摆手各广六尺内外槽”共二十二字(此行须顶格)。
	第十四行	□□□□	缺“共深四尺”四字(此行亦顶格)。
	第十五行	□□□□□□□□□	缺“坐高三尺深五尺二寸”九字(此行下顶一格)。
	第十六行	□□□	缺“造作功”三字(此行距顶下二格)。
	第十七行	□□□□□□□□□□□□□□□□□□□	缺“车槽上下涩并坐面猴面涩芙蓉瓣每各长六尺”共十九字(此行距顶下三格)。
	第十八行	□□□□□□	缺“子涩每长一丈”共六字(此行距顶下三格)。
	第十九行	□□□□□□	缺“卧棍每一十条”共六字(此行距顶亦下三格)。
	第二十行	□□□□□□□□□□□□□□	缺“立棍每一十二条”及注“拽后棍罗文棍同”共十四字(此行距顶亦下三格)。
	第八页第十四行后	□□□□□	[整理者又注]陶本于此行后有“安卓

				三十功”一条五字。
		第十七行	上格科	[整理者注]陶本作“斗”。
		第十页第六行	搏脊搏	故宫本作“槫”。
		第十六行	安卓三十功	故宫本作“车”，误。
		第十一页第六行	卷头科栱	故宫本作“斗”。
		第十行	天宫楼閤	应作“阁”。
		第十七行	并行廊屋	[校勘者又注]前文称“挟屋行廊”，此独云“行廊屋”，疑有误。
		第十二页第十行	□□□□□□□□□	漏“营造法式卷第二十三”九字，并将此行置于本页第四行。
《营造法式》卷第二十四	诸作功限一	第一页第二行	通直郎管修盖	故宫本作“脩”。
	雕木作　混作	第一页第十一行注	雕杏炉香合莲花宝科	故宫本作“香”。[校勘者又注]“科”应作“窠”。
		第十四行注	每高增高	[整理者注]应作“每高增减”。
		第十八行	一尺五寸七功五分	[校勘者注]故宫本作“八”，误。
		第二页第一行注	每功减七分□	脱“功”一字。[整理者注]陶本作“三分”。
	帐上	第二页第七行注	六寸为准	故宫本作“率”。
		第八行注	如下层莲径增减二寸	故宫本作“蓬”及“一”。
		第十一行注	莲翅	故宫本作“连”。
	柱头	第二页第十六行注	为准	故宫本作“率”。
		第十九行	狮子	故宫本作“师”。
	贴络事件	第四页第二行注	騏驎	故宫本作“鳞”。[整理者注]皆误，应作“麒麟”。
		第十行	故实人物以五寸为准	[整理者注]应为“事”。

			故宫本以“寸”为“件”、“准”为“率”（又见第十五行及次页第六行）。
	第十行注	每增减一寸	应作“件”。
华版	第五页第八行注	即长二尺三寸	故宫本作“二”。
	第十一行	平雕长一尺五寸	故宫本作“二”。
	第十一行注	广一又以上者即长一十尺如长上	故宫本作“尺”及“生”。
	第十三行注	如凿㯶每功加一分功	故宫本作“撲”（又见第六页第一行）。
	第十八行	划萬字	故宫本作“万”。
	第六页第四行	搏斗莲花	[校勘者又注] 应作“团窠”。
	第六页第九行注	单云头如数	故宫本作“加”。
	第十一行	鋜脚壸门	故宫本作“壶”。
	第十二行	格子桃白	故宫本作“挑”。
	第十三行	为准	故宫本作“率”。
旋作	第七页第一行、第二行	葱台钉	[整理者注] 陶本作“蔥”。
	第二行	每二十二枚	故宫本作“一”。
	第十二行	酒杯盘	故宫本作“盤”。
	第八页第六行注	各加减二枚	故宫本作“三”。
	第十行	径一子	故宫本作“寸”。
	第十一行	□□十五条	缺“每一”二字。
	第十四行	每一百枚	故宫本作“二”。
	第十七行	高二寸为准	故宫本作“率”。
	第二十行	五寸八分	故宫本作“功”。
	第九页第二行		[校勘者注] 此行于故宫本不空行。
锯作	第九页第五行	稠檀	故宫本作“椆”。
解割功	第九行	黄松冰松	故宫本作“水”。
	第十一行	□□□□□□□	脱“若一条长二丈以”七字。
竹作	第九页第十六行注	劈蔑刮削拖樆	故宫本作“篾”及“摘”（又见第二十行）。
	第十页第七行	障日篛	故宫本作“篛”。
	第十行注	如缚棚閤	故宫本作“栅阁”。

		第十一行 第二十行	竹栅八分□	脱“功”一字。 移至本页第十五行。
《营造法式》卷第二十五	诸作功限二 瓦作	第一页第九行注	一尺四寸瓪瓦为准	故宫本作“率”。
		第十二行	解桥	故宫本作“橋”（亦见第十六行）。
		第二十行	琉璃□□	缺“瓪瓦”二字。
		第二页第十四行注	以一尺二寸为准	故宫本作“率”（又见第三页第二行及第七、第八、第九、第十一、第十二行）。
		第十五行	青棍素白	故宫本作“混”（又见第十九行、第三页第五、第六行）。
		第十六行	垒脊每长一丈	［校勘者注］此行应较顶线低一格。
		第三页第十六行	开燕领版	故宫本作“頷”。
	泥作	第三页第二十行注	有转角合角托匙处	故宫本作“用”。
		第四页第七行注	其细泥□□□□	缺“作画壁并”四字。
		第九行注	并拾乍中泥	故宫本作“搭”。
		第十行注	仰泥缚绷閤	故宫本作“阁”。 ［整理者注］“绷”疑为“棚”。
		第二十行	兑落	［校勘者又注］疑为“脱”。
		第五页第二行注	窗坐门煩之类同	故宫本作“頰”。
	彩画作	第五页第十行	廊屋散合之类	故宫本作“舍”。
		第十一行注	即各如数十分之一	故宫本作“加”。
		第十七行注	殿宇楼閤	故宫本作“阁”（又见第十九行注、第六页第二、第七行）。
		第六页第七行注	减数四分之二	故宫本作“一”。
		第九行	刷二黄白缘道	故宫本作“土”。
	合朱刷	第十六行注	刷青地猫染戏兽	［整理者注］似为“描”字。
		第七页第二行注	萬字钩片	故宫本作“万”。
		第九行注	刷上朱	故宫本作“土”。
		第十行注	须缚棚閤者	故宫本作“阁”（又

				见第九页第一行注）。
		第八页第七行注后脱正文	每减一寸加一倍□	故宫本作“一”。
		第八行	□	故宫本作“功”。
		第十一行	人物壶門	故宫本作“壸”（又见第二十行）。
		第九页第一行	刷染砖甋基阶	故宫本作“基”。
		第十五行注	般取土木和泥事褫膴	[整理者注]“般”应作“搬”。故宫本“木”作“末”，“膴”作“撫”。
		第十六行注	每减一寸加一十口	故宫本作“二”及“三”。
		第十八行	长一尺六寸九寸口	故宫本作“十”。
		第十八行注	展样此长一尺四寸	故宫本作“比”。
		第二十行注	每减二寸加一十二口	故宫本删此“口”字，误。
		第十一页第一行	长一尺四寸□□□	脱“五分功”三字。
		第二行正文及注	用茶土棍甋瓦长一尺四寸八十□□□□□□□□□□□□□□	[整理者注]“茶”应作“茶”。故宫本“棍”应作“掍”（后又见于第四行注）。脱漏正文“口一功”三字，及附注“长一尺六寸，瓪瓦同华头”十字。
		第六行	以坯十分为准	故宫本作“率”。
		第十行注	每一分减二功	故宫本作“一”。
		第十二页第十行		移至本页第二行。
《营造法式》卷第二十六	诸作料例一 大木作小木作附	第一页第二行	通直郎管修盖	故宫本作“脩”。
		第一页第二十行	大料模方	故宫本作“摸”，误。
		第二页第十行	四架椽口一架椽	[整理者注]陶本于“四架椽”后多一“至”字，与前列各条相合。故宫本“一”作“三”。
		第十二行	里栿版……厌夏板	[整理者注]“里”应作“裹”。“厌”应作

				"压"
		第二十行	就全条斗	故宫本作"料。
	竹作	第三页第十九行注	打色	故宫本作"笆"。
		第五页第八行注	若门本等	[校勘者注]故宫本"门"作"阙"。
		第十一行注	四十条作径,一百□十三条□□编造	[整理者注]依陶本,"径"应作"经"。后文脱"四"及"作纬"三字。
	瓦作	第六页第八行注	结瓦为准	故宫本作"率"(亦见第十六行)。
		第十八行正文及注	紫土八担每一担重	故宫本均作"擔"。
		第二十行	燕颔或牙子版	故宫本作"颔"。
		第七页第二行	每口擹四分	故宫本作"擹"。
		第十六行注	殿宇楼閤	故宫本作"阁"。
		第七页第十八行注	瓦为准……每减一担	故宫本作"率"(另见第八页第八行)。又"担"作"等"。
		第八页第四行注	于版升笆箔上	故宫本作"并"。
		第十四行	拒鹊□子	[校勘者又注]"鹊"字后脱一"叉"字。
		第二十行	径三十五分	故宫本作"寸"。
	龙尾	第九页第六行注	以径二寸为准	故宫本作"尺"及"率"。"尺"恐误。
		第七行注	各加减六十	故宫本作"寸"。
		第十四行注	以高五寸为准	故宫本作"率"。(又见第十六行注,第十八行注)。
		第十页第十行		移至本页第三行。
《营造法式》卷第二十七	诸作料例二泥作	第一页第十行注	非殿閤等	故宫本作"阁"。
		第十五行	黄土一十五斤□□□□	脱漏"一十二两"四字。
	立灶	第三页第十八行注	并依泥饰料例组计	[整理者注]"组"应作"约"。
		第四页第一行	每一十坯八十口	故宫本作"斗"。
		第十七行注	仰合莲造右径	故宫本作"若"。
	垒坯墙	第五页第三行注及	径一尺二寸为准墙头在外	故宫本作"率"。后

		正文	□□□□	面正文脱“中箔一领”四字。
	彩画作	第五页第九行注	准析计之	故宫本作“折”。
		第十一行	八厘五毫	故宫本作“豪”，误。（又见第十二行正文）。
		第十二行注	殿宇楼阁	故宫本作“阁”（又见第十四行注及第十五行注）。
		第十六行注	经粉同	故宫本作“红”。
		第八页第十行注	描金	故宫本作“揾”。
	砖作	第八页第十六行	合用砖等□以积尺计之	脱“第”一字。
		第九页第二行	其绕背	[校勘者又注]依《法式》卷十五砖制度，应作“缴”。
		第四行注	各加减二两其修博藏方砖	故宫本作“三”及“条砖减”。
		第八行	各用苕蒂一枚	故宫本作“蔕”。
		第九行	应梵垒并所用	故宫本“梵”作“甃”。[校勘者又注]“并”应为“井”。
	窑作	第九页第二十行注	其起面	故宫本作“趄”（又第十页第一行注亦同）。
	条砖	第十页第二行	壓蘭	[整理者注]应为“压阑”。
		第十二行注	火珠之类	故宫本作“類”。
		第十四行	太料	故宫本作“大”。
		第十一页第三行	寸口	故宫本作“百”。
		第十行注	小料□半	脱“减”一字。
		第十二行	各两十斤	故宫本作“四”。
	青掍瓦	第十三行	茶土棍	[整理者注]“茶”应作“荼”。“棍”故宫本作“掍”。
《营造法式》卷第二十八	诸作用钉料例大木作	第一页第三行	编修	故宫本作“脩”。
		第一页第十三行正文及注	用梁钉长加材厚一倍 柱碽同	故宫本“用”作“角”。[整理者注]“碽”似应为“櫍”。（又见

			第三页十八行）
小木作	第二页第二行注	二寸上	故宫本作“止”。
雕本作	第二页第三行		故宫本作“木”。
砖作	第二页第二十行	井盘版钉	故宫本作“盤”。
用钉数	第四页第一行注	露篱□帐	脱“枨”一字。
小木作	第三行	□头门	脱“乌”字。
	第七行	子程每长一尺	故宫本作“桯”。
	第十七行注	签角焯版	故宫本作“蝉”。
	第十八行注	项版同	故宫本作“顶”。
	第五页第一行	帐并经藏	故宫本作“蔵”（又见第九行注），均误。
	第一行注	壶门牙头	故宫本作“壸”。
	第五行注	马御	故宫本作“銜”。
	第六行注	之类	故宫本作“類”（又见第六行注及第九行注）。
	第八行注	托柱叉子	故宫本作“义”。
	第十二行注	小平棊斗槽□□□□□□	下脱注文“版横钤立旌版”六字。
	第十三行注	□□□□□□□□□□ □□□□□□□□□□ □□□□□□□□□	此行低顶框六格，又脱注文“门等伏兎搏柱日月版帐上角梁随间栿牙脚帐格棍经藏井口棍之类同”二十九字。
	第十四行正文及注	□□□□□□□□ □□□□□□□□□□ □□□□	脱全条正文“二丈以上门楅每一条五枚”十一字及附注“随圜桥子上促踏板之类同”十一字（此条低顶框一格）。
	第十五行正文及注	□□□□□□□□ □□□□□□□□□ □□□□□□□□□□□	脱全条正文“斗四并井亭子上斗槽版每一条”十三字及附注“帐带猴面棍山花蕉叶钥匙头之类同”十五字（同上）。
	第十六行	□□□□□□□□ □□□□□□□□	脱全条正文“帐上腰檐鼓座山花蕉叶斗

			槽板每一间”十六字（同上）。
	第十七行	□□□□	脱全条正文“右各六枚”四字（此行低顶框三格）。
	第十八行正文及注	□□□□□□□□□□□□□□□□□	脱全条正文“截间格子搏柱每一条上面八枚”十三字及附注“下面四枚”四字（此行低顶框一格）。
	第十九行	□□□□□□□□□□□	脱全条正文“斗八上斗槽板每片一十枚”十一字。
	第二十行	□□□□□□□□□□□□□□□□□□□□□	脱全条正文“小斗四斗八平棊上并钩阑门窗雁翅板帐并壁藏天”二十一字（同上）。
雕木作	第六页第十二行	柱头人物之类	故宫本作“類”（又见第五行正文）。
	第十五行注	每长二尺又加二枚	[校勘者又注]四库本作“一”，待考。如每长五寸加一枚，则以“一”尺为是。
	第十八行注	径五寸□下三枚	脱“以”一字。
瓦作	第七页第四行	樀当子	[整理者注]疑作“滴”。
	第五行	牙子版每长一尺	故宫本作“二”。
通用钉料例两入钉	第八页第九行注	重二钱□□□□□□□□□□□□□□□□□□□□□□□□□□□□□□	脱“七分长二寸中心方一分五厘重一钱二分长一寸五分中心方一分重八分”三十字。
	第十行	卷叶钉	故宫本作“巻”，误。
彩画作	第九页第一行	应□颜色	[校勘者又注]四库本有“使”字。丁本、陶本皆无。
	第十四行	右各一两	故宫本作“二”。

诸作等第	第十页第五行		故宫本作"苐"。
石作	第十页第七行	或□□平钑华	[整理者注] 疑脱"减地"二字。
	第八行注	钩阑之类	故宫本作"類"(又见第十行注，第八页第三行、第六行)。
	第十行	柱碇素覆盆	[整理者注]"碇"疑作"础"(又见第十六注)。
	第十三行	露明斧刀	[整理者注] 疑作"刃"
大木作	第十一页第四行注	楷子大速檐	故宫本作"楷"及"连"(前者又见第七行注)。
	第六行	并要椽	故宫本作"安"。
	第七行注	谓不事□造者	[校勘者又注] 疑脱"斫"字。
小木作	第十一页第十二行注	钓牕同	[整理者注] 似宜用"窗"。
	第十七行注	马啣同	故宫本作"啣"。
	第二十行注	升亭子井胡梯同	故宫本"升"作"井"，及"井"作"并"。
	第十二页第二行注	转轮藏壁藏同	故宫本均作"蔵"，误。(亦见第十三页第十三行)。
	第九行	棋眼壁	故宫本作"拱"，误。
	第十五行注	及棵笓子	故宫本作"笼"。
	第十八行注	及横钤立旌之类同	故宫本作"铃"，误。及"類"。(又见第十三页第六行正文)。
	第十九行	地棚	故宫本作"栶"，误。
	第十三页第二行	棂子䟽瓣云头	[校勘者又注]"䟽"应作"桃"。
	第四行	青蜓头造	[校勘者又注] 依四库本，作"蜓"。
	第十行正文及注	□□□□□□□□□□□□□	脱全行正文"作下等"三字及附注"每增减一尺各加减五

				厘功”十一字（行首字须与前行平齐）。
	雕木作混作	第十三页第十四行	飞凤之类	故宫本作“纇”（又见第十五行，第十四页第九、第十行、第十六行）。
		第十九行注	带古同	故宫本作“舌”。
		第十四页第六行	或尖叶牡丹	故宫本作“荼”。
		第十五页第六行	鋜脚壶门	故宫本作“壸”。
		第八行	槫斗莲花	[校勘者又注] 应作“团窠”。
		第八行注	伏兎	故宫本作“免”，误。
		第九行	球文格子	[整理者注] 应作“毬”。
	瓦作	第十六页第十五行注	用大当溝欢瓦	[整理者注]“溝”似应用“沟”字（又见第十九行）。故宫本“欢瓦”作“散瓪”。
		第二十行注	混染黑粉	故宫本作“泥”。
	泥作	第十七页第三行注	黄赤□灰同	故宫本“赤”作“青”。下脱一“白”字。
		第五行注	茶炉同	故宫本作“罏”。
	彩画作	第十七页第二十行	斗头脚	故宫本作“柱”。
		第十八页第二行注	刷上黄丹	故宫本作“土”。
	砖作	第十八页第七行	踏道	故宫本作“踏”。
		第九行	地面之类	故宫本作“纇”（又见第十三行二十行及十九页第一行正文，与第十六、十七行附注）。
		第十九页第十行		移至本页第七行。
《营造法式》卷第二十九	石作制作图样	第一页第十行	柱础角石第等一	[整理者注]应作“等第一”（二字颠倒）。
	柱础角石等第一	第五页后页下图	宝□莲花	[校勘者又注] 脱“装”字。
		第六页后页上图	甬石	[整理者注] 应作“角”。

	角柱	第八页前页右图	剔地起突云龙	[整理者注] 应作“突”（亦见于第八页压阑石上图及十二页望柱中图标题）又图中之龙应为四爪，部分不清晰。
		第八页前页左图	压地標起华	[整理者注] 应作“隐”。（亦见十二页望柱后图标题）。
	踏道螭首第二	第九页前页图	踏道	[整理者注] 应作“踏”。
	殿内鬬八第三	第十页图	鬬八	[整理者注] 应作“斗”。
	鉤阑门砧第四	第十一页前、后页图	鉤阑，单鉤阑	[整理者注] 均应作“钩”。 校勘者又以铅笔在重台钩阑图上标出“寻杖”、“云栱瘿项”、“盆唇”、“蜀柱”、“束腰”、“地栿”等构件名称及位置。
	流杯渠第五	第十四页图	国字流杯渠	[校勘者注] 故宫本于图中部分作粗线。
		第十五页图	风字流杯渠	[校勘者注] 故宫本于图中部分作粗线。
		第十六页第三行		移至本页第二行。
《营造法式》卷第三十	大木作制度图样（上）			
	栱斗等卷杀第一	第二页后页图右行第五图	柱碩	[整理者注] 应作“櫍”。
		后页图左行第五图	梁林头	[整理者注] 应作“抹”。
	梁柱等卷杀第二	第四页前页图	下檐額肚	[整理者注] 应作“额”。
		第四页后页图右图	梭柱	[整理者注] 此图中梭柱之外形非呈梭状。
		第五页前页图第二图注	三辨头或只作搯头	[整理者注] “辨”应作“瓣”（又见本

			页后）。
			故宫本作“搭”同丁本，皆误。应作“楷”。
	第五页后页图第一图	鹰觜驼峰三辦	[整理者注]“觜”应作“嘴”。
	后页图第二图	两辦驼峰	[校勘者又注]“辦”均应作“瓣”。
下昂侧样	第六页前页图上左图	□□□□□□	脱标题“四铺作外插昂”六字。
下昂上昻出跞分数第三	第六页前页图中图		[整理者注]“昻”（亦见第六页后及第七页）应作“昂”，“跞”应作“跳”。
	第六页前页图下图注	出单杪双下昆	[整理者注]“昆”应作“昂”。
举折屋舍分数第四	第八页图	朱絃为第一折、青絃为第二折、黄絃为第三折	[整理者注]“絃”似应作“弦”。又图中并无朱、青、黄三色位置之表示。
	第十页图	亭榭斗尖用瓪瓦舉折	[整理者注]“瓪”应作“瓪”。
绞割铺作栱昂斗等所用卯口第五	第十一页前页图注	以五鋪作名件卯口为法	[整理者注]“鋪”应作“铺”（以后诸图亦多有见）。
	第十一页后页第三图注	瓜子栱裏跳用	[整理者注]“裏”应作“里”（亦见第十二页图及以后诸图）。
	第十二页前页图	（名称顺序有误）	[校勘者按]“慢栱外跳骑昂用”应置第三图前。“慢栱里跳用”应置第四图前。（而第一、第二图实际为同一构件之上下分离表示）。
	第十四页前页上图注	交首栱也六铺作	应删去“也”字。
	第十六页前页左下图注	铺间内用	[整理者注]“铺”应作“补”。
梁额等卯口第六	第十七页后页第二、	螳螂头口	[校勘者注]故宫本

		三图注		作"蜋"。
	槫缝襻间第八	第十九页图		[整理者注] 图中生头木、替木、斗栱、柱头等构件绘制均不够准确，有调整之必要。
	铺作转角正样第九	第二十页前页下图	五铺作重栱出单抄单下昂逐跳□□	[整理者注]"跐"应为"跳"（亦见本页上图及二十一页前上图与二十一后下图）。 [校勘者注] 后脱"计心"二字。
		第二十二页第三行		移至本页第二行。
《营造法式》卷第三十一	大木制度图样（下）			
	殿阁地盘分槽等第十	第一页第五行		[整理者注]"槽"应作"槽"（下同）。
		第二页前页上、下图	殿阁地盤殿身七间副阶周帀	[整理者注]"盤"应作"盘"（亦见后）。"帀"应作"匝"（亦见后）。
	殿堂等八铺作副阶六铺作双槽斗底槽准此下双槽同草架侧样第十一	第三页图		校勘者以图中梁架、斗栱形象部分有误。故以朱笔作出修改。
	殿堂等五铺作副阶四铺作单槽草架侧样第十三	第五页图	殿侧样十架椽，身内单槽，殿身外转五铺作重栱出单抄单下昂，里转五铺作重栱出双杪□□□。副阶外转四□□，□□出插昂，里转□□□出一跳以上并各计心。	校勘者又依图改正如下："殿侧样八架椽，身内单槽、殿身外转五铺作，重栱出单抄单下昂。里转五铺作，重栱出双抄偷心造。副阶外转四铺作，重栱出插昂，里转四铺作出单抄，偷心。余各计心。" 又图中不应有内柱，应取消。

殿堂等六铺作分心槽草架侧样第十四	第六页图	殿侧样十架椽身内单槽……里转五铺作重栱出两杪……	[校勘者又注]"单槽"应作"分心槽"。图中里转五铺作双抄仅绘出一跳栱。
厅堂等自十架椽至四架椽间缝内用梁柱第十五	第七页图	十架椽屋分心□三柱	[整理者注]脱"用"一字。
八架椽屋乳栿对六椽栿用三柱	第十三页图	(图与标题不符)	校勘者就此图佚缺之后内柱及相应之后乳栿，依故宫本作出修改。
八架椽屋分心□乳栿用五柱	第十六页图		[整理者注]标题脱"并"一字。
八架椽屋前后□劄牵□□用六柱	第十七页图		[整理者注]标题似脱"各"及"乳栿"三字。
六架椽屋分心用三柱	第十八页图	□□□□□□□□□□□	[整理者注]此图缺右下图框外之"营造法式卷三十一　十八"字样。
六架椽屋乳栿对四椽栿用三柱	第十九页图	(图与标题不符) □□□□□□□□□□□	[校勘者按]图中多后内柱，应除去。 [整理者注]此图右下图框外无"营造法式卷三十一　十九"字样。
六架椽屋前后乳栿劄牵用四柱	第二十页图	(标题顺序有误) □□□□□□□□□□□□	[校勘者按]故宫本亦同此。依图样结构，应改为"前乳栿后劄牵"。且图中后内柱应后移一架。 [整理者注]此图右下框外无"营造法式卷三十一　二十"字样。
四架椽屋分心用三柱	第二十一页前页图	□□□□□□□□□□□□	[整理者注]此图右下图框外无"营造法式卷三十一　二十一"字样。

	□□□□□□□□□□□□	第二十一页后页图	（标题全部脱漏）	[校勘者按] 脱漏“四架椽屋劄牵三（故宫本作二）椽栿用三柱”十二字。
	四架椽屋分心劄牵用四柱	第二十二页前页图	□□□□□□□□□□□	[整理者注] 此图标题“分心”应改“前后”。且右下框外无“营造法式卷三十一二十二”字样。
	□□□□□□□□□	第二十二页后页图	（标题全部脱漏）	[校勘者按] 脱漏“四架椽屋通檐用二柱”九字。
		第二十三页第三行		将此行移至本页第二行。
《营造法式》卷第三十二	小木作□度图样	第二页		脱“制”一字。
	门窗格子门等第一 附垂鱼	第二页前页图	（图为附连楹、鸡栖木、门幅之木版门后视图）	[校勘者注] 若以此门幅之间距为一尺五寸计之，此殆高二丈一尺之制。
		第四页前页右列第一图及中列第二、第三图	抪鏁柱、伏免手栓、伏免	[整理者注]“抪”应为“搕”。“免”应为“兔”。
		第四页后页上图	掞电窗	[校勘者注] 应为“睒”。
		第七页后页图	阑槛钩窻	[整理者注] 应为“窗”。
		第八页后页图	又瓣入卯	[整理者注]“又”应作“叉”。
		第九页后页左上、左下、右下诸图	□□□、□惹草、□□惹草	[整理者注] 左上图脱标题“素垂鱼”。左下标题应为素惹草。右下标题应为雕云惹草。
	平棊钩阑等第二	第十页前页图	盘毬	[校勘者按] 外侧圆形边框之纹样不确切，内圆形边框漏绘莲瓣二重。
		第十一页前页左图	叠胜	[校勘者按] 内框中

			之菱形纹样应为曲线而非直线。
	前页右图	穿心斗入	[整理者注] 应为“斗八”。
	第十二页前页图	簇六毬文	[校勘者注] 依标题，现图中仅为簇四毬文，不符簇六之形象，故有误。
	第十二页后页右图	罗文	[校勘者按] 中部直线菱形纹亦误。
	第十二页后页左图	罗文叠胜	[校勘者按] 其四瓣纹端部应略尖。
	第十三页前页右图	柿蒂	[校勘者按] 其纹样亦不准确且潦草。
	第十三页后页左图	龟背	[校勘者按] 其纹样亦不准确。
	第十四页前页右图	交圜华	[校勘者注] 依《法式》卷八平棊条，应作“六入圜华”。
	第十五页前页左图	脱标题□□□□	[校勘者注] 脱“柿蒂转道”四字。
	第十六页前、后页图	重台瘿项钩阑、单撮项钩阑	[整理者注] 此二图中各构件之形象甚不准确。
	第十七页前页图	无标题	[校勘者注] 疑为“义子”。
	第十七页后页图	无标题（似亦为“义子”）	[校勘者注] 脱漏说明“上下串破瓣压白出单线”及下部之“地霞”共十二字。
殿阁门亭等牌第三	第十八页前页图	花蒂牌	[整理者注] “蒂”疑为“带”。
	第十八页后页图	□□□	[校勘者注] 漏标题“风字牌”三字。
佛道帐经藏第四	第十九页图	天宫楼阁佛道帐	[整理者注] 自本页起，图右下角框内有“营造法式卷三十二　十九”字样。

				但二十一页及二十三页以后又无。
		第二十一页前页图	九眷牙脚小帐	[校勘者注] 应作“脊”。
	雕木作制度图样格子门等腰华板第三	第二十四页前页第四图	剔地突叶	[整理者注] 陶本作“窪”。
		第二十六页第三行		移此行至本页第二行。
《营造法式》卷第三十三	彩画作制度图样(上)	第一页第十一行	碾玉杂化第七	[整理者注] 应作“花”。
	五彩杂花第一	第二页前页图	海石榴花、宝牙花、太平花	[校勘者注] 海石榴花：红粉底，以朱剔深青缘。 宝牙花：青地绿缘。 太平花：红地绿缘。 [整理者注] 诸图中各色准确位置尚待核定(下同)。但可参阅陶本所附之彩色图。
		第二页后页图	宝相花、牡丹花、莲荷花	[校勘者注] 宝相花：红地青绿缘。 牡丹花：红地绿缘。 莲荷花：青地绿缘。
		第三页前页图	海石榴花枝条卷成 海石榴花铺地卷成 牡丹花写生	[校勘者注] 故宫本此页诸图紧接第二页后，与卷十四彩画作制度顺序一致。丁本误，应改正。 海石榴花：青地(枝条卷成)绿缘。 海石榴花：朱地(铺地卷成)青缘。 牡丹花：青地(写生)绿缘。
		第三页后页图	莲荷花写生、团科宝照，团科柿蒂	[校勘者注] 莲荷花：青地(写生)绿缘。团科宝照应作团“窠”

				宝照。团科柿蒂应作团"窠"柿蒂。
		第四页前页图	方胜合罗、圈头合子、豹脚合晕	[整理者注] 疑"合"为"盒"。 校勘者除对彩画作中之各图补增色名外，又对原有各色之位置不确者予以调整。
		第四页后页图	梭身合晕、连珠合晕、偏晕	
		第五页前、后页图	玛瑙地、玻璃地、鱼鳞旗脚、圈头柿蒂、胡玛瑙、琐子	校勘者对图中诸色亦作了若干补充及位置调整。
□□□□□□□		第六页前页图	联环、密环、叠环	[校勘者注] 脱标题"五彩琐文等第二"七字。图中一部联环纹，于故宫本中涂以墨。 [整理者注] 依首页标题,未见"等"字。
		第七页前页图、后页图	方环、罗地龟文、六出龟文、交脚龟文、四出、六出	[校勘者注] 方环及六出龟文、交脚龟文（四出）之内环，于故宫本中均涂以墨。
	飞仙及飞走等第三	第十二页前页第四图	[illegible]羊	[校勘者又注] 疑为"羚"。
	骑跨仙真□□	第十三页前页图		[整理者注] 遗"第四"二字。
		第十三页前页第二图	女贞	[校勘者注] 疑为"真"之误。
	五彩额柱第五	第十五页前页图	豹脚、合蝉燕尾、叠晕	[校勘者按] 合蝉燕尾中"红□"为"红粉"，叠晕之"一青"为"二青"。
		第十六页后页右图	海石榴花内间六入圜花科	校勘者于海石榴花内间六入圜花科图中注以"青、二青、青花、大绿、绿花、

			红粉、朱”等字样。
	第十六页后页中图	宝牙花内间柿蒂科	校勘者于宝牙花内间柿蒂科图中注以“朱、红粉、青花、大青、大绿、二绿、绿”等字样。
	第十六页后页左图	枝条卷成海石榴花内间入圜花科	校勘者于枝条卷成海石榴花内间四入圜花科图中注以“朱、赤黄、绿花、大绿、二绿、青花、大青、二青”等字样。[校勘者又注]丁本、故宫本均作“科”，陶本中作“斗”，皆误。应作“窠”。
五彩平棊第六	第十七页前页图	其注有：……外绿者系绿	[校勘者注]应作“缘”。系依下文碾玉平棊第十小注。故宫本于圭形装饰纹样之底内涂墨，又于其外缘施粗墨线。
	第十七页后页图		[校勘者按]故宫本于其方形装饰纹样之底面及菱形装饰之外缘涂墨。
	第十八页前页图		[校勘者按]此矩形之平面外周以边框，内以斜线划分为方格及三角形格，其中分饰组合呈方形与十字形之线纹及花瓣纹多种（莲瓣上另以细红线绘出脉胳）。又于边框处注“绿”、“红”字样。
	第十八页后页图		[校勘者按]此方形平面周以边二道，内

			中再套划为圆形及天边形，中饰曲线之三角纹，边线用细粗墨线。
碾玉杂花第七	第二十页前页图	海石榴花枝条卷成 海石榴花铺地卷成 龙牙蕙草	[校勘者注] 海石榴花枝条卷成，青地绿缘对晕中留白道。 海石榴花铺地卷成，绿地青缘对晕，中留白道。 [校勘者又注]“科”均应作“窠”。陶本作“斗”，亦误。
	第二十一页前页图	团科宝照、团科柿蒂、圈头柿蒂	校勘者于团窠宝照图中之团窠外线增“绿”字，于团窠柿蒂图中增“二绿”。又调整原图中各色位置。诸“科”均应作“窠”。
碾玉琐文第八	第二十三页前页图	方环、罗地龟文、六出龟文	[校勘者按]故宫本于罗地龟文之内底涂墨。 [校勘者又注]诸“科”均作“窠”。
碾玉额柱第九	第二十五页后页图	海石榴花内间六入圜花科 宝牙花内间柿花科枝条卷成海石榴花内间四入圜花科	校勘者于海石榴花内间六入圜花窠中之六入圜花边框中增加线脚一道。 于宝牙花内间柿蒂窠之柿蒂纹边框中增加线脚一道。 于枝条卷成海石榴花内间四入圜花窠之四入圜花图中增“青花”二字。
碾玉平棊第十	第二十六页前页图	其注：……系青晕外绿者……	[校勘者注]应作“缘”。又故宫本于其纹样底涂墨，外边框底施青、绿。

		第二十八页第三行		[校勘者又注] 各“科”均应作“窠”。移至本页之第二行。
《营造法式》卷第三十四	彩画作制度图样下五彩遍装名件第十一	第三页前页图	五彩装净地锦	校勘者于上图内增“红”、“白”、“绿”字样多处。 于下图内亦增“红”、“青”字样多处。
		第三页后页图	梁椽飞子	校勘者于梁上增“青”、“红”、“白”字样。于右侧椽身改“绿”为“红”。
		第四页后页图	五彩装栱眼壁	校勘者于重栱眼壁之上图内增加大青、二青、青华之层次缘道。 于单栱眼壁之下图内标明红、青二色之位置。
	青绿叠晕棱间装名件第十三	第九页前页图	(上图为单抄单昂五铺作外檐斗栱) (下图为单抄四铺作外檐斗栱)	校勘者于斗栱上部增加“青”、“绿”字样多处。又标出所施诸色之部位。 [校勘者又注] 标题“梁椽飞子”系依《永乐大典》残本像片增入。
		第九页后页图	梁椽飞子	[校勘者注] 于椽头上增“二青”。并于梁、椽上多处标明诸色之位置。
		第十页前页图	青绿叠晕玉晕棱间装(斗栱)	校勘者于斗栱上增“青”、“绿”色单字样。又标明诸色之位置多处。 [整理者注]“玉”字应作“三”

			（下同）。
	第十页后页图	青绿叠晕玉晕棱间装（梁头及椽）	校勘者于梁上及椽头增加“白”、“绿”、“青绿”等字样。又标明诸色之位置多处。
三晕带红棱间装名件第十四	第十一页前页图	（五铺作与四铺作斗栱）	校勘者于图中增添“朱”、“青”、“白”诸色字样。又标明诸色之位置多处。
解绿结华装名件第十六解绿装附	第十三页前页图	（五铺作与四铺作斗栱）	[校勘者注] 于图中增添“红”、“白”等字样，又多处标明诸色之位置。
	第十四页前页图	解绿装名件及注……凡绿绿并大绿在外	[整理者注]“绿”似应作“缘”。校勘者于图中增添“朱”色四处。又标明多处色彩之位置。
	第十五页前页图	栱眼壁内画单枝条花	校勘者于图中标明多处色彩之准确位置。
	第十五页后页图	重挑□□□内□□ 单栱□□□内□□	[整理者注] 上图中之“挑”应作“栱”。上、下图中似均缺“栱眼壁”内“影作”字样。 校勘者于重栱内栱眼壁板之外椽注“青”色。又标明多处着色之准确部位。
	第十六页前页图	青绿叠晕棱间装栱眼壁内影作	校勘者于重栱栱眼壁版之外缘注“大绿”色。又标明多处着色之准确部位。
刷饰制度图样 丹粉刷饰名件第一	第十七页前页图	（五铺作及四铺作斗栱）	校勘者增补斗栱部分刷“丹”、“白”色之位置。
	第十七页后页图	梁椽飞子	校勘者标明月梁下

			底为“白”色。
黄土刷饰名件第二	第十八页前页图	（五铺作及四铺作斗栱）	校勘者补注斗栱上之“丹”、“白”诸色。
	第十八页后页图	梁椽飞子	校勘者注明梁底为“白”色。
	第十九页前页图	黄土刷饰黑缘道	校勘者补注斗栱中之“丹”色及其位置多处。又补充部分构件之线条。
	第二十页前页图	丹粉刷饰栱眼壁 （地平用丹土同）	[校勘者注]“平”应作“并”。 又注明各色之刷饰位置多处。
	第二十页后页图	黄土刷饰栱眼壁	校勘者补注图中诸色之位置多处。
	第二十一页第一行		移至本页第二行。

河北涞水县水北村石塔*

出涞水县北门经过东租、西租二村，远远望见西北一带丘岗起伏，和易县的泰宁山遥相连接，可是山势却异常平缓，自然无易县诸山巉崖插天森森可畏的景象。从南、北涧头，绕到石龟山的东北麓，达到水北村。顺着村南清水河，一直往西，渡过小桥一座，地势逐渐增高，约莫走了半里路光景，见南侧山坡上，建有正方形石塔一座，就是本文所述的唐玄宗先天元年（公元712年）石塔。

塔东向，外观单檐四注，体积很小，除去正面的拱门两侧雕刻有金刚二躯（图版15a）以外，并在内部壁面上，浮雕佛像十余尊，可知当时此塔为兴福供养而建的成分，实占据多数。故与其称为"塔"，不如称为"龛"较为适当。然而塔身上唐先天元年所刻的铭文，又明明说"敬造石宝塔一所"，所以本文也只有沿用原来的称呼，不便强予改正了。

关于塔的历史，除塔本身留下一部分铭刻以外，各种方志中，简直无只字记载可考，然而以常理揣度，此塔建立当时，绝无孤立旷野中的道理。但是塔的附近，现在并无寺院建筑与碑碣一类的遗物可供参考。故本文对于塔的渊源问题，只得暂时保留，仅先就塔本身的式样、雕刻和年代、铭记等等，加以讨论。

外　观

塔的外观由台基、塔身、塔顶和塔刹四部分组合而成（插图33）。

台基：

塔的台基，系用整块巨石直接安放于地面之上。现在因为四周麦田已经蚕食到塔的附近，致使塔基岌岌可危，亟待修理。此基石因受长期气候的凌砾，其北侧与东南角业已剥落不少，幸南侧还比较完整，可以看出原来形状为叠涩式阶基三层（图版15b）。

塔身：

塔身结构为每面仅用十二厘米厚的石板一块，至角以Square Joint（平头结合）拼合起来，异常简单。塔身表面除朝东的正面雕有塔门和金刚等外，其余三面几乎遍刻功德题名。门的比例，系高宽相等的正方形（插图33），与后来宋·李明仲《营造法式》所载的版门·乌头门制度，恰相符合。也许李书所载，即是唐制的延续。门的左、右、上三方雕有简单线条，殆表示门框之意。在门的下部，很忠实地雕出门限和门砧，疑从前曾装有门扉，但是门限向中点斜凹，两端近门砧处又各凿方洞一处，却不知是何用意（图版15a)。

门上浮雕的尖拱，只在外缘内镂刻线条一道或二道，未施联珠，形制十分简洁。拱的尖端仅雕兽首一具，在唐代遗物中，总算保存了较多的北齐手法。不过拱的下端，在北魏、北齐许多遗迹中，或用简单的旋涡文，或用忍冬草，或用龙、凤一类的装饰，手法异常自由。而唐代则用忍冬草者占多数，此塔即其一例（图版15a)。

门左、右两侧所雕二像，下部均承以浮雕的崖石。北侧者身着介甲，脚下踏有一兽（图版16c)。南侧者半裸体，自腰以上和自膝以下，俱露出隆起的筋肉（图版16d)。此二像即热金刚神（简称金刚），也就

---

*此文于2006年在北京中国文物研究所库房中被发现，同时还有《河南济源县延庆寺舍利塔》、《定县开元寺塔》、《苏州罗汉院双塔》等文稿，均系刘敦桢先生在1936年前后的著作。而梁思成先生的《山西应县木塔》原稿也同时再现于世。据整理者考证，它们都属于中国营造学社准备刊行的学术专集《佛塔》的内容，后因抗日战争爆发而未及最后杀青及刊行，并导致文稿长期失踪。这次它们重见天日，乃是建筑史学界中的一大幸事，其重要意义自不待言。为此，特对大力协助并无私提供上述影印稿件的中国文物研究所张廷皓所长、杨新、查群女士和刘志雄先生等有关人士，致以最衷心的感谢。

由于若干尚未得知的原因，此四篇稿件原附的插图和照片大部现已无从觅得。为了保持文稿原貌，除了将残存之若干插图刊出外，对文中之其他图版号及插图号仍予保留，希望它们能够在日后被发现，并再行补入，以成完璧。

是仁王尊（简称仁王或神王）。因为在释籍中，金刚和仁王本来就是同物异名。如河南安阳县宝山灵泉寺隋开皇九年（公元589年）开凿的大住圣窟，其门外二像，一题“那罗延神王”，一题“迦毗罗神王”。而那罗延即是梵王，在《大宝积经》内，又称金刚力士。故《佛学大辞典》释为：

“仁王尊或作密迹菩萨，密修力士，执金刚神，那罗延金刚，寺门左右所置之阿、吽二像也”。

此外，唐高宗咸亨三年至上元二年间（公元672～675年）开凿的洛阳龙门奉先寺（俗称“九间房”），除去主要的卢舍那佛、二菩萨及迦叶、阿难以外，复雕凿四像分立南、北二面。每面靠西边的一尊，皆作武士装束，足踏鬼类。其余二像，则系半裸体、赤足（图版17g），与此塔所雕的大体符合。但是《大卢舍那像龛记》仅笼统说“金刚神王各高五十尺”，并未指出四像之中，孰为金刚，孰为神王。

关于金刚的形制、服装和所持武器，可以追溯到云冈中部第四洞和第五洞的雕刻。第四洞者，雕在内室入口两侧，可惜现在大部毁坏，仅余头部与右手所持之叉。第五洞者作武士装束，位于内室门罩两侧，一手挽戈，一手持剑，左右相向，完全取对称形式（图版17a）。其后宝山大住圣窟隋开皇石刻（图版17b），即以此种姿势为基本概念，而局部雕饰则更加写实。此外不着武士服装的，在北魏末期亦有二例：一为龙门西山北部第三洞（即潜溪寺宾阳洞）门外北侧者，左手执金刚杵，衣装服饰与洞内的其他佛像类似（图版17c）；一在巩县石窟寺第四洞门外东侧，左手柄剑，神情古朴，很有汉石刻余意（图版17d）。但是后一类的金刚，在隋、唐以后尚未发现过；金刚杵和叉、戈三种持物，亦未见于唐代雕刻中。

半裸体的金刚，产生比较稍晚。最早的例证见于龙门西山南部第二十一洞。此洞具有北魏孝明帝正光四年（公元23年）和孝昌二年（公元526年）、三年（公元527年）铭文数种。所雕金刚位于洞内南、北二面佛龛的两侧，皆未着上衣，且在飘曳的裙褶内，露出裸腿，乃过渡时代极重要的证物（图版17e）。其次则为河北省磁县南响堂山第七洞门外两侧的金刚，一手持剑，上身和腿部，俱皆裸露，姿势权衡，异常雄浑（图版17f），后来天龙山和龙门许多隋、唐同类的作品，虽大都祖述此种式样，但筋肉的表现却未免过于虚矫紧张。

此外尚可注意的，即唐以前的金刚，很少在同一建造物内发现两种式样不同的服装。惟唐代遗物中，才有着介甲的与半裸体的各占半数的现象。不过开元九年（公元721年）建造的河北房山县云居寺小西天中台石塔，却是一个例外。

塔顶：

塔身之上未施斗栱，仅仅用扁而宽的檐椽和飞子各一层向外挑出。在断面上，檐椽保持水平形状，飞子前端则略向上反翘，二者的水平长度约为四与五比例（插图34）。其排列方向俱与塔身成90°角度（插图33），和河北省定兴县石柱村北齐天统末年建造的标异乡义慈惠石柱，及日本飞鸟时代的木建筑完全一致。角梁亦为二层，但仅子角梁前端镌刻兽头（图版16a）。

檐端反翘的形状，在檐部中央部仍使用直线，至两端最末的二瓦陇，才微微翘起（插图33）。瓦垄排列的间隔比较疏朗。瓦当表面雕六瓣莲花纹，乃南北朝、隋、唐间惯用的式样。勾滴上、下缘采用平行曲线，也是当时极通行的方法，同时也就是清代花边瓦的前身。垂脊前端所雕兽已大部磨灭；再前饰筒瓦二枚，瓦之前端，向上微仰（图版16a），俱与北齐标异乡义慈惠石柱及开封河南博物馆所藏的隋开皇二年（公元582年）石刻一一符合。依据以上三种证物，我们可以推测南北朝末期至唐中叶一百四十余年间，河北、河南一带的屋顶瓦饰并无很大的变迁。

塔刹：

塔顶上的塔刹，为先在石造塔顶上安放九厘米厚的方砖一块，不与其余各部分所用的材料调和，很像后代修理时换置的。方砖之上施有石质的山花蕉叶（图版16b），其比例笨重，描线古拙，远不及塔内佛像雕刻的精美。可是花纹轮廓与房山县云居寺唐景云、太极、开元年间所建的诸塔，并无二致；并且在山花蕉叶之上，施有和云冈石窟内浮雕的刹，极相类似（插图 33），故此部决为当时建造的原物。覆钵中央，留有直径 28 厘米、深 20 厘米的圆孔一处，自此以上，已完全毁坏。但依据社友艾克博士所调查的房山县云居寺小西天中台石塔（图版 19d），似乎在覆钵上面，应有宝瓶形状的刹，而宝瓶表面还浮雕表示相轮意义的线道二层。也许前述覆钵上面的圆孔，就是装设此项宝瓶的榫眼了。

内　部

塔内的雕刻，在正面壁上浮雕一佛二菩萨像（图版 18a），虽然面部业已毁损，但如与同时代的云居寺诸塔比较，则此塔中央一像，更显得全体构图和各部分权衡比例，都异常清秀简洁。尤以略近平行线的湿褶式衣纹，能在流畅的线条中，保持刚劲的作风，极为难得。下部的须弥座，在莲瓣上施地栿、叠涩，与刻有壶门式花纹的束腰。束腰以上，仅仅施仰莲一层，便直接雕刻佛身，也与龙门石窟中许多唐代佛座同一手法（图版 3a）。

此三像的上面又雕有小像二尊，其一侧身左，微举一手；另一尊双手前伸，身躯向后微仰，婉妙灵活，栩栩如生（图版 18a）。又南侧壁面上，浮雕菩萨一、供养人物三（图版 18c）；北侧菩萨一、侍像二（图版 18d）；其中菩萨的姿势，婀娜自然，带有很浓厚的写实作风，而线条则已达到愈简单愈圆熟的境界，不失为唐代浮雕中的能品。

上部之覆斗状藻井，四周使用斜面，至中央覆以平顶，完全袭用敦煌、天龙山等处石窟的方法。

铭　刻

塔外部壁面上，镌刻施造僧俗人名极多；其中关于此塔的建造缘由，则刻在塔正面的尖拱上面，原文如次：

“奉为大唐皇帝皇后，七代存亡，遍及□□，敬造石宝塔一所，普遍供养佛。”

“□□寺僧智满、比丘僧令监、魏英武书撰，郑县禅通寺僧□臣。”

在尖拱的北侧又有文字如下（图版 19a）：

“易州涞水县遒亭乡水东邨并诸方道俗等，同心奉为国主、帝主、师僧、父母，普沾法界，敬造石宝塔一所。先天元年八月八日建立。”

“遒亭乡首望刘定国供养。都匠马龙，山匠王忠言，匠马口七，□像匠宋文国、像匠□守贤等供养。”

根据以上铭刻，知此塔系唐玄宗先天元年（公元 712 年）八月，涞水县遒亭乡刘定国和诸方僧俗为国主帝主师僧父母祝福而造的。按是年本为睿宗太极元年，至七月壬午，始传位玄宗，改元先天。此塔建立约在改元后一月，所以铭文中所刻的年号与史籍所载适相符合。又自高祖起，历太宗、高宗、武后、中宗、睿宗至玄宗共计七主，故有“七代存亡”之语。可是塔身遍刻僧俗施主的姓名乃无一语说明此塔属于何寺，极不可解。

铭文中所载的匠工有“都匠”、“山匠”、“匠”、“□像匠”四种。据唐 · 柳宗元所著的《梓人传》：“都匠”应是“都料匠”的简称，也就是总揽一切工程的首领。其下的“匠”人概指制作塔的石工；而“□像匠”则指镌刻佛像的专门工人而言。

此外背面石壁靠南面的角上又刻有：

“重熙六年（公元 1037 年）二月二十二日重修”十余字。知辽代中叶兴宗时，此塔曾经修理一次。不过就塔的式样和雕饰来观察，也许当时修理范围，只限于最易毁坏的刹顶一部分而已。

式样的检讨

此塔的式样，在唐代遗物中，有房山县云居寺小西天中台石塔（图版 19d）和斯坦因氏（A. Stein）所著《The Thousand Buddhas Ancient Painting》内敦煌千佛崖壁画（图版 19c）可供参考。前者在云居寺一大群唐中叶所建的石塔中，独它一处无年代铭刻，但是塔的形制和细部雕饰，几与此塔一点不差，毫无疑问可决为盛唐遗构。后者在正方形木建筑的屋顶上面，再加刹杆、相轮，显然与前述云居寺石塔同自我国亭式建筑演变而成。至于形制以外的建造意义，此木建筑极似一种小型佛堂，与日本奈良时期法隆寺梦殿属于同性质的建造物。而本文所述及的水北村石塔和云居寺石塔，都在内部雕刻佛像，是以兴福供养而建造的成分居多。故不论其为木造的佛堂，或石造的佛龛，它们的外观、用途和建造的意义，都是在同一概念之下发展出来的。

以上系就唐代单层单檐亭式塔的遗物来讨论，如果根求此类塔的形制和雕饰题材的来源，不能不追述北魏中叶以来的墓塔和其他北齐石刻的式样。不过此项墓塔的产生经过，著者等在本辑概说内业经讨论过一次，此处不必再提。单就北魏以后的演变来说，现在国内遗物，要以云冈中部第二洞支提上层四隅方塔的四隅小塔（图版 2h），和中部第九洞的浮雕（图版 2i）年代最古。它们的特征，系在方形塔身的四面镌刻圆券门，其上施水平横板，板的两端雕有山花蕉叶，类似希腊殿堂上的 Acroterion。再上施覆钵、宝匣、山花蕉叶、相轮、宝珠等所构成的塔刹。此种式样虽然在后代还可发现，但是具有东魏武定二年（公元 544 年）造像铭文的山东历城县神通寺四门塔*（图版 10b，插图 30），已经用叠涩式的出檐和反叠涩式的四注塔顶，代替水平横板及半圆形的覆钵，似已暗伏下后来改用中国式瓦葺塔顶的动机了。果然在天龙山初唐开凿的西部第四、第五两洞之间，有摩崖墓塔一座，使用了我国反宇式的塔顶（图版 19b）。故就形制上的演变来说，自北魏墓塔的浮雕，经过一度修改，变成东魏的四门塔，到唐初——也许事实上比此稍早，再受到中国式建筑的感化，遂产生涞水、房山等处单层单檐亭式塔的式样。

至于塔身门拱及佛像、藻井等等局部手法的意匠和布局，令人联想到在时间上仅早百六十余年的山西太原天龙山石窟。此一群石窟内，年代最早的是东部第一、第二、第九等窟，系北齐所建。石窟的正面，多数设有走廊。廊内中央，雕有尖拱式入口，两侧镌刻金刚各一尊。门内开凿略近正方形的小室一间，壁面上镌刻佛像，上部覆以周斜中平的覆斗状藻井。它们虽与本文所述的水北村石塔，体积大小殊悬过甚，但除去前部走廊以外，它们的平面配置和佛像、藻井等等的区布方法，却能大致相同。故可知构成此塔塔身的基本观念，在南北朝末期早已成立了。

此外塔身正面门洞上浮雕的尖拱、兽首和门两侧的金刚二像，又与 Törg Trü bner 氏携归欧洲经 Otto kummel 氏发表的三件北齐石刻（图版 19e）十分接近。此石刻的尖拱与拱上的龙、兽首和肥硕的莲花纹，以及门旁的金刚、狮子等等，无一不与南、北响堂山雕刻同一形态，足证确系北齐作品。由此证明水北村石塔的 façade，完全遵循北齐以来的方式而未曾改变。只可惜此三件石刻的顶部，现在均已遗失；拱门内的情状也无法推测，否则大可断定此类小石塔在北齐业已产生了。

---

* 整理者注：山东历城神通寺四门塔已被确定建于隋大业七年（公元 611 年）。

江苏吴县罗汉院双塔

弁　言

罗汉院在江苏吴县城内定慧寺街路北，现在改为县立双塔小学校，所有校内的教室和其他附属建筑，都是晚近修盖的。东北角用砖墙和竹篱包围着的一区内，存有砖塔二座和矗立草丛中的石柱，才是宋代遗物。可见此寺自零落荒废以后，曾经过若干时期，然后再由瓦砾蒿莱变为弦歌之地。寺的名称据文献所载，自唐末咸通间创建以后，仅仅百余年间有般若寺、罗汉院和宁寿万岁禅院三种不同的称呼。其后之公私记载，或称为万岁院或称为寿宁寺，或因有双塔的缘故，迳呼为双塔寺。然而双塔的建造，实在罗汉院时期之内，为切合事实起见，本文仍称它为"罗汉院双塔"。

双塔的外观、平面除去无关弘旨的小部分以外，此二座建筑全在同一形式与同一尺度之下建造出来的。故本文为叙述方便起见，一切尺寸暂以西塔为准。但东塔局部手法与西塔未能一致的地方，文中亦一一标出以存真相。

著者第一次调查双塔，事在民国二十四年（公元 1935 年）八月中浣。九月中复偕中国营造学社社友梁思成、卢树森、夏昌世三先生作第二次考察。其后遗漏部分，曾托张至刚君代为补勘；各项制图，则由本社研究生陈明达君担任。可是双塔虽经著者等数次勘查，对于塔下部的台基和罗汉院伽蓝配置等等，却还有许多怀疑莫释的地方。而此类问题，又非待大规模发掘之后，很难得到正确结论，所以只有留待将来再来解决了。

罗汉院及双塔的略史

罗汉院历史，据《姑苏志》[1]、《图经续记》[2]、《吴郡志》[3]、《苏州府志》[5] 及宋·龚颐正所撰的《寿宁万岁禅院给常平田记》[4]，知系唐懿宗咸通年间（公元 860 ～ 873 年），州民盛楚等所建立的。寺名初称般若寺，到五代吴越钱氏时（公元 907 ～ 977 年），改为罗汉院。其后北宋太宗雍熙年间（公元 984 ～ 987 年），有王文罕兄弟施造砖塔二座，东西对立，一称舍利塔，一称功德舍利塔，即是本文所述的双塔。

双塔的建造年代在前引五种文献里面，有两种未曾提及 [2、3]，其余三种则称为北宋雍熙年间所造 [1、4、5]。而此三种内，又以南宋光宗绍熙三年（公元 1192 年）龚颐正所记的为最早。可是著者第二次调查时，夏昌世先生在西塔第二层东北面素枋上，发现南宋高宗绍兴五年（公元 1135 年）墨笔题字。而著者与梁思成先生复于西南面素枋上发现同样题记，内有：

"双塔乃太平兴国七年（公元 982 年）岁次壬午建，……至今绍兴乙卯（五年，公元 1135 年），一百五十三载。"

与前述各种记载不符。

以年代计算，"太平兴国七年"与"雍熙中"虽然相隔不远，但对于双塔的历史，究竟是一件不可忽视的矛盾。据著者的臆测，自太平兴国七年到雍熙元年，只有两年。到最后的雍熙四年也只有六年。依工程繁简来判断，双塔规模不大，也许工程开始于太平兴国七年，到雍熙元年或二年，即已落成。因原文"雍熙中"的"中"系泛指雍熙元年到四年而言。虽未尝不可释为雍熙四年，但从工程立场来说，似以元年或二年较为合理。也许前述两种记载，一指始工年代，一指落成年代，所以未能一致。

罗汉院自王文罕兄弟建造双塔以后，到太宗至道中（公元 995 ～ 997 年），又敕赐御书四十八卷，改名万寿禅院 [1]。不过《图经续记》称至道九年赐书，二年改变院名 [2]。而《宋史》太宗本纪，至道年号仅仅只有三年，即由真宗改元。并且原文九年之下，接以二年，文义也不连贯。无疑地，九年乃元年的误植。其后真宗大中祥符年间（公元 1008 ～ 1016 年），此寺的子院——西方院——独立自成一寺，称为定慧禅院 [6]。但是《姑苏志》又说此事在真宗天禧中（公元 1017 ～ 1021 年）[7]，不知孰为正确。

南宋高宗建炎四年（公元 1130 年）金兀术破平江（即今苏州），大肆焚掠，据徐大焯《烬余录》所载，实为当地有史以来未曾有的浩劫。此寺二塔在当时似乎也被波及，但经比丘惠先等九人募修，于绍兴五年（公元 1135 年）全部工竣。现存西塔第二层内部东北、西南二面素枋上，有墨笔题字二段，记述此次的修葺功德。原文每行五字者占据多数，但亦间有二字或四字一行（图版 29a），除去剥落不清者外，共存一百四十字。只可惜此项墨迹，年久风化，一经触手，便即刻化归乌有。目前恐怕另无妥善保护的方法了。

东北面素枋题字：

“大宋国平江府长洲县口元碑蒋口口口口口弟子卫口寿、口口八娘、男口口与家眷等，口心施钱口口塔第二层井口功德，保扶家眷庄严福智，成就菩提，绍兴乙卯题，宋都绅陈明。”

西南面素枋题字：

“双塔乃太平兴国七年岁次壬午建口王氏口一方所口，至今绍兴乙卯，口口一百五十三载，缘金口口城寺宇口口惟北二口口口口口口比丘师口惠先等九人努力募缘，次第修整。时绍兴五年岁在乙卯三月十三日。同修口塔比丘口口口口文上用记岁月矣。刊字比丘口口。”

前项题字内可注意的事项：（一）双塔建造年代，确是太平兴国七年。（二）绍兴五年的修理，适在金兀术破平江之后，很像当时此寺曾受相当的损失。（三）题字地点，恰好在西塔第二层素枋的表面。依结构言，此素枋位于内檐令栱之上，即清式的井口枋。而题字内又明白说是“井口功德”，顾情思义，原文“施钱口口塔第二层井口功德”，也许可释为“施钱造西塔第二层井口功德”。如果此种解释并无大谬，则此素枋附近的斗栱，和楼板的一部或全部，有惠先等募缘修补的可能。

双塔自绍兴五年修治以后，经过五十余年，到光宗绍熙中（公元 1190 ～ 1194 年），提举徐谊曾拨给常平田 [1、4]，故此寺又改为提举常平祝圣道场。可是其后理宗嘉熙中（公元 1237 ～ 1240 年），及明永乐八年（公元 1410 年）二次重建记录 [1、5]，文献上所载的资料过于简略，而嘉熙中释妙思所撰的碑记 [1]，现在又已佚亡，故对于当时工程范围，无从判断。不过依现存双塔形制，和绍兴五年题字来推测，此二塔决非嘉熙、永乐间重建之物，极为明显。如果“重建”非“重修”之误，似乎《姑苏志》所述的，系指双塔以外的建筑而言。

明世宗嘉靖元年（公元 1522 年）秋季，巨风忽吹折西塔的相轮，其余榱题，也因年久倾落不少。经过三十余年的长时间，到嘉靖三十九年（公元 1560 年），有马祖晓者始为修复；同时并严饰东塔和大殿，书金字梵经，置塔顶为镇 [8]。万历中，大殿和佛像渐次毁圮，高文口发愿修葺，未成先死。其子科选、科口继之，至万历四十二年（公元 1614 年）完成 [9]。崇祯六年（公元 1633 年）塔又毁坏，九年修复 [10]。

清康熙十五年（公元 1676 年）唐尧仁捐建天王殿及方丈、禅堂 [5]。乾隆间，东塔相轮毁败，《府志》仅说道光间重修，而未记载确实年月，现在根据西塔覆钵上铸的铭记，有：

“道光二年

四方大吉

寿宁寺

无锡许和记铸”

计十余字，知此事属于道光二年（公元 1822 年），且修理范围包含西塔在内，可补《府志》的缺漏。咸丰十年（公元 1860 年），寺被兵火所毁，只剩二塔一殿 [5]。按《东华录》，是年四月，太平军破苏州，大约此寺的破坏就在此时。同治中，军事平定，僧郤凡曾稍加修葺 [5]，但未恢复旧观。现在寺内的建筑除双塔和大殿石柱以外，其余业已全部摧毁。而东塔的相轮又已倾斜，急待修理。塔南一带，近由县立双塔小学校建造教室二座及其他附属建筑物，塔西则辟为操场。可是由此寺分出的定慧寺，依然健在。二者对照，幸与不幸，真有云壤之别。兹将文献和遗物中关于此寺的沿革，表列如次：

唐	懿宗咸通间	公元 860 ～ 873 年	盛楚等创建般若寺 [1、2、4、5、8]
五代	吴越钱氏	公元 907 ～ 977 年	改名罗汉院 [1、5]
宋	太宗太平兴国七年	公元 982 年	王文罕兄弟建造双塔（见西塔第二层题字）
	太宗至道元年	公元 995 年	赐御书四十八卷 [1、2、4、5]
	太宗至道二年	公元 996 年	改名寿宁万岁禅院 [1、2、4、5]
	高宗建炎四年	公元 1130 年	金兀术破平江，塔一部被毁（见西塔第二层题字）
	高宗绍兴五年	公元 1155 年	比丘惠先等募修西塔（同前）
	光宗绍熙中	公元 1190 ～ 1194 年	寺为提举常平祝圣道场，提举徐谊给常平田 [1、4]
	理宗嘉熙中	公元 1237 ～ 1240 年	重建（范围不明）[1、5]
明	成祖永乐八年	公元 1410 年	僧本清重修（范围不明）[1、5]
	世宗嘉靖元年	公元 1522 年	西塔相轮吹折 [8]
	世宗嘉靖三十九年	公元 1560 年	马祖晓重修双塔及大殿 [8]
	神宗万历四十二年	公元 1614 年	高文口修大殿及佛像 [9]
	思宗崇祯六年	公元 1633 年	双塔圮毁 [10]
	思宗崇祯九年	公元 1636 年	修双塔 [10]
清	圣祖康熙十五年	公元 1676 年	唐尧仁捐建天王殿、方丈、禅堂 [5]
	高宗乾隆中	公元 1736 ～ 1795 年	东塔相轮毁 [5]
	宣宗道光二年	公元 1822 年	修理双塔（见西塔覆钵铭记）
	文宗咸丰十年	公元 1860 年	太平军破苏州，寺被毁 [5]
	穆宗同治间	公元 1862 ～ 1874 年	僧郤凡小修 [5]

双塔制度的检讨

我国双塔制度，在记录上，当以南齐明帝建武永泰间（公元 494 ～ 498 年）所建的建康（即今南京）湘宫寺二塔为最早。《南齐书》卷五十三 · 虞愿传称：

“明帝……以故宅起湘宫寺，费极奢侈。以孝武庄严刹七层，帝欲起十层，不可立，分为两刹，各五层。”

照文义解释，湘宫寺塔系因十层塔太高无法建造，乃改为五层塔二座。如果双塔制度，就因此种技术上的问题而产生，则它与佛教教义，实无任何关系。不过此项记载，并无别种旁证，而南齐以前，是否已有此种方式，亦难逆定。所以双塔的产生时期，和它出现的真正原因，不是今日所能断定的。至于湘宫寺二塔的位置，是否如罗汉院的双塔东西对立，抑如明太原永祚寺采取一前一后的配列法，现在也无法穷究。其后又有唐 · 段成式《酉阳杂俎续集》卷六所载的长安城中寺院双塔：

“翊善坊保寿寺，本高力士宅，天保九载（公元 750 年）捨宅为　寺。……二塔天珠受一斛余。”

也十分简单。但是日本奈良时代的遗物中，却有药师寺东、西塔，建于天平二年（公元730 年）。东大寺东、西塔，建于天平胜宝五年（公元 753 年）。此外还有宝龟十一年（公元 781 年）所绘的《西大寺伽蓝图》（插图 45），年代都与盛唐相当。我们知道日本奈良时期的建筑，曾受我国唐建筑的启迪，所以推想双塔制度，在唐代佛寺中一定占据相当的数目;同时双塔的位置，也必是东西对立的。只可惜唐代此类建筑无一存在，直到五代和北宋初期，江、浙二省内才有实物可供参考。

现在我们所知道的遗物中，除此寺以外，还有杭州灵隐寺和浙江萧山县祇园寺二处。前者石造，后者砖造。就年代言，此寺与灵隐寺二塔，都是北宋初年所建。祇园寺二塔据社员刘致平君所述的，不但门窗、斗栱与出檐结构和此寺双塔异常类似，并且塔的下部，还嵌有碑石一块，载乾隆四十一年（公元 1776 年）西塔崩颓时，曾发现显德五年戊午（公元 958 年）（整理者注：于时为吴越王钱弘俶十二年，但仍沿用后周显德年号）。吴越王长舅国公吴延福兴造砖塔二座的铭记，为现存江、浙双塔 中年代最早的一处。可知五代和宋初，此式塔在江南一带，曾占据相当数目。

如前所述，双塔的起源，虽非今日所能肯定。但此寺二塔，据明崇祯九年（公元 1636 年）《寿宁寺重修双塔记》则谓：

“塔有二,一曰：舍利塔，一曰：功德舍利塔 [10]。”

似其性质与湘宫寺二塔迥然不同。因为《浴佛功德经》及《造像功德经》、《智度论》、《寄归传》等，均载舍利有二种：一曰：生身舍利，乃如来遗骨；一曰：法身舍利，亦简称为法舍利，指法藏十二部经，与《佛说造塔功德经》内所载的《法身偈》，和装有经文的香泥小塔等等而言。凡藏有后数项的塔，统称为功德舍利塔，其功效和重要性，与藏有身舍利的并无何等差别。著者去岁调查的北平护国寺，内有喇嘛塔二座东西对立。西塔题“舍利塔”，东塔因无题记，一般称为配塔。但据塔旁的碑刻，东塔建于元延祐间，内藏无数香泥小塔，当然是功德舍利塔之流。现在罗汉院双塔也是东西对立，并且据明《重修双塔记》：

“嘉靖元年（公元 1552 年）七月二十五日，怪风为灾，折右塔顶。……有马居士祖晓者，……乃曰：……非金字梵经，不足为镇。……裹所口字《法华》，并旧藏舍利、杂宝，秘以铜奁，固以铁检，奉安峻极，永镇神基 [8]。”

知右塔顶上，曾藏有舍利，明嘉靖重修时，复“秘以铜奁，固以铁检”，足证崇祯碑所述，不是凭空杜撰的。不过碑文所谓“右塔”，不知指东塔抑西塔，很难得到正确的诠释。所以孰为舍利塔，孰为功德舍利塔，暂时无法决定。

双塔附近的平面配置及大殿遗迹

塔的位置：

此寺与杭州灵隐寺塔，都建于大殿之前。惟体积较大，非如灵隐寺二塔，紧接于大殿月台之前，而应如日本《西大寺伽蓝图》（插图 45）建于前、后二主要建筑物的中间。——在此寺则应在大殿与中门的中间。关于此点，不能不涉及罗汉院的平面配置。

罗汉院的伽蓝平面，因遗迹毁灭的结果，现在只有两种证物可以引用。其一为塔后面的大殿故基（插图 46）。另一种则为南宋绍定二年（公元 1129 年）《平江府图碑》内关于万岁院一部分极简略的写意画（插图 4、8）。依据此种资料，对于此寺的中央部分略能窥其大概。

大殿的故基，在塔北约 18 米，比东、西二塔的中心距离略小一点（插图 16）。其原来形状，根据现存石柱和础石的位置，可试作下列二种推测。

（一）大殿总面阔为 18.9 米，而前、后檐柱间的距离，则为 18.7 米，足证平面系正方形。

（二）正方形建筑的屋顶，依照本社已往调查的辽、宋遗物，似以九脊殿式屋顶较为合理。现在此殿在西面山柱内，相距 1.63 米处，尚存有石柱二根，也许就是承载九脊殿梁架用的。

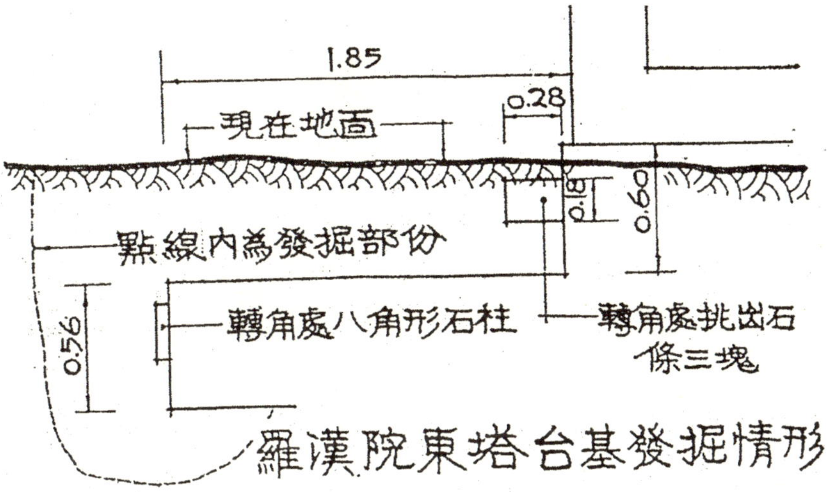
1.85
0.28
現在地面
0.18
0.60
點線內為發掘部份
0.56
轉角處八角形石柱
轉角處挑出石條三塊
羅漢院東塔台基發掘情形

插图 43

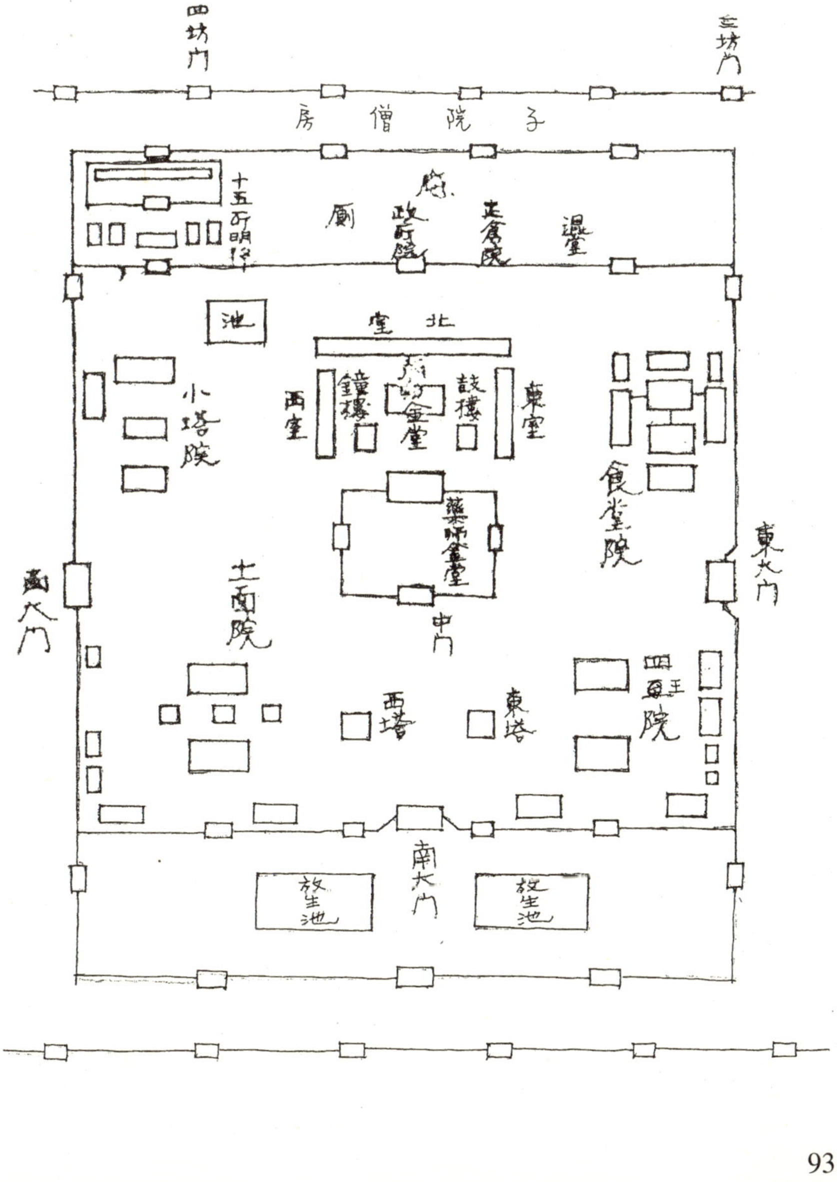
四坊门
三坊门
子院僧房
池
北室
小塔院
西室
鐘樓
金堂
鼓樓
東室
食堂院
藥師金堂
西大门
東大门
中门
西塔
東塔
南大门
放生池
放生池

插图 45

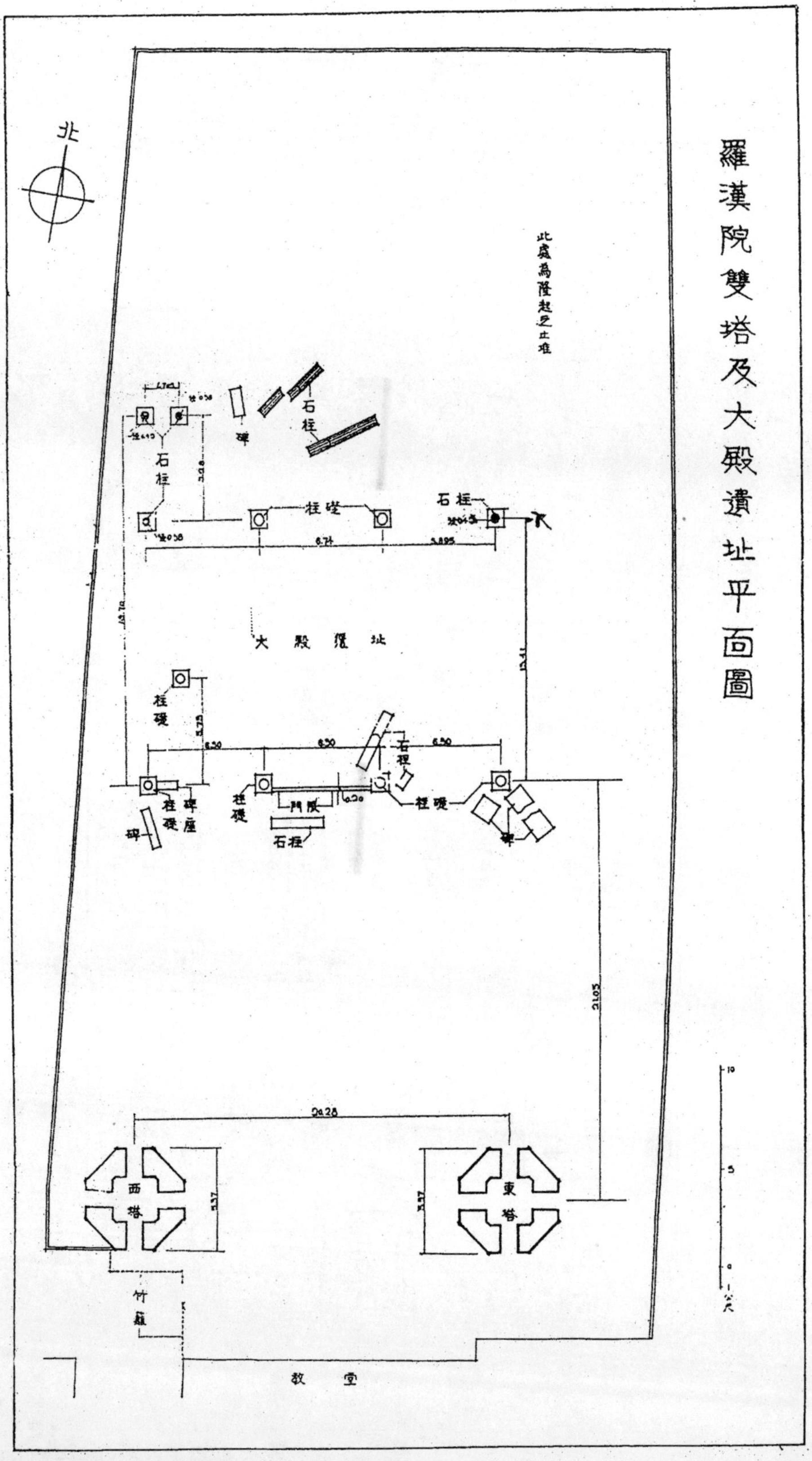
羅漢院雙塔及大殿遺址平面圖
北
此處為隆起之土堆
石柱
碑
柱礎
大殿遺址
門限
碑座
西塔
東塔
竹籬
教堂
20.28
21.05

插图 46

依据以上二条，本文所载的复原图(图版 24)，暂假定大殿的外观，为单檐九脊殿式样。

对于大殿的创建年代我们不能不研究现在残存的石柱。柱分圆形、八角形，和表面刻为海棠纹的三种。

(一)圆形石柱二根，位于殿正面当心间，现在俱已倒塌。其础石覆盆上所雕的卷草纹(图版 31c)流丽典雅，纯系宋代作风。它的形状，也与《营造法式》符合。而柱身上复雕刻卷草式莲蕖，中杂人物(图版 31a、b)与北宋宣和七年(公元 1125 年)所建的嵩山少林寺初祖庵大殿同一手法。据王謇《宋平江城坊考》卷二引《宝铁斋金石文字跋尾》:

"双塔寺石柱题字，在大殿东、西两柱，雕镂精工，遍刻人物花草，为人摩挲，其光可鉴。东柱下莲瓣内题刻云:'宋宁男居厚卿、陈文炳置柱，保安家眷，庄严福惠'等二十四字。四行，行六字，正书。西柱下镌:'舍钱壹百贯文足'一行，正书，无年月姓名，与东柱题名出一人之手。楷法端劲，有颜柳风骨。相传为雍熙中王文罕建塔时所立，似属可信。"

可惜现在柱已倒卧地上，未能查出上项铭记，但是依雕刻式样来判断，此殿当心间二柱确系宋代遗物。

(二)八角石柱均未施镂刻，有殿北面当心间二柱，与西次间的隅柱，及西北角柱，共计四处。

(三)海棠纹石柱也是四处。在北面当心间的二根，现已倒仆。其未倒的二根，一在北面东次间，一在西北角(图版 31e)，柱身和礩都刻为十瓣。柱身下部，又刻有很优美的花草一段，雕刻刀法，浅而且平(图版 31d)，带有明代石刻特有风味。按此类海棠式石柱，又见于福建泉州开元寺大雄宝殿，虽不能断为北宋旧物，然最晚亦为明嘉靖万历间所换制的。

综合以上各点，此殿石柱也许经后世抽换一部，然据当心间二柱证之，殿之位置，最低限度自南宋以来即已如此。甚至如《宝铁斋金石文字跋尾》所推测的:"雍熙中王文罕建塔时所立"，亦难逆知。

其次，我国佛塔的位置，依照敦煌壁画，和日本法隆寺五重塔附近的平面，以及《酉阳杂俎》所述的唐代的塔，大多数都位于塔院之内。此寺双塔既建于离唐代不远的北宋初期，所以猜想塔的四面当时也应有走廊，将大殿与中门联紧起来，成为塔院的形式(插图 47)。本文的图版 24，即参酌上述各例与大同辽善化寺拟定的。

不过双塔南部，自塔的东西一线至定慧寺街的一段，约为塔与大殿距离的二倍，其间也应有其他建筑，才与实际切合。果然《平江府图碑》中标明万岁院的一部分(插图 48)，最南端有类似山门的三开间建筑一座；门内排列东西二庑，其北复有一

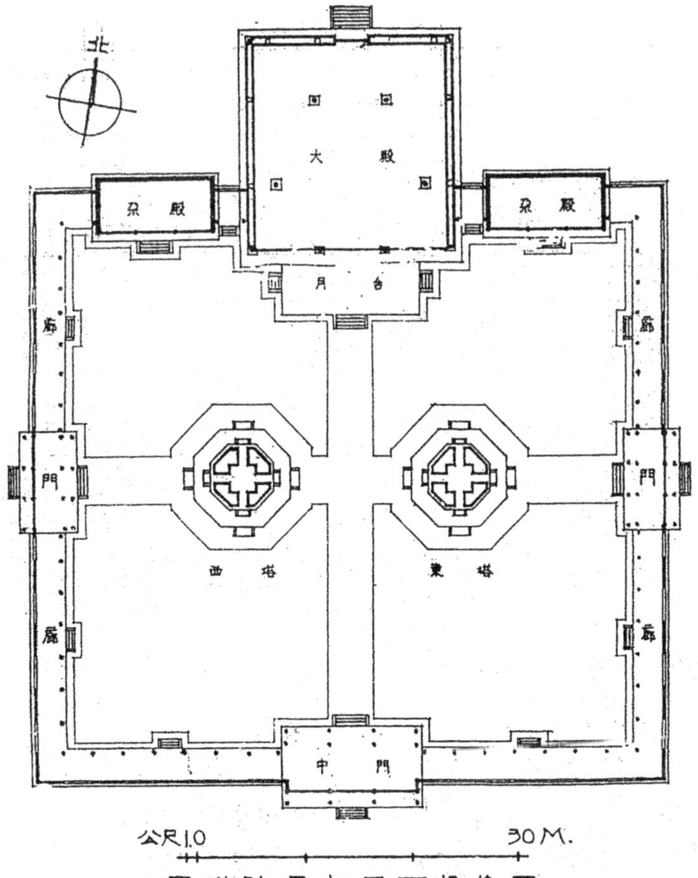

插图 47

建筑——也许是中门，自其屋顶上面，露出双塔的一部；惟塔北的大殿，则略而未载。虽然此图不是纯粹写实作品，但是依照现在双塔与定慧寺街的距离来说，其间实有建造另一院落的可能。故疑南宋时，此寺中央部分自大殿以南，尚有前、后二院，而双塔则建于后院之内。

双塔平面

双塔的平面，后采用等边八角形（插图44）。照常理推测，塔的外部应有台基环绕。但著者调查时，塔外面的浮土推积甚高，未曾发掘。后来商得校方同意，托张至刚君代为查验，证明确有此种结构。台基的外口离塔身185厘米，约合清营造尺五尺九寸余，正是我国一般阶基通用的宽度。

第一层：

塔身外部包以砖壁，在东、南、西、北面各辟入口一处，通至塔中央的方室（插图44）。在平面上，除去塔的外形改用八角形以外，其内部配置，大体还遵奉唐西安诸塔的原则。由此可推知北宋初期砖塔使用塔心柱的，尚未普及全国。自第一层至第二层的梯级，现在业已遗失，其配列方法无从揣拟。

第二层：

内部方室在窗台以下部分，仍与第一层同一方向。但窗台以上的壁体，则掉转45°，如两个正方形套成的。因此之故，窗的位置，也改在东北、东南、西南、西北四面，恰与下层的门，互相错位（插图43）。按西安唐荐福寺小雁塔和定县宋开元寺料敌塔的门窗，都集中于东、南、西、北四面，其余四面，俱为墙壁，以致塔身重量，不能维持平衡状态，而门窗下面，又无反券(Reverse arch)可以抵抗下部的反力(Reaction)。故现在各层门窗上都发生裂缝。可是此寺双塔，将内部小室与各层门窗的方向，互相掉换，恰能补救此种缺点，在结构上，实值得赞美。

第二层梯口设在东北角上（插图44）。从第二层至第三层的梯级，现亦遗失，但据东南角挖去的墙壁来推测（图版28），原有的木梯似由东南角盘旋而上的。

第二层外部所设之平座纯属装饰性质，与实用无关。因外观上所见第二层的门实际是窗，而窗台离塔内的楼板面颇高，若无梯级，则不易达到窗外的平座（插图43）。

第三层：

自窗台以上的墙壁，复改归原状。窗的位置，也设在东、南、西、北四面，与第一层完全符合（插图44）。同时窗台离楼板的高度，则不到一米，在实际使用上，也较第二层为佳。因上层梯口设于正北面，故将东北角的墙壁削去一部，以便装设本层之木梯（图版29b、c）。

第四层：

平面与第二层大体相同（插图44），窗的位置也改在东北、东南、西南、西北四面。此层墙壁转角处虽未挖削，但梯级的位置，似由西南角转至东南角，再登第五层者。

第五层：

其窗与第一、第三两层一致（插图43），可是内室的平面，已由正方形变为不等边八角形（插图44）。其东南角墙壁，因安设梯级的缘故，向外推出少许，故此处墙壁，较他处稍薄。

第六层：

内室平面复采用正方形，窗的位置，也照样掉换（插图43、44）。惟室内面积甚小，中央再安置直径三十五厘米的塔心柱，致登临异常不便。

第七层：

内室更小，每面不到一米。内室和窗的方向，仍依前例掉换（插图43、44）。

双塔外观

式样：

在式样上，双塔的出檐、平座和壁面上隐出的柱、额、斗栱、直棂窗等等，均模仿木塔式样（插图43）。可是它的全体形范，因为第一层塔身直径不及塔高六分之一，而上部孤耸的刹，又占据全塔高度四分之一强，以致形成很瘦削的外观。如果与应县辽佛宫寺塔比较，前者雄壮庄严，后者玲珑秀丽，完全处于极端地位。

塔的外观，下部仅用简单朴素的台基承托（插图43）。除第一层设有副阶以外，以上各层，皆施出檐和平座。而各层出檐所构成的外轮廓线，也仅微微带有一点 Entasis，与国内现存最早的木塔——山西应县辽佛宫寺塔，极为接近。

双塔外观虽以木塔准绳，可是仅仅限于外观而已。对于内部各层的结构，并未取得充分的联络。例如第一层与第二层之间，因增建副阶之故，致令第二层的楼板，离窗台约有六尺多高，站在塔内，几无法望见窗外一切的景物（插图43）。这种盲目的模仿，实为不可恕的缺点。

就现状言，双塔下部的台基因被土掩盖，第一层的副阶和各层平座栏杆，也均倾毁无存。然台基经发掘后存在，其已经证明确实存在。其副阶与栏杆，也还留有多数角梁和望柱的榫眼，以及其他文献上的证据可供参考。本文插图43所示的复原图，即根据各种遗迹而绘制的。

塔身比例：

双塔外观既采用木塔式样，各层的直径和高度自然愈向上愈减小。不过在讨论直径与高度的比例以前，应先决定各层高度的标准。据一般建筑的通则，各层高度系指下层楼板面至上层楼板面的垂直距离而言。如果将此法使用到双塔的外部，可用各层平座间的距离作为代表。可是此法对于最末的第七层，却不能适用。根据本辑河北定县开元寺料敌塔的外观，似以各层出檐上口间的垂直距离，定为各层的高度较为妥当。根据此种假定，现将双塔各层直径与高度的比例表列如后：

层　数	塔身直径	高　度	直径与高度之比
第一层	5.37米	4.37米	100比80
第二层	4.93米	3.43米	100比69.1
第三层	4.52米	3.36米	100比74.3
第四层	4.10米	3.13米	100比76.3
第五层	3.67米	3.00米	100比81.7
第六层	3.26米	2.67米	100比81.9
第七层	2.90米	2.42米	100比83.4

前表中所示的结果，有二项值得注意：

(1) 第一层至第七层的直径，自5.37减为2.9米，约减去第一层直径的百分之四十六。高度自4.37米减至2.42米，约减去百分之四十五。就百分率言，二者缩减的比例约略相同。

(2) 双塔各层的高度，虽无一不比直径为小，但第二层比第一层几减去百分之二十，实为各层高度相差最大的数目。故直径与高度的比例，突自百分之八十，降至百分之六十九。然而自此以上，所减之数渐小，致其比例反由百分之六十九，增至百分之八十三，形成很奇特的现象。

台基：

双塔下部，据发掘东塔西南面的结果，第一层塔外转角处，有自墙角挑出28厘米的石板三块，与塔内地面同一高度，故揣想塔的外面，原应有石造的阶台围绕着（插图43）。此石板下40厘米处，又发现较大的台基一层，全体用青砖修砌。其外口离第一层塔身计185厘米，高56厘米，其下即为实土，并无基础，不是常见的方法。又台基的表面，粉有红色灰泥，至转角处，有一部分砌出的砖，类似八角柱的遗迹（插图49）。我们最初以为塔身外部，原有木造的走廊，此转角处砌出部分，也许是廊柱的基础，但经制图时再四研究，如果塔外有木廊存在，不但与双塔形制不相适应，并且与第一层塔身上的柱、额、斗栱的位置和角梁的榫眼（图版27）俱难搭配得当。故图版24所示复原，姑假定塔外原有石造台基一层，其上再沿塔身外壁，置较小的石造阶台一层，每层都有踏步，与门外位置一致。但是确否如此，恐非待彻底发掘之后才能证实。

柱额：

塔外部各层转角处，均自壁面砌出不等边的八角柱（图版26a、b、c），但露出处不过柱径之半。柱下施硕，但无础石。柱身上端近栌斗处，亦略有卷杀，惟其上阑额只下半截搁进柱内，上半部犹露出柱外。因此之故，隅柱上的转角栌斗，也嵌入阑额两端之内。阑额上未用普拍枋，也是较古的做法。

各层外壁之下部，在柱与柱之间砌出地栿形状（插图50）。地栿的外皮比柱之外皮收进少许。它在木构物中原来的使命，除了联络构材以外，兼供树立槏柱之用。

双塔在门、窗两侧，均砌有槏柱，其下端立于地栿上。窗下复隐出一枋，其上置直棂窗。

斗栱：

外部腰檐下的砖制斗栱，计有转角铺作一种，补间铺作二种。其中仅第六层补间铺作用二跳，余皆一跳。

（1）转角铺作在八角柱上，施转角栌斗，斗下的“欹”嵌于两侧阑额之间，而栌斗因排列华栱的关系，有“平”无“耳”，颇类平盘斗形状（图版27c）。斗上排列华栱三缝，在平面上中央一缝，恰在塔心至塔角的对角线上，其余二缝，则与两侧的塔身边线，成90°角度（插图50）。此种方法，又见于同地虎丘塔，

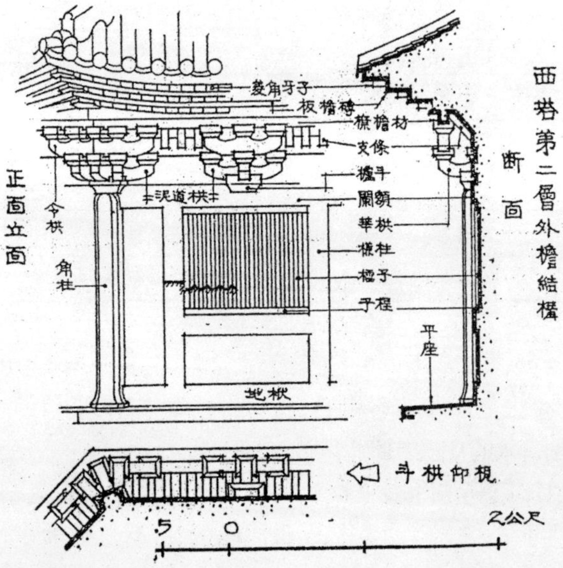

插图50

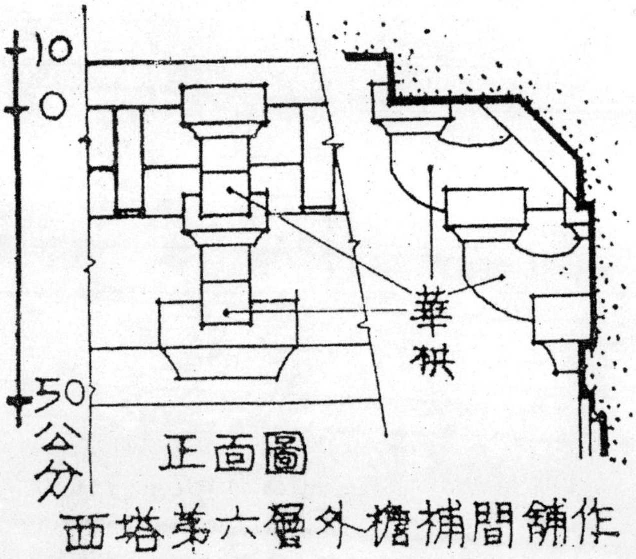

插图51

和浙江鄞县天童寺塔，及南宋绍兴年间重建的苏州瑞光寺塔，殆为当时江浙一带极普遍的方法。不过从结构上的观点来说，两侧二缝华栱应如应县辽佛宫寺塔和其他同时代的辽代砖塔，自栌斗上的泥道栱延长于外，方为合理。其上令栱顺着塔的边线，在中央华栱上面折为二段，尤令人起奇特之感。栱上施有散斗五具承受撩檐枋，并无耍头。栌斗左、右两侧的泥道栱，则仅施柱头枋一层，无慢栱。

(2) 双塔的外部除去第七层未用补间铺作外，其余各层俱于每面阑额的中点，施补间铺作一朵。现除第一层残毁过多无法揣测外，仅知第二层至第六层，有二种大同小异的结构。

(甲) 补间铺作在第一层至第五层者，栌斗下部的"欹"也是嵌入阑额内(插图50)。栌斗正面出四铺作华栱一跳，跳头上置令栱，承受撩檐枋；而栌斗左、右的泥道栱上，也只用柱头枋一层，结构十分简单。柱头枋与撩檐枋之间，用斜列的支条，承载遮椽板(图版27c)，和时代略晚的辽独乐寺观音阁完全一致，惟支条的间隔，则比观音阁稍密。斗栱比例，如依北宋末年撰著的《营造法式》材高15分°为标准推算第二层外檐斗栱，除去栌斗的"耳"、"平"和散斗、交互斗的通高等，也许因砖之故，不得不稍加变通以外，其余各件，尚与是书所载的相差不大。

	西塔第二层外檐补间铺作	《营造法式》
材高	15.0分°	15.0分°
材厚	9.2分°	10.0分°
栔高	5.8分°	6.0分°
栌斗通长	28.3分°	32.0分°
栌斗底长	18.5分°	24.0分°
栌斗通高	16.7分°	20.0分°
栌斗耳高	4.6分°	8.0分°
栌斗平高	4.6分°	4.0分°
栌斗欹高	7.5分°	8.0分°
交互斗长	18.5分°	18.0分°
交互斗高	12.1分°	10.0分°
散斗长	16.1分°	16.0分°
散斗高	12.1分°	10.0分°
华栱出跳	29.5分°	30.0分°
泥道栱长	62.5分°	62.0或72.0分°
令栱长	75.0分°	72.0分°

（乙）第六层补间铺作用五铺作偷心华栱，出跳异常之短（插图51）。据现状观察，此种结构，也许因塔身过窄，无使用令栱余地，而阑额至撩檐枋的高度，已为转角铺作所限制，故改为偷心华栱二跳。

以上系就各层出檐下的斗栱而言。其在平座下者，仅于栌斗上施替木一层，托于平座栏杆之下（图版27d），不能算为真正的斗栱。按平座下完全不用斗栱之例，远的如一部分汉明器和敦煌壁画，近的如南方民居建筑，证物异常之多。无疑地，是平座发展过程中一种较老的方法，而为一般简单建筑所乐于采用的。但双塔所用的又像是一种折中式样，在已往调查的古建中，尚无先例。

斗栱表面现在涂有白垩一层，不过从剥落的地方，可看出支条和遮椽板原来俱涂有土红色，足证建造时斗栱、额、柱等等，全部曾施有彩色。

门窗：

塔外各层之门窗，用壶门式尖拱与浮雕的直棂窗参错配列，极富变化（插图43）。尖拱的形状，有三瓣和五瓣二种；三瓣者用于第七层；其余诸层，皆为五瓣。不过拱瓣的构图，却异常自由，并非正规的Tritoliated arch或Cinauefoit arch。

直棂窗位于槏柱与槏柱之间，上、下各施子桯，其间配列直棂，惟两侧则皆略去，极不可解（插图50）。棂子的数目，最下三层用九支，四、五两层七支，最上二层五支。

平座：

各层平座，在出檐博脊上，露出一段很矮的阑额，其上用板檐砖及菱角牙子各二层向外挑出（图版27a）。而平座每面的中点与转角处，在菱角牙子内，复插入砖制的栌斗和替木各一组，使之略生变化。平座的表面铺砌方砖，到转角处，嵌砌青石一条，前端开有榫眼（图版27e）。据明嘉靖《重修双塔记》："围以口槛"[8]，可知平座外侧原有砖制或石制的勾栏，此榫眼殆为装置勾栏望柱而设的。

各层平座自外壁挑出的宽度，据实测结果，以第二层53厘米为最大，第三层37厘米为最小；不过自第四层起，微微增大，至第六、第七两层，又向内缩小，与下面叙述的出檐长度，极相类似。

层　数	平座宽度
第二层	53厘米
第三层	37厘米
第四层	38厘米
第五层	42厘米
第六层	40厘米
第七层	39厘米

出檐：

各层出檐在撩檐枋上，用板檐砖及菱角牙子各三层向外挑出（图版27c），完全与唐西安大雁、小雁诸塔同一手法，可知北宋初期的砖塔，犹未尽忘唐代典范。出檐的戗角虽微微翘起（图版26b、c），但不及现在南方建筑过分反翘的形状，最值得注意。戗角下部所饰的菱角牙子比例较大，殆表示角梁的意义（图版27c）。据剥落处所示，此部结构系用木梁自壁面挑出，以补助砖的荷载力，与河北涿县辽普寿寺智度寺二塔相似。

出檐自壁面挑出的长度，除第一层业已毁坏，无法量计外，以第二层为最大。第三层约比第二层缩小十分之一，但自第三层至第五层，逐层加出少许，至六、七两层，又向内收进，构成很轻快的Entasis(插图43)。

层　数	出檐长度
第二层	82厘米
第三层	74厘米
第四层	75厘米
第五层	76厘米
第六层	69厘米
第七层	56厘米

檐上瓦脊现在大部凋落，但据北宋同期遗物所示的式样，现存脊饰决非原物。

刹：

塔顶瓦脊和须弥座，现在几乎摧残殆尽，只有生铁制的“刹”，巍然存在(图版26b)，但须弥座的位置，依现存塔顶尺寸犹可推测而得，其上施有覆钵与露盘。覆钵的形状，分上、下二层。露盘表面，仅东塔饰有莲瓣三层，其上以盖覆之，也是很特别的例子。再上在木质的刹杆表面加铁圈保护，其外再施相轮七层，轮之直径愈向上愈减小。再上为宝盖式装饰。次宝珠。次于刹杆上装平面十字形的圆光，所饰花纹人物颇疏朗有致。最上为宝珠、仰莲及葫芦各一具(插图52)。

兹将此式的刹，与云冈石刻、日本、朝鲜及我国宋、辽遗物比较如次：

(1) 双塔的须弥座虽较复杂，但大体尚存印度窣堵坡平头(tee)的余意。

(2) 覆钵的位置，除云冈石刻以外皆直接置于须弥座上面，惟河南武陡妙乐寺塔略去覆钵，密县法海寺塔改为山岳文，朝鲜凤岩寺塔作“鼓”形，最为特殊。又应县佛宫寺塔在莲瓣上所施的铁球，无疑系自神通寺四门塔演变而来的。

(3) 露盘的形制，似脱胎于云冈石窟的山花蕉叶。可是嵩岳寺塔以下诸例，俱置于覆钵之上，而与云冈石窟浮雕的层次相反。

(4) 双塔相轮的外轮廓线，成下大上小的斜状直线，亦与日本、朝鲜及妙乐寺、开元寺诸塔完全一致。但是北魏嵩岳寺塔与辽、金诸塔的相轮，俱带有Entasis，足征北魏、唐、宋间相轮的轮廓，原有二种不同的形制。

(5) 宝盖式装饰，又见于朝鲜凤岩寺及五代妙乐寺塔、北宋法海寺塔、南宋开元寺塔，但局部式样却不尽相同。

(6) 圆光即法隆寺五重塔的“水烟”。惟我国诸例之图案较为板滞，且已失去火焰形态。

(7) 圆光上的仰月，仅见于辽、金遗物。

总之，此寺之刹经后世多度修理，未必保持原来形状。但依泉州开元寺塔诸例，知宋代南方的塔刹，比时代略同的辽代遗物尚能保存一部分唐代的手法，却是异常明显的事实。

关于刹的分件名称，苏州姚补云先生所著的《营造法原》内，曾有一段修理纪事，载：

“合缸一只。膝裤八套，俱套抹塔心木。膝裤桶口，俱架蒸笼圈七套。第八套膝裤桶，套凤盖。凤盖

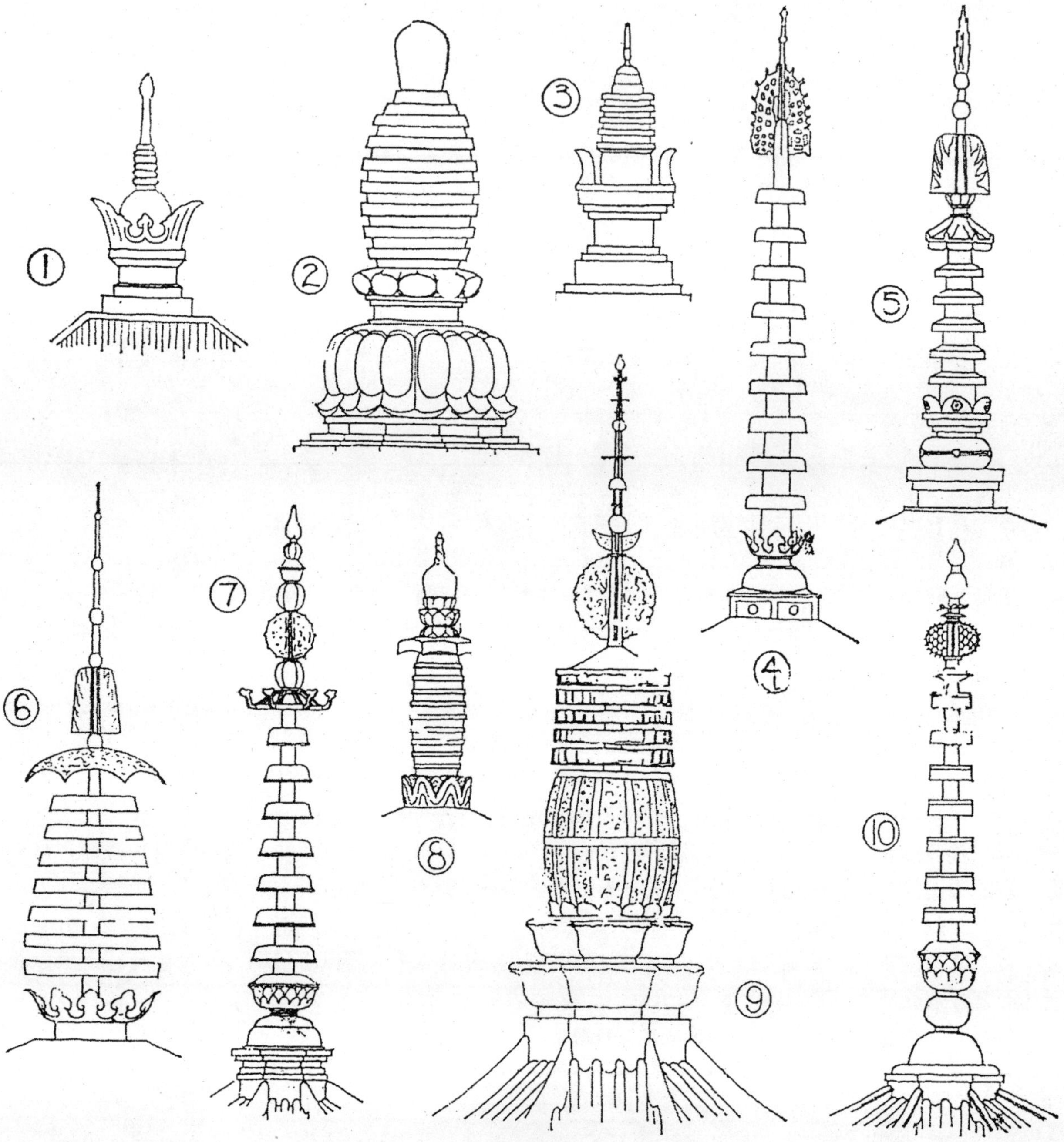

插图 52

1 云冈东部第二洞浮雕塔刹
北魏和平二年～太和十八年（461 ～ 494 年）
2 河南登封嵩岳寺塔刹
北魏正光四年（523 年）
3 山东历城神通寺四门塔刹
东魏武定二年（544 年）*1
（*1 整理者注：现考证出隋大业七年（611 年）
4 日本奈良法隆寺五重塔刹
日本椎古天皇十五年（607 年）
5 朝鲜闻庆郡凤岩寺三重塔刹
新罗宪康王五年（897 年）
6 河南武陟妙乐寺塔刹　后周显德元年（954 年）
7 江苏吴县罗汉院双塔刹　宋太平兴国七年（982 年）
8 河南密县法海寺塔刹　宋咸平四年（1001 年）
9 山西应县佛宫寺木塔刹　辽清宁二年（1056 年）
10 福建晋江 *2 开元寺仁寿塔刹
宋绍定元年～嘉熙元年（1228 ～ 1237 年）
（*2 整理者注：今称泉州）

上面套珠球。膝裤桶装天王板四块，高二尺八寸。上珠球高一尺。上莲蓬缸并座高八寸五分。上架葫芦高三尺。”

前文中的合缸，即露盘。塔心木即刹杆。膝裤桶殆指装于刹杆外面的铁圈而言。蒸笼圈即相轮。凤盖即宝盖。珠球即宝珠。天王板即圆光。莲蓬缸即仰莲。根据此文，知苏州匠工所用的术语，除小部分以外，与正规名词相差很远。

双塔内部结构

砖木混合结构：

双塔内部，在砖砌的外壁内，辟有正方形小室一间。各层小室在砖柱上，构有木造的斗栱、楼板和梯级等等，可供登临凭眺。在原则上，此项砖木混合的结构法，自北魏嵩岳寺塔以后，唐代规模较大的砖塔不采用此种方式，——虽然楼板之下也有不用斗栱的。惟五代以后，内部各层的走道和塔心内的小室，往往用砖构的叠涩与筒券(Vault)代替楼板。故自南宋以降，除去少数例外，此法几乎绝迹。罗汉院双塔因为建于北宋初期，所以还秉承北魏以来的旧法。

各层的高度：

塔内方室的高度，以第二层为最高，第一层次之，第三、第六、第四、第五、第七诸层又次之（插图43)。考各层高度之所以未循木塔递减的原则，固然因为塔身直径过于窄小，不能利用副阶的地位增设暗层，致第二层不得不特别增高。然其上诸层，并无副阶，不应再作如是处理。可知计划此塔的工师们，在主观上根本不求内部结构与外观一致，实为最重要的原因。

壁体：

第一层外壁的厚度约为塔径百分之二十八，但自此以上，也许因工作不周密的缘故，外壁所减之数，不与塔径减者成正比例。以致壁厚与塔径的比例，在第三、第四两层略为减小，自第五层起，又行增加。但自大体言之，此百分率随着塔的上升而增加，则系极显明的事实。

层数	塔径	外壁厚度	塔径与外壁的比例
第一层	5.37 米	1.51 米	100 比 28.2
第二层	4.93 米	1.38 米	100 比 28
第三层	4.52 米	1.23 米	100 比 27.2
第四层	4.10 米	1.11 米	100 比 27
第五层	3.67 米	1.07 米	100 比 29
第六层	3.26 米	1.02 米	100 比 31
第七层	2.90 米	0.98 米	100 比 34

各层门窗上部的尖拱，仍用普通叠涩式砌法，惟作成花瓣形尖拱而已。尖拱的内皮至方室间的部分，计有三种不同的结构。其在第一层者，自走道两侧的墙面上，砌出枓、额、斗栱，上部再覆以叠涩式的八角形藻井（插图53)。第二、第三两层，此部改为正方形藻井（图版28c)。第四层以上，仅自两侧墙面用普通叠涩式的砖相向挑出，中央留出平头一块，手法更为简单（图版30a)。

塔身所用的砖，长自16厘米至36厘米，蒙山自10厘米至20厘米，厚自4厘米至6厘米，无虑十余种之多。也许为了适合外观及结构起见，一部分的砖系出于特制，另一部分则为施工时所削斫的。

柱、额：

方室内附于壁面上的砖柱，自第一层至第四层有二种不同的式样：（甲）在门、窗两侧者，于地栿上直接施方柱，柱的外皮和地栿外皮齐平，与著者前岁调查的河北定兴县北齐石柱完全一致。（乙）内室的四隅用不等边八角柱，下部做出硕的形状，无础石。

柱与额的搭配方法分三种：（甲）第一层走道右侧的方柱比较低矮，仅在柱上施栌斗，承载上枋一层。而四隅的八角柱则比前述方柱高出 80 余厘米（插图 54），故隅柱的上端另施内额一层，以承载上部的补间铺作。此二层水平构枋的中间，除未施蜀柱或人字形栱以外，其全体布局显然带有很浓厚的唐代作风。（乙）第二、第四两层的方柱和柱上的栌斗，直接支于内额下面，而八角柱仍与内额上皮平齐。（丙）第三层系折中第一层与第二层的结构法，即方柱上的栌斗虽支于内额下，但方柱的外侧仍各施一枋。而二方柱之间，未将横枋联通，均其特异之点。

内额俱用木制并嵌入墙内，其高度有 14 厘米与 20 厘米两种。除第一层外，第二至第四层的内额，在方柱之间微微向上弯曲，略如月梁形状（图版 29d）。

斗栱：

内室楼板下的斗栱，除第五层为砖制外，第四层以下者均为木造。也许因室内面积过小的缘故，斗栱的种类，只有补间铺作与内转角铺作二类，而每类亦只有两种或三种不同的形式。本文先叙述各种砖、木斗栱的结构程次，然后再比较各分件的尺寸，与辽代遗物及《营造法式》的关系。

(1) 四铺作砖制偷心斗栱　用于第五层者，在内转角处各置栌斗一具，正面出华栱一跳，跳头上施素枋，承载木构的楼板（图版 30e）。栌斗两侧则施柱头枋一层。此枋与素枋之间，架斜列的遮椽板与支条。又东塔第三层木造的补间铺作，因须承托楼版下的月梁，亦仅用四铺作华栱一跳（图版 30a）。

(2) 五铺作偷心补间铺作　用于第一、第三、第四等层者（插图 55，图版 28b，29d、e，30c、d），其第一跳偷心。第二跳华栱跳头上亦仅施散斗，直接托于素枋下，并无令栱。惟第二跳华栱上施散斗一具，其位置适与下面第一跳华栱的交互斗互相重叠，其上再施罗汉枋一层，与大同华严寺薄伽教藏殿的天宫楼阁平座斗栱相似。栌斗两侧则施泥道栱与柱头枋各一层。柱头枋上列支条及遮椽板，外端载于罗汉枋之上。

(3) 五铺作计心补间铺作　只用于第一、第二两层（图版 28a、f）。除第一跳华栱跳头上施瓜子栱与罗汉枋以外，其余各部俱与前述第 (2) 项斗栱同一手法。

(4) 五铺作偷心内转角铺作　仅见于第一层（图版 28a）。其栌斗正面，在平面上出四十五度的斜华栱二跳，贴于素枋下面。其余泥道栱、柱头枋与支条、遮椽板等，都和第 (2) 项斗栱相同。

(5) 五铺作计心内转角铺作　用于第二、第三、第四等层（图版 28f、29e、30d），其数目较第 (4) 项稍多。除斜华栱二跳与前项一致外，又于第一跳华栱的跳头上，施十字交叉的令栱，前端贴于罗汉枋下，后端延长与柱头枋相交（插图 56）。

木造斗栱的比例，也许因木料收缩率的不同和其他原因，致各层斗栱的尺寸略有出入。兹将第一层至第四层的平均数表列于后，并以材高 15 分°为标准，求其与《营造法式》的互相关系如次：

分件名称	实测平均数	合材高十五分°之若干分°	《营造法式》比例
材高	14.1 厘米	15.0 分°	15.0 分°
材厚	8.1 厘米	8.6 分°	10.0 分°
栔高	6.1 厘米	6.6 分°	6.0 分°

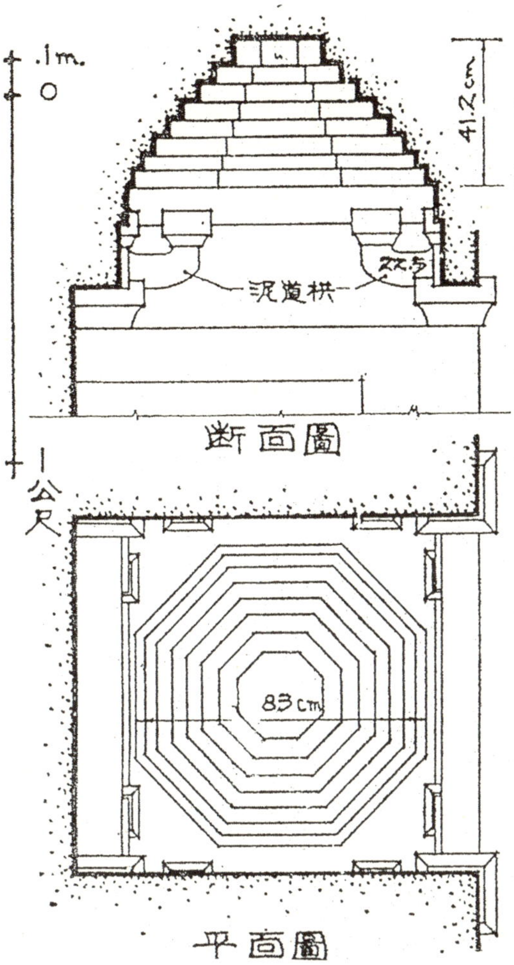

插图 53

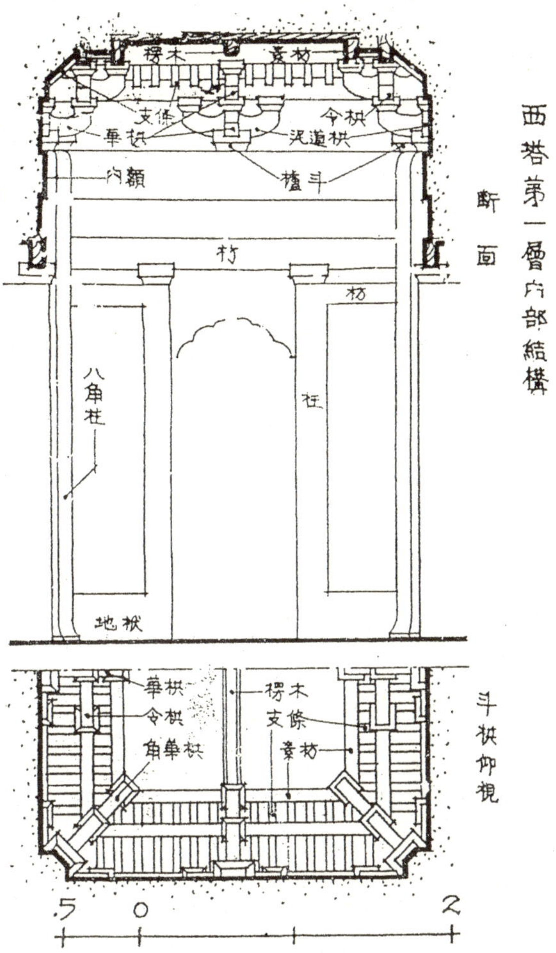

插图 54

栌斗长	25.0 厘米	26.6 分°	32.0 分°
栌斗底长	16.0 厘米	17.0 分°	24.0 分°
栌斗通高	14.0 厘米	14.9 分°	20.0 分°
栌斗耳高	4.4 厘米	4.7 分°	8.0 分°
栌斗平高	3.6 厘米	3.8 分°	4.0 分°
栌斗欹高	6.0 厘米	6.4 分°	8.0 分°
交互斗及散斗长	13.75 厘米	14.6 分°	14.0 分°
交互斗及散斗底长	10.0 厘米	10.6 分°	10.0 分°
交互斗及散斗斗通高	8.8 厘米	9.4 分°	10.0 分°
华栱第一跳长	27.4 厘米	29.1 分°	30.0 分°

华栱第二跳长	23.2 厘米	24.7 分°	30 或 26.0 分°
泥道栱长	59.1 厘米	62.9 分°	62 或 72.0 分°
瓜子栱长	70.0 厘米	74.4 分°	62.0 分°

前表中关于交互斗的比例及华栱出跳与泥道栱的长度三项，和《营造法式》相差不巨，可是瓜子栱几与《法式》的令栱长度相等，而交互斗与散斗的比例并无区别，都是十分奇特的。此外可注意的：(1) 栱头的卷杀俱用三瓣，与当地南宋淳熙六年（公元 1179 年）所建的玄妙观三清殿完全契合。(2)“栔”高比《法式》规定者稍大。(3) 栌斗的“欹”也比“平”稍高。就中后二项所示的比例，竟与河北、山西两省辽代遗物大体一致（见本社《汇刊》第四卷第三、四期合刊本梁思成、刘敦桢合著之《大同古建筑调查报告》），足证年代愈近，“栔”与“欹”的高度也愈加减低，乃巅扑不破的事实。

楼板：

内室楼板结构最普通的方法，系在素枋内略近方形的面积中央，加楞木一根，其上再铺木板与铺砌地砖。但除此以外，东塔第四层楼板下面，有用月梁代替楞木（图版 30a）和六、七两层完全不用楞木的例子。

塔心柱：

塔心柱在六朝中叶原称为“刹柱”，见本社《汇刊》第四卷第一期著者《复艾克教授论六朝之塔》。而《唐会要》则称为“柱心木”。据日本飞鸟时期的遗物，此柱系自地面直达塔刹。可以推想我国南北朝的木塔，亦必采用同样的方法。不过到唐开元中康 素改建武后所建的东都明堂，已有撤去“柱心木”的记载（见本社《汇刊》第三卷第二期《哲匠录》康 素传）。故疑唐代中叶以后的塔心柱，多数仅限于塔的上部而非直达地面。现在双塔北部的结构，系在第六层的窗台下面，架圆形断面的横梁一根；其上加扁平的缴背，与横梁一并插入墙身之内。在缴背的中点，再树立直径 35 厘米的塔心柱（插图 43），这无疑是唐中叶以后的方法。

楼梯：

内部梯级因全部毁坏，故图中概未绘入。但据内室被挖削的壁面来推测，疑第二层至第五层系用盘旋而上的木梯。六、七两层因地位太窄，似用简单直上的梯子。惟第一层如用直上式，则嫌太陡，用盘旋式又与东、北二面的入口相冲突，不知究作何种方式解决。

结论

上述平面、外观、结构等项的特征，综合起来，可归纳为四项：

(1) 双塔的外观虽然模仿木塔式样，但是平座和檐端的局部手法，仍遵守唐代砖塔惯用的板檐砖和菱角牙子，在宋代木构式砖塔中，不失为过渡证物之一。

(2) 塔的平面配置，除外形采用八角形以外，内部方室与走道的分配方法，显受唐代砖塔的影响。而各层内室方向与门窗位置依次掉换四十五度的形制，又见于关野贞博士认为是宋代建造的南京牛首山普寺塔中*，知此种方式，在当时江南砖塔中，必定占据相当数目。

(3) 塔内使用木构的楼板和梯级，也是北魏、隋、唐间惯用的方法。可是双塔各层楼板的高度，不与外观符合，却是很重大的缺点。

(4) 斗栱比例的一部，已与北宋末年颁布的《营造法式》接近。但“栔”、“欹”的高度和遮椽板下的支条，

* 整理者注：南京牛首山普照觉寺塔乃建于明代，而内室方向与门窗位置作 45°掉换的制式，虽已见北宋，但明塔仍多有用者。

以及其他柱额的分配层次与刹的形制等等，或与辽建筑一致，或存唐式的典型，无一不足为双塔建于北宋初期的铁证。

注 释

[1] 《姑苏志》："双塔禅寺在城东南隅，唐咸通中州民盛楚造。初名般若院，吴越钱氏改罗汉院。宋雍熙中王文罕建两砖塔对峙，遂名双塔。至道初，赐御书四十八卷，改寿宁万岁禅院。绍熙中，为提举常平祝圣道场，提举徐谊尝给以常平田。嘉熙中重建，释妙思有记。永乐八年，僧本修重建。"

[2] 《图经续记》："寿宁万岁禅院在长洲县东南。唐咸通中州民盛楚等建为般若寺。至道九年（著者按：应为元年），敕赐御书四十八卷，二年改今额。"

[3] 《吴郡志》："寿宁万岁禅院在长洲县东南，旧罗汉院也。寺有二塔对峙，俗名双塔寺。"

[4] 宋 · 龚颐正《寿宁万岁禅院给常平田记》："府城东隅双塔寿宁万岁禅院……是院肇唐咸通，迨本朝雍熙创造双塔。至道初，赐以御书，遂改今额。"

[5] 《苏州府志》卷四十二："双塔禅寺在城东南隅，定慧寺巷。唐咸通中，州民盛楚等建为寺。吴越钱氏改罗汉堂。宋雍熙中，王文罕建两砖塔对峙，俗以双塔名之。至道初赐御书四十八卷，改寿宁万岁禅院。嘉熙中重建。明永乐八年僧本清建。康熙十五年里人唐尧仁捐建天王殿、方丈、禅堂。乾隆中，东塔相轮毁，道光年重修。咸丰十年毁，双塔及一殿尚存。同治间僧郤凡稍加修葺。"

[6] 《图经续记》："定慧禅院本万岁之子院，祥符中别改今额。"

《吴郡志》："定慧寺在万岁院之西，本子院也。祥符中改赐今额。"

[7] 《姑苏志》："定慧禅寺在双塔寺西，初名西方院，本双塔之子院也。天禧中赐今额，始贰于双塔。"

[8] 《重修双塔记》："吴郡佛寺之盛，由赤乌以来，代有创建。……双塔禅寺据城东偏，唐咸通中州民盛楚独力营建。宋雍熙中，州民王文罕增树二塔，历元至今，修改非一。嘉靖元年七月二十五日，怪风为灾，折右塔顶，相轮榱题，久渐倾落，崇基巨干，并致摧夷。有马居士祖晓者，长洲人也，寓居西邻定慧寺之观音殿。梵修洁处，诚通感物，远近响服，道俗归依。山岁庚戌，悯其寺坏，语徒众曰：'吾寄迹阿蓝，而坐视劫灰，隔开法者哉……。于是闻者，欣舍其财，观者乐助其力，不数月而寺一新矣。时双塔之大雄殿梁栋崩摧，像设漫漶，丘潦洊□，樵苏莫御。乡之老王君松等，洎寺僧戒本清音宗源，相与恳于居士曰：'敢祈大德，均沛仁慈。'居士诺□。发誓愿于释迦，命诸徒如定慧鼎建式宏，庄严加彗。惟二塔巅坠日甚……。复相与恳于居士曰：'愿垂余润，具美嘉绩。'居士诺焉。乃曰：'左塔固可修，右塔须重建，非金字梵经，不足为镇。'即俾里中禅友惠林等，分遣勤能，遍告檀越。饰缣素装华严之养，粉黄金泽贝叶之文，每书一字，乞银一铢。由是士女争先，贵贱竟 。经完，而二塔之费咸具。买石于山下，购材于江客，范甓于陶匠，冶铁于凫氏。千夫献力，百工效技，经始勿□，□创速成，构架于烟霄，著成功于神运。双轮珠焕，两刹峰标。塔凡七成，□□二栈，□开八面，龛置一灯，覆以琱檐，围以□槛。裹所金字法华，并旧藏舍利、杂宝，秘以铜奁，固之铁检，奉安峻极，永镇神基。颓圮者四十年，兴复者不逾岁……。用余力，经营禅榻，物备种完，居士之功德，施于寺者大矣……。"

[9] 《重修大雄宝殿记》："双塔之修于嘉靖庚申也，以德盈上人之精能，而马道人之劝募。今始更新于万历□辰也。以恒持、性融二师之苦心，□高居士生为檀施之首。异世同符，琳宫攸焕，亦奇矣。自庚申迄今数百年，代有贤者主之，香□如昨。意予于庚戌之七夕，以佛事坐山亭，昏时崩声如口挠攘折，予合掌□，安得马道士为之继哉。……越甲寅，有高居士文口自雍州归，见像颓而殿圮，喟然以兴废为己任。于是庀材鸠工，兴有日矣。一夕居士忽欲口归，惓惓以终始是役为念。二子科选、科口赉以承先志，踵而成之。予□一月游燕，时方经始。明年四月自燕旋，而大雄宝殿巍然矣。……使有志者闻风而起，二浮屠之卓然而冲霄，在□乎。……予遂直书为其事，并好义者姓名王昌隆、士元、顾存仁等……。万历四十四年腊月，岁次丙辰。"

[10]《寿宁寺重修双塔记》:“塔有二,一曰: 舍利塔,一曰: 功德舍利塔,塔七层。寺建于唐咸通年。寺名寿宁万岁,又曰: 般若寺,又曰: 罗汉院,与定慧寺为一寺。至宋太平兴国□年,郡人王文罕兄弟二人,增竖二塔,去地十二丈。类天树之并敷,若迦楼之两翅。旭日□□,……后凤摧相轮。有马居士祖晓者年八十矣。鸠工庀材,二年之中,倾起颓废,诸僧赖之至今。崇祯六年癸酉,复渐圮,西南房无念新公洎斯宗、阐士梵云等修之,□□半载,而双标并矗,□□……起□孟夏三月,卒事季秋之既望。崇祯九年岁在丙子八月。”

河北定县开元寺塔

略 史

开元寺在定县南门内东侧，从北宋中期建造伟大的砖塔——料敌塔以来，几乎成为当地妇孺皆知的丛林，所以寺与塔的史料，散见于方志和各种碑记中的，也以北宋和北宋以后的占据多数。近年来因料敌塔附近发现了证物多种，寺的沿革已可由北宋初年追溯到北魏末期的七帝寺，而《高僧传》三集内所收的《贞辩传》，尤可窥五代、后唐时，此寺已具有相当规模，足补自来记载的缺漏。兹先介绍民国《定县志》中搜集的各种新证物如次。

（一）北魏宣武帝正始二年（公元 505 年）所制的《七宝瓶铭》，叙述孝文帝太和十六年（公元 492 年）僧晖等为北魏诸帝造弥勒像的经过 [1]。可惜此石在塔南出土后，移庋众春园，不久即被人盗去，现在所能引用的，只有当时传写的铭文而已。幸据下面引用的隋开皇五年（公元 585 年）《七帝寺碑》，知僧晖所造的像，即属于七帝寺之内 [4]。

（二）东魏孝静帝武定元年（公元 543 年）高归彦施造的白大理石佛像残座，也在塔南出土，现藏众春园 [2]。

（三）武定五年（公元 547 年）丰乐、七帝二寺的造像记，述邑义人等，为皇帝施造白玉龙树思维像一区 [3]，出土地点同前。

（四）隋开皇五年（公元 585 年）的《七帝寺碑》，现亦藏众春园，内载此寺自僧晖造像后，不久即遭北周毁佛之厄，僧尼还俗，寺像俱废。到隋开皇间，崔子石等施钱赎回寺址，及僧晖的门徒惠郁等重兴寺像的经过 [4]。并知隋开皇年间，凡是大县都得建立僧、尼二寺，而七帝寺就是当时的县寺，有僧众一千三百余人，规模异常宏大。

民国《定县志》根据以上四种证物，和当地最著名的隋开皇十六年（公元 596 年）《正解寺碑》，对于七帝寺的创建沿革，谓：

“七帝寺创于太和十五年（公元 491 年）。而十六年僧晖并造弥勒大佛，正始二年（公元 505 年）竣工，于是有七宝瓶之铭。中遭周武毁废。开皇元年（公元 581 年）兴复寺像，至五年而竣，于是开皇五年之碑以记兴废。十六年改名正解寺。” [5]

“……对于七宝寺□□□□……在，亦即开元寺之故地，与七帝寺同居一隅，决也。其或先名七帝，后改开元；抑或二寺，并峙相邻，均无可徵。以□度之，似改七帝为开元，其说较长。”

今以现状证之，宋以来的开元寺系位于料敌塔的南侧。而上述各种遗物出土地点，俱在其附近，似《县志》所推测的七帝寺故址，尚可置信。至于北魏的七帝寺，到隋开皇年间改为正解寺一事，除前引诸文以外，又见于《县志》卷十八所释的正解寺残碑一文 [5]，本文不必再为叙述矣。

其次唐代史料，则有民国 10 年料敌塔南出土的石匣，正面题有墨笔铭记，其中“永徽四年（公元 653 年）二月十五日舍利……”十余字还可辨识。石匣内原藏有金椁、银棺和盛有舍利的玻璃瓶等等，现除舍利遗失和玻璃瓶业已破碎以外，其余各件，俱保存于定县的民众教育馆内。按永徽为唐高宗的年号（公元 650 ~ 655 年），根据《梁书》卷五十四 · 扶南国传，梁武帝中大通三年（公元 531 年）重建建康阿育王寺三重塔时，曾在塔下龙窟磉石下发现：

“磉下有石函。函内有铁壶，以盛银钳。钳内有金镂罂，盛三舍利，如粟粒大，圆正光洁。又有琉璃碗，得四舍利及双爪。”

及《法苑珠林》、《三宝感通录》等书许多大同小异的记载，可证料敌塔附近发现的石匣，乃埋藏舍利之用。然则唐永徽间，此塔的南部建有墓塔，是毫无疑问的。至于开元寺的名称始于何时。民国《定县志》谓：

"七帝者本元魏之祖，时移世易，故改寺名……。后又名开元寺，沈拟为唐开元时所改，或可信。"[5]

根据著者从前调查的易州、郑州、苏州等处的开元寺，不是创建于唐开元年间，即是更名于此时；以此类推，似乎《县志》所纪的尚无大谬。此外《高僧传》三集·卷七·后唐定州开元寺贞辩传中还有一段关于此寺的记载：

"释贞辩，中山（即今定县）人也。少知出尘，长誓修学。……负笈抵太原城听习，……洎王处直平，乃归中山讲训。补故伽蓝无不谐愿。……后终于此寺焉。"

按《县志》所载当地的开元寺仅仅只此一处，而《高僧传》既在贞辩传上，冠以"后唐定州开元寺"。又在传中说"补故伽蓝，无不谐愿，……后终于此寺焉。"则贞辩补修的寺，即现在的开元寺十分明了。据著者所知道的范围，"开元寺"三字之见于记载，实以此段文字为最早。

关于贞辩修治开元寺的年代，《高僧传》内有："洎王处直平，乃归中山讲训"二语，可为研究的线索。按王处直事略，附见于《旧唐书》卷一百八十二 · 王处存传后。

"处直，字允明，处存母弟也。初为定州后院军都知兵马使，汴人入寇，处直拒战不利而退，三军大噪，推处直为帅。及部出奔，乃权留后事。汴将张存敬攻城，梯冲云合。处直登城呼曰：'敝邑于朝廷未尝不忠，于藩邻未尝失礼，不虞君之涉吾地，何也？'朱温遣人报之曰：'何以附太原而弱邻道？'处直报曰：'吾兄与太原同时立勋王室，地又亲邻，修好往来，常道也，请从此改图。'温许之，乃归罪于孔目吏梁问。出绢十万匹，牛酒以犒汴军，存敬修盟而退。温因表授旄钺，检左仆射。天祐元年（公元905年）加太保，封太原王。后仕伪梁，授北平王，捡校太尉。不数岁，复（整理者注：文史似脱漏"归"一字）于庄宗。后十余年，为其子都废。归私第，寻卒，年六十一。"

文中的温，按照前后文，即梁太祖朱温。今以前文与《旧五代史》梁太祖纪和后唐庄宗纪对照，知张存敬围攻定州，事在唐昭宗光化元年（公元898年）。其后处直尝附和汴军，攻击晋王李克用。到梁太祖开平三年（公元909年），进封北平王。次年冬，梁人欲收取镇州（即今正定）和定州（即今定县），处直乃与镇州帅王镕，连结投降于后唐庄宗，而与梁军相抗。《高僧传》中的"洎王处直平"，大概系指此事而言。故疑贞辩修补开元寺的年代，在梁开平三年（公元909年）后数年之内。

此寺自贞辩补修以后，不出百年，复有建造砖塔的壮举。关于造塔的经过，《定州志》[6]、《畿辅通志》[7]和《图书集成》[8]等书，载北宋时，寺僧有会能者尝往西竺取经，获舍利子东归。到咸平四年（公元1001年），真宗诏令会能伐嘉山之木，修造此塔。嘉山在定县城西四十里，以产乔木著称，因此之故，当地人士至今还有"砍尽嘉山木，修成定州塔"的传说。

按定州自五代中叶以后，为汉族和契丹混战的区域，故北宋初期，袭用唐以来定武军的旧名，屯集重兵，成为当时国防上的第一道防线。其后宋人虽然纳帑议和，但是北边守臣，或治河泊以限戎马，或起浮图以远眺望，都是假借名义，密修边备，为万一时之用。此塔的建造理由，在表面上纯为供养会能自印度取回的舍利，但雍正《定州志》说："盖筑以望契丹者，故又名料敌塔。宋知州宋祁尝记岁月于巅"。[6]而《燕山丛录》也有同样的记载[9]。可见它的真正原因，和保定拒马河、景县望夷塔并无何种差别。证以咸平始工，恰好在宋、辽交争之际，此种传说，实有成立的可能。不过据塔内走道壁面上所嵌的大中祥符和皇祐题名石多种，知当时修塔的费用，大部分由民众捐输，不全是政府支出的。

至于塔的建造和落成年代，现在有四种不同的记载：

（一）北宋宋祁《景文集》中，《题开元寺塔诗》内有"经营一甲字"一语，其下注云："自至道乙未经始，至至和岁乙未告成"[10]。所谓至道乙未，系太宗至道元年（公元995年），而至和乙未乃是仁宗的至和二年（公元1055年）。据《宋史》列传，祁于仁宗时曾知定州军事，亲历其境，见闻较切，所述的年代当然不是凭空杜撰的。

（二）……

（三）民国《定县志》引宋进等《修塔记》，说此塔成于真宗乾兴元年（公元 1022 年），……仁宗至和二年（公元 1055 年），谓“以六十年而成一塔，似不近情”[11]。惟《修塔记》原文现在已经佚亡，不能证实此说的可靠与否。然而依事实言之，此塔高八十米，为现在我们知道的国内惟一最高的砖塔。在科学和工业尚未发达的北宋初期，要建造这种伟大工程，当然不是一件容易的工作。而且工程经费的来源，据塔内遗留的题名石多种，大半出于临时捐募。也许当时因经费和材料、运输等等关系，屡辍屡造，不是事理所绝不许可的。故民国《定县志》疑惑的“以六十年而成一塔”，不能成为有力的反驳。

（四）……

以上四种文献内的年代，有真宗乾兴元年和仁宗至和二年二种。现在塔内的碑刻，除去东北角崩塌部分，无法调查以外，其余各部遗失的亦不在少数。根据此种残缺不全的文献，当然不能马上得到正确的结论。不过据著者的意见，此四种史料中，正式兴工以前，必经过相当长期的筹划。所以宋祁在本人所作的诗下，特注“至道乙未经始”。但是实际上开工兴造的日期，当然要以元大德碑所记述的咸平四年（公元 1001 年）七月十八日[13]，较为详密可信。洎至真宗乾兴元年，塔的一部或大部完成以后，或因经费支绌和工程上别种缘故，不得不暂时停顿，故宋祁有《修塔记》之作，告一段落。其后复继续修造，到仁宗皇祐四年，塔顶才结尖了毕，而附属工程则延至至和二年始告完成[16]。观现存塔内第七层与第十一层走道壁面上所嵌的至和元年功德石二块，即知宋祁说的“至和岁乙未告成”，实有所本。而“经营一甲子”一语，亦与事实大体符合也。

自宋以后，《县志》和《通志》对于金、元二代的文献，并无只字记载。仅据定县民众教育馆所藏的《大金定州创建园教院记》，知当时此寺规模宏巨；除去原有的毗卢院、口教院以外，金世宗大定二年至十八年（公元 1162 ~ 1178 年），又在寺的东南角，修盖圆教院一区，占地六十余亩[12]。其后元成宗大德元年（公元 1297 年），中山府达鲁花赤长达达复修葺寺塔和佛像等等，见塔内第一层《大元中山府大开元寺重修佛塔记》[13]。

降及明代，《图书集成》载洪武末年都督平安撤除城内的华塔，补修城堞，并毁此塔四周的铁幢，供制造军器之用[8]。然考《明史》平安本传和惠帝纪，安以建文元年（公元 1399 年）随诸军伐燕，二年八月，进屯定州，疑此事应属于建文二年，不是洪武末年的事。宪宗成化十四年（公元 1478 年），御用监梁芳和典簿罗钦、知州韩文、同知黄敏、递运所大使朱逵、指挥王辅、张杰等，曾合力修葺此塔。除《通志》记录以外[7]，现在民众教育馆内，还藏有成化十四年《重修塔级檀越姓讳》石一方，可供参考。正德十四年（公元 1519 年）己卯，武宗南征宸濠，经过定州，曾登塔题记[8]。其后世宗嘉靖十四年（公元 1535 年），州人鲍日龙等修塔，有《重修浮图之记》，现存于定县民众教育馆内[14]。翌年，定州卫指挥致某，又重造塔上的青铜宝珠、葫芦。《州志》虽未收入，……（此处缺字），未曾完工。到雍正七年（公元 1729 年），知州王大年续成其事，具见塔内第一层《重修宝塔佛像碑记》[10]。自此以后，此寺文献异常缺乏，仅在第八层内部走道壁上，发现无关重要的乾隆二十七年（公元 1762 年）游人题字而已。洎光绪十年（公元 1884 年）六月，塔东北面的外壁，自巅至地，忽然崩塌[17]、[18]，毁去全塔外壳四分之一（图版 4 乙）。而寺内殿宇，也不知何时毁坏，到现在竟无片瓦寸椽存在。惟据传说，其东南角一部，至清末犹未全毁云。

塔为当地规模最大的古建筑，从宋咸平四年始工以来，至本岁恰为九百三十五年。从前当地人士，每遇灯节，醵金悬灯，盛极一时[6]，可是惨祸也每每随之产生。如康熙《县志》载明穆宗隆庆二年（公元 1568 年），和道光《县志》所载的乾隆三十八年（公元 1773 年），都因游人误闻州牧封门，惊恐逃避，压死二三百人不等[17]。虽说事故的发生原因，异常离奇幼稚，然可观此塔在崩塌以前，曾为民众游览娱乐的场所。

综合上述开元寺塔的建置经过，表列如后以供参考：

宋	真宗咸平四年（公元 1001 年）	诏开元寺僧曾能建塔[6、7、8]
	仁宗皇祐四年（公元 1052 年）	塔顶结尖毕，见耿素等《修塔记》
	仁宗至和二年（公元 1055 年）	塔工告竣[6、7、10、13]
元	成宗大德元年（公元 1297 年）	中山府达鲁花赤长达达重修[13]
明	惠帝建文二年（公元 1400 年）	都督平安毁塔四周铁幢[8]
	宪宗成化十四年（公元 1478 年）	御用监梁芳等重修[7]
	世宗嘉靖十四年（公元 1535 年）	州人鲍日龙等重修[14]
	世宗嘉靖十五年（公元 1536 年）	定州卫指挥致某重建塔顶宝珠胡芦（见葫芦铭记）
	神宗万历四十五年（公元 1617 年）	州人庞子文重修[7]
	神宗万历末	州人王云重修[7]
	光宗天启初	州人王云重修[7]
清	世祖顺治十三年（公元 1656 年）	巡道刘兴汉重修[7、14]
	圣祖康熙五十九年（公元 1720 年）	定州地震塔四面自上至下裂二寸许[15]
	世宗雍正七年（公元 1729 年）	知州王大年重修[15]
	德宗光绪十六年（公元 1890 年）	塔外壁东北角崩塌(郑锦先生《开元寺塔实况调查册》)

塔的位置及台基

民国 24 年（公元 1935 年）五月，著者与陈明达、赵法参二君调查此寺的时候，除去半毁的砖塔一座，孤立废墟中外，所有全寺的堂殿门庑，都已化归乌有。就现状来说，开元寺的故基，系南北较东西略大的长方形。……处留有很完整的墙壁一段（图版 5 乙），方向恰与塔身平行。经发掘的结果，这墙约高 3 米，其下与砖砌的基脚 (footing)，自墙面向外挑出少许，再下则为石砌的基础 (fonndation)(插图 1)。足证此隆起部分，即是料敌塔的台基，年久颓废，成此形状者。台基的南部面积很广，据当地一般人的传说，从前塔前曾建有三开间佛殿一座。可是现在此部破坏过，无法追索原来的情状。自塔以北，有东西方向的横街一条，紧接于后。街的北面，民居骈列，而中央又辟有小巷一条，南端正对料敌塔（图版 4 乙），北端通至城内最繁盛的东大街。可见塔北一带，原不属于此寺范围之内。

根据现状与前引各种史料互相参照，知此寺平面的发展，可分为三期。第一期在全寺的西南角，即北魏以来的七帝寺、正解寺和唐开元寺原有的范围，故所有北魏、东魏的造像铭刻，以及唐永徽间舍利石匣等，都发现于此一带之内。第二期在全寺的西北角，即北宋会能建塔的地点。据著者的观察，此塔约高 80 米，其台身及台基所占面积颇为广大，而原有的开元寺为地势所限，既不能如北魏洛阳永宁寺和辽佛宫、普庆诸寺的塔，建于佛殿之前，又不能遵照唐 · 道宣《戒坛图经》所述正中佛院的制度，直接置于佛殿之后，故只能在寺的后面，另辟一区供建塔之用。因此之故，寺与塔遂一前一后，成为对立的形状。第三期在全寺的东侧和东南角，就是金大定年间增建的圆教院。自此部加入之后，致使原来的开元寺和料敌塔，都偏于西侧。不过以上所述，纯系一种设想，确否如是，非待事实证明后，不能作为结论。

塔的平面

塔的平面采用八角形，但各层东、西、南、北四面的面阔，较其余四面稍大（增出 10 厘米），精密言之，并非等边八角形。

塔的外观虽为十一层，可是第一层特别高耸（图版 3)。故利用平座的地位，在内部添设暗层，成为十二层。兹自下而上，逐层分叙如次。

第一层在东、南、西、北四面，各辟入口一处（图版 1)，其余东南、西南、西北三隅面皆为平坦的壁体，未设门窗。据一般的传说，其东北面从前亦设有入口一处，适与塔心内的梯级相对，可是北部现在恰已崩塌，无法证明，故本文图版一内未予绘入。门内的走道随着外壁环绕，而在中央砌有八角形的塔心，自上而下直达塔顶。凡各层梯级都藏于塔心里面，为此塔结构上最重要的部分。第一层塔心的结构，因塔内东南、西南、西北三面的走道，现在全部用砖封砌，达于平綦附近，致不能作精密的调查。但据露出部分，知暗层在塔心内，建八角形……一尊，自像后绕至梯级的上口，可升至第二层（插图 2)。

第二层在塔身外设有平座，惟平座之上未施栏杆。其外壁东、西、南、北四面亦各辟一门，和第一层完全类似，但是窗的结构，则非下层所有。其中东南与西北二面皆用假窗，浮雕几何形花纹，独西南面因梯级的缘故，改为真窗（图版 4 甲）。窗很小，上加发券，不和其他假窗调和，极不可解。内部走道与塔心的配置，略如下层，可是塔心仅在东、南、北三面各设佛龛一处（图版 1)。西南面设梯级下口。而东、西二面则在近北端处，又各辟梯级上口一处，至中点会合，留有正方形的 Landing 一块（插图 3)。Landing 的南侧，设佛龛一，北侧仍构梯级，通至第三层。按此塔之梯，各层都用直上式，其成转折形状者，只此一处而已。

第三层以上至第十一层皆于塔外施叠涩式的出檐，上口平坦，兼平座、出檐为一。第三层的外壁，除东、西、南、北四门以外，俱施假窗。塔心则在东、西二面各设佛龛一处。梯级上口设于南面，下口设于北面，在平面上与第二层梯级靠北的一段，恰相重合（图版 1)。

第四层门窗同前。塔心的西、南二面，各辟佛龛一处。惟梯级的位置，上口设于塔心东面，下口设于北面，在平面上成为十字交叉的形状（图版 1)。自此以上，仅仅只有第八层的梯级与第三层一致，其余皆采用本层所用的方法。同时各层梯级的上口，自东而北，自北而西；而下口则自北而西，自西而南，逐层转换 90° 角度，成为周而复始的形态。此种方式，又见于河北景县的望夷塔，不过它的回转方向，恰和此塔相反。

第五层平面，将梯级上口改于塔心的北面，下口改于西面。东、南二面各设佛龛一处（图版 1)。

第六层梯级上口，依顺序转至塔心的西面，下口转至南面，余二面仍设佛龛（图版 2)。

第七层……

第八层……

第九层……

设佛龛（图版 2)，门窗的排列，自第四层至此，悉准第三层。

第十层梯级的平面和上、下二层都成十字形，而上口则设于塔心北面，下口西面，余二面设佛龛各一（图版 2)。窗的结构到此层忽然全部改为发券式的门，其高度与宽度，和东、西、南、北四面的门采用同一尺寸。

第十一层平面更为简单，仅在塔心的南面设梯级下口，北面设佛龛一处而已（图版 2)。外壁每面设门一处，与第十层相同。又此层在东南角辟天窗一处（图版 15 甲），可自此上达塔顶。

综合以上所述，此塔在平面上有二种值得注意的长处和缺点。它的长处，系在内部设有八角形的塔心柱，自基至顶，将各层梯级藏于塔心里面，不但为唐代初期的大雁塔、小雁塔所未有，就是比北宋同期诸塔置梯级于走道内的，更为方便整齐。它的缺点即各层都在东、南、西、北四面辟门，其余四面除最上两层以外，俱使用假窗。这种方法使有门的四面，与······不能平衡，而且······来，要步东北角的后尘。到那时塔心能否不受影响，却是很大的疑问。故就此点言，它的结构远不及江苏吴县罗汉院双塔，将各层门窗的位置依次掉换，可以免除此种缺点。

外　观

式样：

此塔八角十一层，而第一层比例稍高，故在腰檐上，再加平座一层（图版3)。自此以上，各层仅施叠涩式的出檐，并无平座和柱额、斗栱等类的装饰，手法异常简洁。其各层高度和直径的比例，也均能搭配匀当，如初写黄庭，恰到好处；而且外轮廓线复具有很轻快的Entasis，故塔的形状秀丽莹洁，为北宋砖塔中不可多得的佳构。

此塔第一层虽然较高，但其上各层的出檐，并非重叠密接。而出檐的手法，又墨守北魏嵩岳寺塔以来惯用的叠涩式，故在式样上，只能谓为多层叠涩檐的塔。如与唐代砖塔比较，则此塔显系承袭唐长安香积寺塔的衣钵。所不同的是塔的平面由正方形改为八角形，以及第一层出檐上增设平座而已。

比例：

关于塔高和塔围的比例，旧籍中往往载有极简略的法则，归纳起来，可分为二种：

1. 苏州姚补云先生所著的《营造法原》内谓："塔盘外阶沿口周围总数，即塔葫芦尖至地高低。"换言之，塔的高度等于阶台周围的总长。不过著者曾核算苏州罗汉院双塔的尺寸，并不与姚先先生所述的符合。

2. 河北易县宋千佛塔有明正统十四年《重修舍利塔记》，说"塔高一百又十尺，围以称之"。《图书集成》神异典记述山西应州佛宫寺，也说"塔高三十六丈，周围如之"。此外《江西通志》载清佟国勳重修南昌绳金塔，内有"高十丈六寸，八方周围共十丈一尺六寸"数语，都是说塔高等于塔围。按此所谓的塔围，也许就指塔身第一层的外围长度而言。但是此三者中，千佛塔和绳金塔未经调查；佛宫寺塔据梁思成先生测量的结果，也与《图书集成》所说的未能符合 。

此塔的高度，据余辈测量所得的数字，自第一层塔内的地面至塔顶，共高79米92厘米，为现在我们所知道的国内最高砖塔。其第一层的外围，除去东北崩塌的三面无法量计外，其余五面，平均宽9.99米。以此为根据，推算第一层外围的总数为79.92米。在前述二种原则中，与第二种适相符合。不过此塔的宝珠，曾经明嘉靖间一度重修，是否和原来的高度相等，实属疑问。故此问题决非今日根据少数之例所能解决的。

第一层塔身的直径约为塔高四分之一强，自此以上，逐层收小。至第十一层，比最下的第一层约减去百分之四十二，与本辑所载吴县罗汉院双塔的比例相差不远。各层直径缩小的尺寸，虽未能为有规律的递减数，但可注意的是自第三层到第七层，各层所减之数甚微。可是从第八层起，此数······

······查以后，恐怕不易发现正确的结论。

层　数	直　径	较下层缩小之尺寸
第一层	24.20米	
第二层	20.28米	缩小3.92米
第三层	19.55米	0.73米
第四层	19.18米	0.37米
第五层	18.30米	0.88米
第六层	17.60米	0.70米

第七层	16.86 米	0.86 米
第八层	15.57 米	1.29 米
第九层	14.02 米	1.55 米
第十层	12.15 米	1.87 米
第十一层	10.12 米	2.03 米

此塔各层的高度，据测量结果，也未成为递减式。其中最特别的，是第四层反比第三层稍高，第七层与第八层仅差两厘米，都是异常奇特的现象。兹将实测尺寸，表列于后面以供参考。

层　数	高　度	较下层减低或加高
第一层	10.28 米	
第二层	7.07 米	减低 3.21 米
第三层	6.40 米	减低 0.67 米
第四层	6.50 米	加高 0.10 米
第五层	6.10 米	减低 0.40 米
第六层	5.80 米	减低 0.30 米
第七层	5.37 米	减低 0.43 米
第八层	5.35 米	减低 0.02 米
第九层	4.44 米	减低 0.91 米
第十层	3.93 米	减低 0.51 米
第十一层	3.04 米	减低 0.89 米

平座：

此塔的平座，仅设于第一层出檐上面，其余诸层均无此制。平座上所施砖制的斗栱，排列异常丛密，其外观结构可分为二种：

1. 最普通的仅用偷心华栱三跳，跳头上施素枋一层，无瓜子栱与令栱（图版 8 甲），不过素枋的背面，向后延长与下层素枋或柱头枋的上皮相交，与木造物稍异（插图 4）。栌斗的左右，仅用柱头枋一层，表面未隐出泥道栱，也异常简单古朴。

2. 前述偷心华栱，每隔二朵，又插入具有斜栱的斗栱一朵（图版 8 乙）；其结构在栌斗的左右角，各施斜华栱一缝，每缝三跳。栌斗的中央则改为普通华栱二跳，跳头上安设翼形栱一具，托于平座外口的素枋下面，故中央华栱的出跳，比两侧者稍大（插图 4）。

除此塔外，现存山东、河南二省的北宋砖塔，使用斜栱和翼形栱者，在数量上，不及普通斗栱之多，可见此种式样，纯系地理的关系，接受燕云一带木建筑的影响。斗栱上的彩画，有红地上画黑道，及米色上施绿道的二种。

出檐：

各层出檐的结构，系用叠涩式的砖向外逐层挑出。其最下一层的叠涩，大抵用砖三层。其次用砖二层。自此以上至于檐口，皆用一层。而各层叠涩挑出的长度，愈往上愈增加（图版 11 甲），故在断面上，成向内凹入的曲线（图版 9 乙、10 甲）。案北魏嵩岳寺塔以来，凡规模较大的砖塔，几乎都是如此，仅本刊所载的济源县延庆寺塔和其他少数墓塔与小石塔等，断面偶然采用直线而已。此塔因建于北宋初期，所以出檐的结构还谨守旧型。惟自此以后，木构式样砖塔日趋发达，此项方法便稀如星凤矣。又此塔出檐之内，每每夹用木骨，以补助砖的荷载力，也是极可注意的事项。

出檐外口离塔心的距离，第二、第三两层相差无几。自第四层起逐渐增大，殆为塔心外轮线构成Entasis的主要原因。其尺寸如下：

层　数	出檐外口距塔心之距离	较下层缩小之尺寸
第二层	11.39 米	
第三层	11.32 米	0.07 米
第四层	10.97 米	0.35 米
第五层	10.52 米	0.45 米
第六层	10.10 米	0.42 米
第七层	9.60 米	0.50 米
第八层	8.76 米	0.84 米
第九层	7.86 米	0.90 米
第十层	6.87 米	0.99 米
第十一层	6.01 米	0.86 米

出檐上所涂的色彩依叠涩的层次，用朱、绿、黄、黑、灰等色，互相综错。同时在门券上，另绘缭绕而上的火焰，至出檐外口为止。

出檐的上口仅第一层和第十一层铺瓦，其余各层都铺砌青砖（图版 9 甲），故其功用实兼出檐与平座为一。

门：

第一层在东、西、南、北四面辟门。门上加圆券。券的直径，比门的面阔稍大，无疑地乃从前施工时为装设架木起见，采取此种式样（插图 5)。圆券正中的龙门石上，粉有深红色的矢状装饰，也许表示尖拱的意义。其外再加方框，框的上部施有扁而长的门簪二个，和辽代遗构一致。框外再饰花边一道，隐出卷草和龙凤，简洁矫健（图版 7 甲），不类明以后的作品。

花边上所施砖木合构的雨搭，完全模仿木建筑的形式（图版 6 乙）。最下用阑额一层，自墙面挑出少许，两端施木制的垂莲柱。阑额伸出柱外的部分，与普拍枋转角处所刻的海棠曲线，均像元代惯用的手法。其上再施四铺作单昂斗栱四朵，间隔颇为疏朗。昂系木制。耍头雕作龙首形，和大同善化寺金天会、皇统间建造的三圣殿异常类似（图版 7 乙）。令栱上的替木业已连续为一，惟撩檐枋仍保持长方形的断面。此外，栌斗两侧所施栱身较高的泥道栱，和柱头枋表面隐出的正心慢栱，都非明以后所能见到的。檐端用方椽二层，其上瓦垄现已凋落，只存微微反曲的博脊，和两端绿琉璃的兽头而已（图版 6 乙）。据式样判断，此门和雨搭虽不能断为北宋至和年间的原物，但至迟也不能比元代更晚，不过兽头、瓦饰当然不在此列。

入口各部所涂的色彩，虽然大部分已经剥落，还可辨出边框内的花纹，涂有红色。斗栱涂绿色。垫栱板绿地红边，中央描绘花纹。撩檐枋正面涂红色，底面涂绿色。

上层各门的面阔和高度，随着塔身的比例，逐层缩小。门的上部，大都在圆券处施过梁一根，上面叠砌砖壁。门框上又饰以门簪二个，雕刻各种花纹。框的外面仅加简单的外线，无别种装饰。

窗：

此塔第二层至第九层的窗，除第二层西南面用发券式真窗（图版 10 甲）以外，其余都在墙面上浮雕假窗（图版 4 甲）。窗的周围做出边框形式（插图 6），很像唐会善寺净藏禅师塔的手法。框内的棂子共计十一种，其中仅第九层使用直棂，余皆为几何形花纹。内有六角形内配列菱花的一种（图版 10 乙），显为明、清二代菱花槅的祖先，很足珍贵。棂子及子桯，从前涂有红色。

塔顶：

塔顶筒瓦系以绿色琉璃瓦和布瓦合用一处，而垂脊则纯为绿琉璃制，表面刻有龙云（图版 11 乙），这显然表示塔顶全部原来都用琉璃瓦，而布瓦乃后来所加的。但青灰色的板瓦尺寸颇大，其底部复附有凸起的圆钉一排，即使为后代所葺，也应年代较早。垂脊的前端，各置铁人一躯（图版 12 甲），依山东灵岩寺辟支塔所示的式样，此铁人系牵挽相轮下铁链用的，可是此塔现在并无铁链，也许在明嘉靖重修时，与相轮同时取消亦未可知。

垂脊的上端，饰有兽首。其上再施反叠涩的砖，向内收进。再次在八角形须弥座上，置比例雄巨的莲瓣一层（图版 12 乙），其尖端恰与下面的垂脊相对（插图 7）。莲瓣中央累砌崇峻的台座，下广上削，平面皆作圆形。其上装置铁制的俯莲。次八角形束腰，表面饰以八卦文，次仰莲，次铁座，铸有"大明嘉靖十五年（公元 1536 年）三月造，定州卫致指挥施铎"十余字。最上则施青铜制的宝珠与葫芦（图版 12 乙）。纵观此部结构，已将佛塔上最重要的覆钵和相轮全部略去，足证明代砖塔的刹，已尽忘北魏以来的旧型了。

内部结构

外壁：

此塔外部壁体的厚度，极不规则，为叙述便利计，姑大体分为四种。（甲）厚度在 4.5 米者仅第一层一处。（乙）第二、三、四层，同为 3.16 米。（丙）第五层至第九层变化于 2 米与 3 米之间。（丁）第十层与十一层，在 2 米以内。虽然各层的厚度由下而上，自 4.5 米减至 1 米余，可是据核算的结果，所减之数，并未成为有规律的递减数，恰与前述塔身的直径同一情状。

外壁的砌法，据东北角崩塌处所示，墙的内、外二面，皆随着八角形每面的方向，各砌有 Stretching course 一层，不与内部壁体联络。故二者之间，现已发生裂缝，有随时分离的危险（图版 13 甲）。又壁内往往在平棊上，砌有平面 45°的砖数层（图版 13 乙），也许因联络内外的缘故，采用此种方法。

墙壁上的发券和穹窿，使用普通砖砌成单券，施工异常草率，故裂缝和脱落的地方随处可以发现（图版 14 甲、乙）。又走道穹窿的转角处，及第十一层气窗下，并无砖骨 (Rib) 承托（图版 14 甲、15 甲），都可表示当时匠工对于此种结构，实无深刻的认识。

走道：

外壁和塔身的中间，辟有走道。走道的上部有二种不同的结构：

（一）第一层至第七层，在平棊上面，自两侧墙壁用叠涩式 (Cobelling) 的砖相向挑出（图版 16 乙），以承载上部的重量。其上所砌之砖，除砖的长面与走廊方向平行外，其间又插入平面 45°的砖数层（图版 17 甲）。不但叠涩上如此，甚至近走道表面处也偶然使用此法（图版 17 乙）。不过走道表面的砖缝，则多与走廊方向成 90°的直角。又走廊转角处的"虎头倒"，或用或不用亦不一律。

（二）第八层以上至第十一层，未施平棊，仅仅在走道上构 Stretching coarse 的穹窿 (Barrel Vanlt)，异常简单。

斗栱及平棊：

走道上部的斗栱和平棊的结构，只有第二层在平棊下，用偷心华栱三跳。其余第一层和第三、四、五、六、七等层，皆为二跳。兹以第一、第二两层为代表述叙如后。

第一层走道的上部，自壁面砌出柱与阑额，其上直接排列砖制的斗栱，并无普拍枋（插图9）。斗栱的朵数，在走道外侧者，每面连转角铺作，共计十二朵；内侧则仅八朵。栌斗正面，出偷心华栱二跳。第一跳跳头上施素枋，第二跳施算桯枋（图版18甲），栌斗两侧则施柱头枋。所有栱和枋的结构，都能顾及到材料的本质，采用与砖质相宜的比例，而不为过分的模仿。算桯枋上面，又搁置扁而平的支条砖，上面做出□口，以承载天花砖（插图8）。而每一天花砖之间，又施断面狭而高的支条砖（图版18乙），在平面上和算桯枋成九十度角度。不过现在走道内侧的斗栱，比外侧稍高，不知是受外壁沉陷的影响，抑原来即已如此。

天花砖的底面，浮雕极精美的几何形花纹和龙凤、花鸟等等（图版19甲、乙），构图、描线俱臻上选，为此塔雕饰中最精彩的一部。此项手法，又见于北宋山东长清灵岩寺辟支塔，和河南武安的常乐寺塔，知为当时砖塔中通行的方法。

第二层在走道阑额上，外围施斗栱九朵，内围七朵。其结构与第一层不同的地方：（一）偷心华栱增为三跳（图版20）；（二）每隔一朵，插用具有斜栱的斗栱一朵（图版20），形制结构和前述外侧平座的斜栱完全符合。（三）华栱跳头上所施的素枋和算桯枋，也与平座一样，未做出枋的真正形状（插图9）。走道转角处的斗栱，则多数用华栱三跳，承托角上的算桯枋（图版20甲）。但也有在第二层华栱上面，仅施翼形栱一具的（图版20乙）。其上之天花砖尚保存十之八九，所雕花纹精巧而富变化（图版20甲、乙，21甲），内有浮雕宝相花的一块，叶上所涂绿色还未完全剥落，足证从前此类砖上，都施有彩色。

前述第一、第二两层的斗栱，虽然因砖造之故，不能与木造物的比例完全符合，可是大体相差不远，并且栌斗与交互斗的“欹”和华栱上的“栔”都比较高，足为北宋建造的证据。兹将实测尺寸表列如次，以供参考。

	第一层平棊	第二层平棊
栌斗长	0.26 米	0.385 米
栌斗通高	0.15 米	0.195 米
耳高	0.06 米	0.057 米
平高	0.02 米	0.036 米
欹高	0.07 米	0.102 米
交互斗长	0.20 米	0.215 米
宽	0.195 米	0.215 米
通高	0.15 米	0.16 米
耳高	0.07 米	0.07 米
平高	0.02 米	0.035 米
欹高	0.06 米	0.055 米
材高	0.24 米	0.17 米
宽		0.145 米
栔高		0.105 米
第一跳	0.255 米	0.16 米
第二跳	0.225 米	0.177 米
第三跳		0.193 米

柱头枋高		0.17 米
素枋高	0.24 米	0.17 米
宽	0.10 米	
逢桯枋高	0.16 米	0.18 米
宽	0.105 米	

第三层以上，偷心华栱复减为二跳（图版 21 乙～23 甲），栱的比例也随之减小。不过各层斗栱的朵数或多或少，却参差不一；如第七层与第二层一致，而第四层每面外围用十朵，内围用八朵，反比第二层增多。

第三层的平棊天花砖尚存全数十分之六。可是自此以上，因走道高度逐层减低的缘故，竟被盗去大部。而第五、第七两层，除天花砖外，又有在木版表面，描绘和下层砖刻同样的花纹，大概是后代修理时添补的。

关于斗栱上所施的彩画，最下三层现已剥落。惟第四层栌斗和栱的外棱缘道，都用墨色；其内绘绿色的“退晕”二道——即由浅绿退至深绿——中央再加黑心（插图 10）。栌斗的“欹”则另施绿色莲瓣，与河北省南部及河南省北部通用的方法一致。第五层至第七层的斗栱，均在灰地上加黑缘道和黑心，无晕（插图 10）。素枋与算桯枋、平棊枋等，都是正面涂黑色底面涂红色，上加回文。支条砖与天花砖俱涂绿色。此种灰地黑缘道的彩画，又见于河北安平县圣姑庙，在时间上，恐怕不能比明代更早。

塔心：

此塔在走道内，构有八角形的塔心，内藏梯级，外设佛龛，不论在功用上或结构上，都为全塔最重要的部分。其法是否受木塔中心柱的暗示，抑因环行礼拜的缘故，或从北魏石窟的支提塔演变而成，现在尚难断定。然而在结构上，此塔外壁崩塌四分之一，仍能屹然健在，不能不归功于塔心的结构异常坚牢，足以维系其他未倒塌部分的缘故。

塔心结构因为各层外壁都是向内收进，故塔心的直径也随之缩减。并且各层平棊下的斗栱和外侧的平座斗栱异常类似，致使观者从缺口上瞻望，往往误会大塔之内另有小塔一座（图版 5 甲）。最初发表此项误解文字的，就是关野贞与常盘大定著的《支那佛教史迹》。现在翻译该书《评解》第五册第 203 页中关于此塔的记载如次：

“塔内更有一小塔，四面设佛龛，安置佛像。两塔的中间设步道依梯级而登，得达最上层。下层步道上面构有平棊，内浮雕很精美的几何形纹样及花鸟等等。第二层以上，则为穹窿。”

按文中的错误，共有三点。（甲）误认塔心另为一塔。（乙）误梯级设于走道之内。（丙）误第二层以上，走道上所覆的为穹窿。大概关野、常盘二氏调查此塔时，因为塔门封闭，未曾登塔细查，而日后又依像片和追忆加以描写，以致发生上述的错误。其后喜龙仁 (O. Sirien) 在他的巨著《中国美术史》(History of Chinese Art) 内，也以讹传讹，抄袭内、外两塔的臆说。本文著者为尊重事实起见，不得不加以辩正。

暗层：

第一层和第二层的中间，在塔心内构有等边八角形小室一间，每面约宽 2 米（插图 2），现在室内砖砌的普拍枋业已大部残毁，惟斗栱则尚保存完好。斗栱分二种；（甲）在角上者，施华栱三跳；（乙）角栱至角栱之间，每面再施补间铺作一朵（图版 24 甲），其结构为在栌斗正中用华栱二跳及翼形栱，两侧再加斜华栱三跳（插图 11），与外部平座的斗栱完全相同。又栌斗左、右和华栱跳头上，仅仅施柱头枋及素枋，表面连栱交隐，如鸳鸯交手栱的形状（图版 23 乙）。

前述华栱第三跳的前端，载算桯枋一层，构成八角形的井口。据说从前井口上面，曾有周斜中平的木造藻井，但现在全部毁坏，不能证实。算桯枋后面，顺着下部墙壁的方向，砌直砖一排，其上再构尖状的穹窿 (Dome)，其高度比半径约增三分之一（插图 11）。Dome 的表面再施类似阳马的砖骨 (Rib) 八条（图版24甲、乙）至中点留有圆形面积一块，全体形范很像大同华严寺薄伽教藏殿的藻井。也许此部原来就是模仿木建筑而造的，不过平面上的差别，一为八角形，一为圆形而已。砖骨与砖骨之间逐层挑出的砖，和砖骨本身均用极简单的叠涩式（插图11），可见我国的建筑匠工，自汉以来，虽经过很长远的时间，还不知应用发券的方法，造出真正的穹窿来。

梯级：

此塔的梯级全部藏在塔心里面，除去第一层东北角因崩塌之故无法查验，和第二层用转角式以外，其余各层皆取直上的方式。后者之内，虽偶然有上、下二层互相重合的地方，但大多数成为十字交叉形状（图版1、2），与山东长清县灵岩寺辟支塔和兖州兴隆寺塔，均属于同系统之内。又梯级上所覆的穹窿，在从断面上成Step形状（图版25甲）。每一step的长度，虽间有超过二米以上的，但以二米以内者占据多数。

关于第二层梯级转角处的结构（插图3），在正方形Landing的四面，构有圆券；券高70厘米，四隅砌出三角形的斜面，贴于八角形藻井之下（图版25乙）。其结构式样和前述暗层内的大同小异。此外南方宋代砖塔中，如苏州罗汉院双塔、报恩寺塔，杭州开化寺六和塔等，都采用同样方式，可知此种小藻井在当时很为普及。

其他事项

壁画：

塔内壁画，以第四层东南、西南二面走道壁上所绘的年代最古。现在一切色彩虽然受长时间自然力的摧残，几乎全部变成黑色，可是它的描线简劲，神情灵活和背面古朴的竹景等等（图版26甲至27甲），不像明、清人的手笔。又第八层走道壁面上所绘的佛像，每面有二尊与八尊二种。其西南面佛像下面题有："崇祯十四年（公元1641年）本州催□□" 等字。而南面有崇祯六年（公元1633年）和康熙元年（公元1662年）题字，西北面有乾隆二十七年（公元1762年）六月题字。根据佛像的姿态、衣褶与上部流云的式样，确系道地的明代作品（图版27乙）。

佛像：

此寺佛像现在共存三尊。一为定县民教育馆内所藏的铜像，《县志》谓为宋崇宁[19]。……恐至早不能超过明代中叶。

碑刻：

塔内的碑刻除一部分业已遗失，和东北面崩塌处无法考察以外，其树立于走道内或嵌入壁面上的尚有三十余通。其中《县志》所称石、文俱佚的宋至和元年（公元1054年）刘荃等《修塔记》，还嵌在第七层走道内；而皇祐四年（公元1052年）耿素等《修塔记》则在第十层；至和元年赵成等《修塔记》在第十一层，俱未遗失。兹将石刻目录表列如后，以供留心此塔文献者参考。

第一层	走道南面东侧清雍正七年（公元1729年）《重修宝塔佛像碑记》一通。
	同西侧元大德元年（公元1297年）《大元中山府大开元寺重修佛塔记》一通。
暗层	明万历三十二年（公元1604年）题名碑一。
第二层	走道北面外壁一石，字迹不清。
	同西面外壁题名石一，无年代。
	同西面内壁宋咸平四年（公元1001年）《佛说金刚□□修塔陀罗尼经》一方。
	同西面内壁小石一方，已失。
	同南面外壁二石，字迹不清。

第三层　　走道北面外壁一石，字迹不清。
同北面内壁题名石二，字迹不清。
同西面外壁题名石二，磨灭不清。
同西面内壁二石，已失。
同南面外壁题名石二，无年代。
同南面内壁二石，西侧者题“大中祥符四年（公元1011年），岁次辛亥……”。东侧者遗失。

第四层　　走道北面外壁题名石一，字迹不清。
同西面外壁题名石二，无年代。
同南面外壁二石；东侧题名石无年代，西侧者字迹不清。
同南面内壁二石，已失。
同东面外壁一石，有本州使院邑众等题名，无年代。
同东面内壁一石，有“嘉靖壬寅（公元1542年）三月”数字。
同东面内壁二石；南侧者刻“乙酉仲夏日吏科给事中蜀南克宜庵、杨文举”题诗。

第五层　　走道南面内壁二石，已失。

第七层　　走道南面外壁题名石二，无年代。
同东南面外壁一石，题“新乐县清化乡累头村《法华经》邑众刘佺、吴绪……等，所为生身父母，法界有情，同占利乐，上到兜率，至和元年（公元1054年）七月”。

第十层　　走道北面外壁一石，题“皇祐四年七月十八日同修塔，结尖了毕，善友施主等具列如后，在州都押押衙耿素、吕从，南门街西刘素、郭素……”。

第十一层　走道西南面内壁题名石一，内题“史家疃张吴母刘氏……左侍禁北平军兵马监押赵成记”。据民国《定县志》卷十九，此石系至和元年所立。
同东南面内壁一石，刻明嘉靖十六年（公元1537年）岁次丁酉，畿里渍人池南子唐锜题诗。

注　释

[1] 民国《定县志》卷十八《七宝瓶铭》：正始二年正书。石形如盆，周少低，中央为圆空，文分上、下两列，刻于四面，回读右行。“太和十六年（公元492年），道人僧晕为七帝建三丈八弥勒像、二菩萨，□□文造素，至景明二年铸镌竟。正始二年（公元505年）岁次乙酉二月壬寅朔四月铭旨，三州教化大像，用赤金三十六万六千四百斤，黄金二千□百斤。二菩萨用赤金四万六千斤，黄金一千一百斤。大魏今上皇帝陛下，忠慕□追，孝诚通敏，班旨三州，率宣功就，略表始末，铭之后代耳。七宝瓶前定州刺史彭城王元勰、定州刺史城阳王元鸾。”

此石民国初在料敌塔前出土，旋移置众春园御碑房下，逾年为奸人窃去，或云已售之天津李小石氏矣。按七帝寺之建，不见于史。而太和十五年（公元491年），魏之太庙始成，迁七庙神主于新庙。当时或以中山重镇，仿建七庙，若陪都然。《集古录》谓宣武帝以七庙所立，谓之七帝寺。以此刻证之，太和十六年已为七帝造像，则七帝寺殆建于孝文之世，非宣武决也。既立七庙，刺史元鸾遂造像为七帝祈福。史称元鸾笃信佛法，此亦一证。其列前刺史元勰者，勰当时有清名重望，虽去位，犹列之也。景明二年（公元502年），明年“二”字虽泐，可以考定。余参见《正解寺碑》下。

[2] 民国《定县志》卷十八·高归彦《造像记》，武定元年正书，二十七行，行七字。“盖闻般若无源，慈悲有感。众生启寤，孰不尊崇。大魏使持节都督定州诸军事骠骑大将军、定州刺史当州大都督弟子高归彦，不识过去，幸睹

现世。凭缘□果，兼修将来。寂相渊微，理非可测。遂乃发此至心，割彼资业。广采名将（疑应作‘匠’），琢餝妙形。粤以武定元年岁次癸酉四月庚申朔八日丁卯，敬造白玉释迦像一区。所愿法幢常建，香津普流。帝道升平，缁素同盛。大丞相勃海王明德弥融，庆流苗裔。家门大小，皆蒙福护。百禄盈朝，七宝曜室。男喆女贤，光显内外。与诸品类，共霑梵泽”。

此石记文完好无缺，于民国初年在料敌塔前出土，盖七帝寺故基也……今存众春园。

[3] 民国《定县志》卷十八·《丰乐、七帝二寺造像记》，武定五年（公元547年）正书，十五行，行五字。记文下方题名十八行，行八字。

“大魏武定五年岁次乙卯二月戊辰朔八日，丰乐、七帝二寺邑义人等，慨悼浮俗，生灭难遣。众行然，知何自运。故仰为皇帝陛下、师僧父母、旁地众生，敬造白玉龙树思惟像一区，详崇供养。上坐僧宠、上坐慧郁、宝藏、知朗……”。

按七帝寺在料敌塔南，丰乐当亦在七帝寺左近。石于近年出土，今存众春园……。上坐僧慧郁，与开皇五年《七帝寺碑》之慧郁当是一人。

[4] 民国《定县志》卷十八·《七帝寺碑》，开皇五年（公元585年）正书，三十二行，行二十三字。

“大隋开皇五年岁次乙巳八月乙酉朔十五日己亥，前定州沙门都故魏七帝旧寺主惠郁、像主玄凝等，以先师僧晕，去太和十六年敬造三丈八弥勒金像。至后周建德六年岁次丁酉，破减大像，僧尼还俗。至七年六月，周帝宇文邕因灭三宝，见受迦摩罗之患，扶天元，承帝改为宣政。至二年，以父坏法破僧，愿造大像，即改为大像元年。但周将灭，未即（疑应作“几”）禅位。大隋国帝主杨坚，建元开皇。自圣君驭宇，俗易风移。□天民宁，八方调顺。护持三宝，率遣兴修。前诏后敕，佛法为首。惠郁共弟子玄凝等，愿欲修理本寺。□复前像。旧□□他，悲号无及。离之咏，泣育心口。赖摩诃檀越前定州赞治并州总管府户曹参军博陵人崔子石、前萨甫下司录商人何永康二人，同赎得七帝寺院，价等布金，贵余祇树。一发檀那，双心俱施。并为俗寺主。从开皇元年造像头手。并鎶大钟。至五年素起身跗，兼修宝殿。计七匣桂像，用布一万七千五百斤，用柒（整理者注：疑为“漆”）十二百升，黄金八万七千薄。像及殿合用钱五千七百贯。忽蒙敕旨，大县别听立僧、尼两寺。安熹令裴世元、王、刘二尉等，以七寺旧所，像殿俱兴。遂申州表省，置为县寺。兼道引群僚，口率二长，详崇结邑，尊事伽蓝。并十二州左开府其元兵、右开府和元志、副仪同宇文义，演说军人，异心归善。胡、汉士女邑义一千五百人并心，四方并助。前刺史昌平公元严，后刺史南陈公豆卢通，并首尾匡究，慰喻经纪。像成殿就，并赖二公。但周帝灭像，患报非轻，劝今世后世，须尊重。像□之下，不安宝物。有奸盗，破毁口财。敬之敬之，铭示千载。寺僧昙识、僧道□、僧宝观、僧修静、僧道泽、僧昞□、僧洪顾、僧明儒、僧弁明、僧昙瑆，合寺一千三百僧。都维那郭仲口、王贵洛、郑倡敬、董景宾、卫默鬼、牛洪、段晕伯、王胡子、许神度、董叔仁、宋遵、杨零宾、王纯陁、李波利、杨伽。素（整理者注：疑为“塑”）像匠邢洪演、赵文远、苏奉仁。柒（疑为“漆”）匠刘松柏、路元和。大殿木匠王祖、李孝威、益君英。铭文王良预。书手刘雅铭。石匠杨静岩、郭登、郭悦。都当维那东方景仲，刘洪遵。”

按此碑与《七宝瓶铭》及《正解寺碑》三石，相为首尾。《七宝铭》为僧晖初次造弥勒像而记者也。像成，遭周武之厄，像寺俱废。至开皇五年，僧晖弟子惠郁重新修复寺像，此碑正记其事，于周武之毁佛教，三致意焉。《集古录》未见此碑，但见《正解寺碑》，遂谓寺基为赞治崔子石所舍。以此碑证之，知寺基已为周武时充公售出，至此崔子石与何永康施钱赎回，非崔一人之力，亦非寺属于崔也。僧晕，系晖字移日于上，观《正解寺碑》阴，并作比丘僧晖可证。石与高归彦造像同在料敌塔南出土，今存众春园。

[5] 民国《定县志》十八·《正解寺残碑》。开皇十六年，分书共四段。首段十六行，次段三十六行，三段二十一行，四段十三行。碑阴三十七行。高一尺四寸八分，广四尺三寸。行存十字、十二三字不等。

此碑旧著于《集古录》、《宝刻丛编》，皆云《正解寺碑》隋昌刘鼎卿撰。而《宝刻丛编》、《金石考》另载有《七祖堂记》。光绪初《畿辅通志》疑与此为一碑而两收者，大约□□《七祖堂记》，非指此碑，即指《七宝瓶铭》而言也。此碑已残破，今存者共四段。其首段旧在城内开元废寺，道光戊戌，知府沈西雍（名涛）辇至真定崇因寺中，其所著

《常山贞石志》考证颇详。光绪十三年，定人张枚搜掘废寺，复得一段。又于义仓门外、五路寺台下，各得一段，并真定之石凡四段。此碑虽残，所缺无几矣。张氏遂之真定，索回前石。定绅王文泉遂建廊庑于众春园，以为藏石之所。真定一段中无年月可考。《贞石志》云，文有开皇二载及十二字，疑即纪年之语。及续得大段中，末有“六年，岁次丙辰四月癸未朔”十一字，乃知碑文之年，决是开皇十六年丙辰，干支可为铁证。《集古录》作十二年，“二字”写误也。盖七帝寺创建于太和十五年，而十六年僧晖并造弥勒大像，正始二年工竣，于是有七宝瓶之□，中遭周武毁废。开皇元年兴复寺像，至五年而竣。于是开皇五年之碑以记废兴。十六年改名正解寺。故第二段石上有“六年，□名胜地，遂诏改为”十字。“六年”上必为“十字”。“改为”之下必“正解寺”三字。七帝者本元魏之祖，时移世易，故改寺名，而又增修佛殿若干间，故文中又有“又造佛殿一□”之语。殿既成，诏赐寺名，并立碑以纪也。后又名开元寺，沈氏疑为唐开元时所改，或可信……。

[6] 雍正《定州志》：“料敌塔又名大塔，在州治南开元寺中。寺僧会能尝往西竺取经，得舍利子。宋真宗咸平四年建塔，诏会能董其役。伐木于嘉山，仁宗至和二年始成。高十三级，围六十四步。盖筑以望契丹者，故名料敌塔。宋知州宋祁尝记岁月于巅，其八分书至为澹逸入古。每春征及佛诞午日，郡人醵金悬灯。不减长干寺报恩塔之胜概也。”

[7]《畿辅通志》：“寺有料敌塔，本名大塔，在州治南。据《旧志》云，开元寺僧会能尝往西竺取经，得舍利子。宋真宗咸平四年，诏建塔，会能董其役，伐材于嘉山。仁宗至和二年始成。高十三级，围六十四步。盖筑以望契丹者，故又名料敌塔，知州宋祁曾记岁月于巅。明成化十四年，御用监梁芳、典簿罗钦、知州韩文、同知黄敏、递运所大使朱逵、指挥王辅、张杰合修。万历四十五年，有庞子文者捐资重修，历三年乃成。万历末年至天启初年两次地震，州人王云重修。本朝顺治十三年巡道刘兴汉加修。”

[8]《图书集成》职方典·第一百四卷：“料敌塔有二：华塔定州治南。大塔定州治南开元寺中，僧会能创于宋真宗咸平四年。成于仁宗至和二年。高十三级，围六十四步。洞门八面，铁幢四落。飞窦悬梯，俯眺百里。宋知州宋祁尝纪岁月于巅。洪武末，都督平安毁华塔甃城堞，去幢为戎器，而独留大塔以便防守。考诸传曰，宋阴筑以望契丹者，其在真定、景州者，亦此故耳。今以料敌名。正德己卯秋，武宗南征，驻跸于上，因洒宸翰于壁。过客往往登览，间有题咏焉。”

[9]《燕山丛录》：“定州开元寺有塔名料敌塔，宋筑以望契丹者。高十三级。广六十四步。旁施铁幢。中贯数抱大木。登上级可瞰百里，仰视行云，势若摇动。宋失燕、云，以定州为边境，故潜备甚密。”

[10]宋祁《景文集》卷二十·开元寺塔偶成题十韵：“集福仁祠旧，雄成宝塔新。经营一甲子（自至道乙未经始，至至和岁乙未告成），高下几由旬……。”又卷十六登塔诗：“窣堵缘霄雁势联，凭阑清眺俯三川。春华已遍燃灯地，日气犹烘□两天。游盖结阴尘不动，饮筹催酾客争传。须知四级题名处，要记浮生六十年。”

[11] 民国《定县志》卷十九·宋进等《修塔记》，乾兴元年（公元 1022 年）正书，久佚。“《旧志》云：‘料敌塔在州治南。真宗咸平四年（公元 1001 年）诏建，仁宗至和二年始成，盖筑以望契丹者。宋知州尝记岁月于巅云。’按塔建于咸平四年，至乾兴元年已十九年（著者按：应作二十一年）。更至至和二年，近五十六年。以六十年而成一塔，似不近情。而宋祁开元寺塔诗，亦云经营一甲子，殊为疑问。及见此证乃知塔成于乾兴元年，知州宋进记其年月，所谓《料敌塔记》者是也。《通志》误以为二，并载之，非也。至和元年殆重修之年，抑或有增修之事，刘全、赵成记是也。有此石以为证，足知宋祁诗为不审也。”

[12]《大金定州创建圆教院记》：“夫开元寺之东南有圆教院者，廼□教院也。……有所来矣。爰自圣朝抚定之后，有主僧……遂□□□招贤坊空闲官地贰段，计陆拾余亩，环筑垣墙，作院子居止。有……以给□□之用，四时无所阙矣。至大贰载幸□世宗□皇帝中兴，凡天下寺院，……是时复有主僧□□，躬率清众，乐输货泉，以资于□官，谨请□□，敕赐曰：圆教院，即与开元寺□□院……住口大定十八年亦有首僧□□，与众请……同心协力……者，施□□□，咸服其言，或……良工，创建大殿五间，经之营之，不日而成。弥陀三□，供具庄严。花果间错，朝夕……丹青妙手，……山……北□左右……观其……水泉石□木……为当代绝□□而有□□沙门

……未备者，欲以补完。遂于弥陀后屏，起塑观音大士及……宇口犹……特命□□□平，悉令砌墁，左右前后，□整□□，由是缁徒寖广，梵教日隆。”

[13]：大德元年《大元中山府大开元寺重修佛塔记》：“……汉、唐以来，佛教兴之久矣。且兹浮图者，肇大宋太宗时，有僧会能圣旨西天取经，得舍利子归。至真宗咸平四年七月十八日，首建是浮图也。至仁宗至和二年，还元易四主，凡修五十一年工毕。……□我大元皇帝岁次丙辰，国师那摩大师，圣旨赐白银重修是塔。级有佛像，风雨岁寒，渐□□落。自咸平四年，至天牟尼皇帝岁次丁酉，改大德元年（公元1297年），有三百年矣。有中义大夫宣差中山府达鲁花赤长达达作都功德主，重修佛像。大夫祖别石八里人也，先父名脱忽里，钦授圣旨金牌，管领……。僧人宣公欲更新焉，第赖众力，以共成□之葺。故吾定有鲍洪，民众恩恤，无不称美。日因休假，……此地，仰而叹曰：人多钱财，贵于能施。多而□施，谓之守价直，皆诚心出备……”“……为□任焉，不旬日间门窗墙壁，焕然尽新。……”

[14] 嘉靖十四年《重修浮图之记》：“……中山古塔创自宋咸平四年。上人会能奉使西域，得秘藏真经、舍利子还。口真宗命董治之。……元后。鸠工庀材，斧竭嘉山之木。其间寒暑晦冥，凡易四君，落成于仁宗至和二年。拮据告荣……与治东华塔，均筑以舍利。宝塔高十二级围六十四步。顶贮舍利子，亘恒河沙法界。……”

[15]（此处缺失）

[16] 雍正七年《重修宝塔佛像碑记》：“……也。创始于宋真宗之咸平四年，落成于仁宗之至和二年。其间凡易四君，历五十八年而始成。……定武为河北重镇地，与契丹接壤，因名曰：料敌塔。而建于唐刹开元寺之后，又名开元塔。……及明重修者，殆不乏人。至康熙庚子岁月 初八日地震，其周围四面，自上至下裂二寸许。宝塔□□。时□韩何公治定，会同合邑绅士，公义修葺。维时三十六约，士民欢呼踊跃，乐捐资财，计有千金。惟南面六门尚未告竣，而何公去定，工遂寝。以致佛像四十有五，俱未庄严。岁戊申余莅兹土。……其上。则见嘉山虎踞，□水龙蟠，挺出云霄之外，诚中山之巨观也。瞻仰金容，实切感叹。……未遑议及。州城之西堡子疃子善女耿氏，目睹佛像之剥落。拮据从事，约费百有余金，半出募……囊。事毕建设道场。”

[17] 见郑锦先生《开元塔实况调查册》。

[18]《图书集成》职方典 · 第一百八卷：“隆庆二年（公元1568年）正月，定州开元寺塔内，游人挤死。定州遇节登塔娱玩，是年正月十六日，群往游塔。忽相挤压，死者二百三十七人，寺僧取尸不能出，州守闻往登之，乃出。有未绝者，云见有神人摧击之。或谓妄传州守且至，惊□……此亦大变也。”

康熙《定州志》：“定俗遇节登塔。明穆宗隆庆二年正月十六日群往登眺，有人诈言州守且至，游众惊迫，互相拥挤，压死二百三十有七人。”

道光《定州志》：“清乾隆三十八年五月，村……塔，眺望者甚众，忽讹传州牧封锁塔门，游人惊恐，拥挤而下，压死者三百余人。”

[19] 民国《定县志》卷十九 · □铜佛像：“崇宁铜佛高九尺，横五尺，□手盘坐，两肩各带崇宁钱一枚。”

按：崇宁为徽宗年号，造像当在北宋之际。像出土料敌塔后，今在古物保存所。

河南济源县延庆寺舍利塔

略　史

济源县北负太行，南临黄河，位于河南省的西北隅。因为从前被尊为四渎之一的济水发源于此，故自隋开皇以来，即称为济源县。县城建于离太行山南麓不到二十里的地点，东、西、北三面大半被泷水环绕，水色山岚和沿河的沙村野寺十分潇洒可爱。而城外西北一带还有不少喷泉，和济南趵突泉相似。其中济水的西源就在离城五里的龙潭，从前也是喷泉之一。龙潭的面积约占地一顷有余，其旁建有涵虚阁，桧柏菰蒲，参差掩映，景物异常清幽。自宋以来，文人墨客记述此一带风景的几如汗牛充栋，不可胜数。可是时移世变，龙潭到现在已全部干涸并犁为麦田了。本文所叙述的延庆寺舍利塔，即在龙潭故址的北侧。

延庆寺原称延庆化成寺，根据方志和碑文记载，系唐武后垂拱三年（公元687年）僧灭会创建的[1、6]。不过除此以外，唐代的文献和遗物异常贫乏，仅仅只有宣宗时以理财知名的裴休，题有七律诗一首[2]，可以推知他对于此寺曾经一度布施而已。但是五代中叶的遗物现在寺内还留有数种。这也许因为河阳一带在唐末晋初之际，屡经战乱。此寺曾一度毁于兵燹，及至后唐庄宗灭梁以后，才次第兴建的缘故。兹介绍五代的遗迹如次：

（一）此寺的前殿现存八角形石柱一根孤立断垣中（图版　）。据残存的台基、墙壁和石柱的位置来推测，此柱显系当心间东侧的前柱。柱身表面刻有很平浅的卷草文，其上端题字可辨认的计有“□子孔琼施柱一根”，及“长兴三年岁次壬……”十四字。考长兴乃五代后唐明宗的年号，长兴三年（公元932年）又恰好是壬辰，干支也相符合。可见此寺在军事结束后，旋即接受信徒的拥戴和施舍，进行了复兴工作。

（二）大殿前面有八角形残幢一段（图版 ）。镌刻后晋高祖天福八年（公元943年）符彦卿《修石香台记》。幢身后面，又刻有金世宗大定十四年（公元1174年）符思间《重修石香台记》一段。

（三）后晋幢的东、西二侧各有残幢一基，惟所刻铭记，都已漶漫不可辨认。据顾燮元《河朔访古新录》[3]，知西幢建于后唐闵帝应顺元年（公元934年），比前殿的石柱仅仅只晚二年。东幢则建于后周太祖广顺二年（公元952年）。

北宋初期有蜀人陈省华曾任济源县令，其子尧叟、尧佐、尧咨等，皆读书延庆寺中。后来省华父子四人都跻身将相。至北宋神宗熙宁间（公元1068～1077年），其曾孙知俭乃建四令祠于寺的西院[4]，司马光为作《四令祠堂记》，一时传为美谈。这事虽与寺中的建筑并无直接关系，但是后来延庆寺的著名也未始不与这一段故事有关。

北宋仁宗皇祐年间（公元1049～1053年），寺的西北角曾建有六角七层的舍利塔一座。关于造塔的经过，仅见塔的第一层小室内所藏的宋景祐三年（公元1036年）《大宋河阳济源县龙潭延庆寺禅院新修舍利塔记》：其概略如次；

“……孟州济源县通慧禅院比丘法言者，蓄诸佛舍利数十粒，千佛之遗体也。……欲谋塔置，未得其所。至诚感应，果有其人。河阳军念定寺僧教岸言议成就，而济源县延庆院主僧省初晓之，共济其事，乃□院之西北隅爽塏之地而建焉。……得鸠财之士程文政等十人，□功埏埴，寒来暑往，朞半而就。塔高一百尺，级数凡七层，以景祐三年三月十一日毕功。……景祐三年六月二十七日建。”

前文内关于造塔的缘由和落成年代，虽然叙述得异常详尽，可是此塔的始工年月却略而未载，仅据塔内第三层北墙上所嵌的《功德碑记》，知景祐元年（公元1034年）五月，才造至第三层。

“清信弟子张翼、女弟子王氏□以愿，将舍净财，独修舍利塔第三级。计便条砖贰万□，佛砖贰佰贰拾□，石灰捌百拌，体工壹佰工□，食米麦伍拾硕，砌匠等功钱壹佰贯文，并葬舍利金棺壹座，第壹级下前、后门贰合。自三月十五日下手，至五月十五日毕工……。景祐元年岁次甲戌五月十八日记。”

又据塔内第四层东北面墙壁工嵌砌的碑记，知第四层成于景祐二年（公元1035年）二月。

"条砖一万五千口，角梁八条，赏手工钱五贯文，米麦五石，已（按应作"以"）上马谅、母樊氏、妻王氏施。石灰陆佰拌，大砖三百口，佛砖壹百五十口，粮肆拾石，请杂工匠钱九十贯文，已（应作"以"）上僧法言抄化十方施主。角铃陆颗，秦勋施。佛砖五十口，进士郄弁施。右件物料、工钱等，并依数供施到。砌造了毕日马谅、斋僧庆赞记。景祐二年乙亥岁二月日僧法言记。"

根据此上二碑，我们对于塔的始工年代虽然仍不明了，但是依照三、四两层的完工年月，可以臆想此塔的创始，必不出仁宗明道元年或二年（公元 1032 ~ 1033 年）之外。至于造塔的经费，显然和定县的料敌塔一样，系随着工事的进行，向各方募化而来的。

此寺自建造舍利塔以后，有关金、元二代的文献，除去明正统碑中有"宋、金重修"一语[5]，和金大定十四年前述刻在后晋天福八年石幢后面的符思间《重修石香记》以外，现在尚未发现别种证物可以引用。但是明、清二代的修造纪录，因年代相去不远，比较丰富，兹表列如次：

明	太祖洪武间（公元 1368 ~ 1398 年）	洪武间重修[1]
	英宗正统十年（公元 1445 年）	住持樊仲保募修正殿、天王、东、西等殿，左、右斋堂，前、后三门[5]
	天顺八年（公元 1460 年）	僧慧铎修[6]
	武宗正德十五年（公元 1520 年）	僧慧斌修[6]
	思宗崇祯十三年（公元 1640 年）	寺遭兵燹，仅存正中西佛殿[6、7]
清	世祖顺治十六年至圣祖康熙十七年（公元 1659 ~ 1678 年）	修地藏、天王殿、伽蓝殿、东西方丈、左右禅庑[6]
	世宗雍正元年（公元 1723 年）	重修伽蓝殿，并金装佛像[8]
	高宗乾隆八年（公元 1743 年）	创建关帝庙，及修石桥、墙垣[9]
	乾隆三十一年（公元 1766 年）	修中佛殿[9]
	乾隆三十二年（公元 1767 年）	修东殿[9]
	乾隆三十八年（公元 1773 年）	修甘公祠大楼[9]
	乾隆三十九年（公元 1774 年）	修西殿[9]
	乾隆四十年（公元 1775 年）	修书房、厨房[9]
	乾隆四十二年（公元 1777 年）	修天王殿[9]
	仁宗嘉庆六年（公元 1801 年）	改东南戏台为文昌阁[10]
	嘉庆七年（公元 1802 年）	重修大佛殿[11]
	嘉庆十三年（公元 1808 年）	重修关帝殿[11]

据前表所示，知此寺在明崇祯十三年（公元 1640 年）为匪盗所毁，仅仅只留下中、西佛殿二处而已。但清康熙十九年（公元 1680 年）碑中并无一字提及舍利塔的修葺，似乎此塔在当时不曾受到重大的创痍。

寺的现状

延庆寺的形状，依平面配置可分为三部分（插图 1）。

（一）中部为寺之主体，由前、后二院结合而成。前院的最南端，建有天王殿三间，其东辟有旁门一处，规模都异常简陋。天王殿的正北有面阔三开间的殿座故址一处，现在仅存一部分的墙壁，和后唐长兴三年石柱一根，以及明间残幢二段，西次间宋景祐三年碑一通而已。据碑记所示，此寺除正殿之外，又有大佛殿、中佛殿、地藏殿、伽蓝殿、天王殿、东西殿等等，但不知此殿是原来的中佛殿抑伽蓝殿，却无法决定。现在此殿与天王殿的中间，建有配殿二座，东西对立，都是面阔三开间的小建筑。其后复有小殿二座，东西相向，但其方向却并不平行，而将北端向内微斜，似乎与前述的配殿不是同时建造的。

后院正北原有正殿一座，现亦屋顶倾落，仅余残败的墙壁屹立荆莽中。月台中存有残幢三基，现仅中央一幢（图版 ）可辨为后晋天福三年所建，其余皆漫漶不可复识矣。再前有方亭一所，内无碑碣，不谙原来作何用途。又月台的左、右建有东、西配殿各五间，正面设有走廊，比前院配殿体制稍为崇大。

（二）寺的西部现在仅存面阔三间的书楼一座和楼北的舍利塔。除此以外，皆蔓草荒烟，冷落异常。

（三）东部以关帝殿为主体，其前建有文昌阁三间，即清嘉庆六年（公元 1801 年）碑所载自戏台改筑者[11]。现在阁的西面辟有一门，与延庆寺出入不相淆混。

此寺的建筑物，除去舍利塔以外，其余都是平淡无奇的清代小式建筑，毫无叙述价值。但是前殿和正殿的位置，根据石柱铭刻及经幢的地位，与清康熙碑所载的"兵火荒残，仅存正中正佛殿"[8]，似乎在五代中叶，即已创下现在的规模了。证以宋景祐三年碑所记舍利塔的位置，在"院之西北隅爽塏之地"，更属毫无疑问。不过东南角上的关帝殿一区，未见于明代碑记，大概系清以后方自延庆寺划出的。

塔的平面

此塔外观六角七层，虽属于多层塔的系统，但是内部可攀登的却只有六层。兹自下而上，逐层介绍如次。

第一层：

在南北二面，各辟入口一处（插图 2)。南面入口里面，有很短的走道，可以导至塔中央的内室。室作六角室，内置碑三通，而以北墙下的宋景祐三年《新修舍利塔记》最为重要。北面入口的西侧，有走道折向西南，内设梯级可登至第二层。在原则上，此塔的平面配置，极与时代略早的开封繁塔类似，所不同的惟梯级的位置，一在西侧，一在东侧而已。

第二层：

内部亦设有六角形小室一间，而室的中央，后留有六角形缺口一处，也与繁塔一致。其南壁开门洞，可供采光、观景。西南、东南二面，则设梯级上、下口各一处。不过此塔因面积过小的缘故，其梯级上口系通至上层塔身外的平座，沿着宽度不到一尺的平座上口，再绕进南面的门洞。这种奇特险峻的方法，自第二层以上，都是如此，不是其他宋代砖塔中所能见到的。又此层塔身的北面，有凹入的佛龛一处，但佛像业已遗失。

第三层：

平面大体与第二层相似。惟在内室的东南、西南二面，各设梯级上口，成为对称的形式。

第四层：

梯级上口改至内室的北面，余项略如下层。

第五层：

梯级的上口设于内室的东北、西北二面，与第三层恰相反对。又此层因梯级的关系，外壁北面未施佛龛。

第六层：

无梯级上口，仅在内室的东北、西北二面各设下口一处。外壁佛龛则增为三处。

第七层：

系实心，不能登临。塔外壁每面各设佛龛一区。

外观

此塔六角七层，自第一层塔内地面至塔顶的高度，共高 26.45 米，约为第一层直径的四倍，与本辑所载河北定县开元寺塔异常接近。它各层间的高度，依照开元寺塔的先例，也只能以一层叠涩檐的外口，至上层外口间的距离为标准。根据此种方法推算的结果，除去第七层反比第六层略微增高以外，其余各层高度尚能大体维持我国木塔逐层递减的原则（图版 ）。故就外观上所表示的比例来看，它完全是唐西安诸塔的流裔，不过塔的平面，则改为六角形而已。其各层高度和增减的数字如次：

层　数	各层高度	比下层减低或升高
第一层	4.24 米	
第二层	3.53 米	减 0.71 米
第三层	3.22 米	减 0.31 米
第四层	3.08 米	减 0.14 米
第五层	2.85 米	减 0.23 米
第六层	2.48 米	减 0.37 米
第七层	2.78 米	增 0.30 米

至于各层直径的尺寸，和第二层以上直径的差度

层 数	各层直径	比下层缩小之尺寸
第一层	6.77 米	
第二层	6.40 米	0.37 米
第三层	6.12 米	0.28 米
第四层	5.85 米	0.27 米
第五层	5.58 米	0.27 米
第六层	4.95 米	0.63 米
第七层	3.80 米	1.15 米

前表中所示的结果，也极与定县开元寺塔相似；即各层直径的差度，最初由大变小，约莫达到塔高二分之一与三分之二之间。忽又由小增大，而最上一层所增的数字，尤超过其余各层。这种缩减方法，无疑地即是塔身轮廓构成 Entasis 的重要因素。

不过此塔各层叠涩檐挑出的长度，据实测结果，并不与前述各层塔身的直径成正比例。连接各层出檐的外口，画一外轮廓线，便可发现此外轮廓线系由四段直线构成：即第一层至第三层，约略成一直线；自第三层至第五层，也是直线，自此以上第六、第七两层，却各成一段，维持着很鲜明的 Entasis。不过照下面所述的各层出檐，似乎曾经后代修葺，因此目前的外轮廓线自然也不是原来的面目了。

关于局部的结构，此塔外部未曾施用柱额、斗栱，而仅在各层壁体的上部砌出横带一条，比壁面微微挑出少许，其上即施砖砌的叠涩檐（图版 ）。塔檐的结构，每一叠涩仅用便条砖一层向外挑出，砌至外口，复用反叠涩的砖层向内收进。此项出檐因受风雨的摧残，业有一部分崩毁，但其切断面无论上下双方，均采取直线式，则仍易于辨析（图版 ）。又据前引景祐二年功德题记，马谅、母樊氏等曾施舍角梁八条与角铃六颗。按照定县开元寺塔及其他宋代砖塔的结构，此项角梁系为补助砖造物抗张力的不足而插入出檐内的。其角铃似系模仿木建筑的成法，悬挂于角梁的前端。但此二者现在俱无痕迹可认，足证此塔的出檐，必经过后代的修葺或改筑，绝非原状。不过现在寺内保存的明、清二代碑记，并无此项修理记录，故其改修年代已无法追索矣。

外壁上嵌砌的佛像砖比壁面略微凹进少许，使周围壁面形成边框的形状（图版 ）。佛像砖的数目：第一层计六列，第二层至第五层减为三列，第六层二列。第七层外部虽未曾使用佛像砖，但壁面上仍砌出边框的形式（图版 ）。所有佛像砖皆于尖形的龛内安置莲座，其上趺坐佛像一尊，两手抄合作入定相（图版 ）。砖的颜色微带浅黄色。每列佛像砖之上，插砌便条砖一层或二层；而各砖的左右，插入竖砖与否，

亦极不一律。

门的式样仅有二种。其一为第一层的前、后入口，使用一伏一券的半圆券。另一种则为叠涩式的圭首门，用普通条砖自门的两侧相对挑出，而将各砖的前端，凿成圆角，如开封祐国寺铁塔的形状。所有第二层以上的门与佛龛，俱采用此种方式。

塔顶用反叠涩的六角顶：上施台座一层，颇矮。再次为砖砌的仰莲六瓣，中央置有六角形的覆钵：其上再施宝珠三枚，互相重叠，如葫芦形状（图版　）。依形制上的观点来说，此塔仰莲以上部分，显然与明嘉靖间重修的定县开元寺塔塔顶，属于同系统之内，足证此部在明、清二代中曾经修造，而绝非宋景祐间的原物了。

内部结构

此塔内部，仅第七层完全采用实心，共余各层皆在塔心的中央，辟有六角形内室一间。室的面积，第一层比较狭小，第二层略为增大，自此以上又逐层收小，至四、五、六层，皆比第一层窄狭。因此之故，各层内室的直径，除去二、三两层以外，均未超过各层塔身直径的三分之一。

内室的墙面上，亦嵌砌佛像砖（图版　），其式样大小，与塔外的完全一致。室之上部自第一层至第五层，施有叠涩式的砖数层，至中央留有六角形的缺口，与开封繁塔丝毫无异。其中第一层上部的缺口最小，据剥落处所示的砌砖方法，其最初数层，砖的长面均与塔身各面成九十度的角度；惟最上二层，仅仅与塔身中的某二面成为九十度（图版　），极似定县开元寺塔的方法。缺口之上，原来也许构有木造的楼板，但现在已空无所有，自下仰视，唯见叠涩崚层，圭门分错，构成一幅深邃而复杂的图画（图版　）。第六层内室的顶部，也用叠涩式的方法，上收成六角形的尖顶。

各层内室的南面，皆辟有门洞，但无装设门扉的痕迹。其功用除采取光线以外，自第三层以上，且为各层梯级上口绕进塔内的必由之道。又第二层至第六层门上所施的叠涩砖，俱分为内、外二段；其内侧者，恒较外侧者提高十厘米至四十余厘米不等（图版　）。

此塔梯级的配置，仅第一层设于西北、西南二面外壁之内；自第二层以上，则因外壁厚度业已减薄，不得不采取直上的方式。因此之故，所有踏步皆异常陡峻，不便攀登。梯级的上部亦全用叠涩 砖砌成圭首形状，并随着梯级的坡度分段提高（图版　）。每段的长度大都在 40 厘米左右，最长者亦未超过 70 厘米。

式样的推论

宋代的佛塔除去墓塔以外，凡是规模较大的砖塔，大多数都采用八角形平面，为六角形和正方形二种者，则数量异常之少。就式样的演变来说，正方形塔当然是唐制的延续；八角形塔也见于唐天宝年间所建嵩山会善寺净藏禅师塔，不是突如其来的；惟有六角形一种，既未见于五代以前的遗物中，而金、元以后，除去浙江绍兴县明永乐年间因旧址重建的塔山应天塔以外，亦仅在规模较小的墓塔中，才能发现此种平面。在时间上它似乎如“昙花一现”，仅在北宋百余年间，发出过比较令人注目的光辉，便立刻萎谢下去。它的发生和没落，尚是一个未可解的谜。

现在我们已知北宋六角形砖塔中具有确实年代的，仅有三处：一为宋太宗太平兴国二年（公元 977 年）重建的开封繁塔：一为本文叙述的仁宗景祐三年（公元 1036 年）建造的延庆寺舍利塔，另一处则为哲宗绍圣二年（公元 1095 年）建造的山西汶水县寿宁寺塔。此外残败过甚的浙江天台国清寺塔与临海县千佛塔，虽然在形制上也略有类似宋代遗构的地方，但都无正确的建造年代记录可供参证。至于前三者中规模最大的，当然要推开封繁塔为首屈一指，可是此塔经明洪武年间一度拆除以后，现在仅下部三层才是原来旧物。而寿宁寺塔又规模过于狭小。因此之故，延庆寺舍利塔竟成为此类塔中的重要证物。

关于局部的手法，此塔第一层梯级的区布情形，和中央六角形的内室，都极似开封的繁塔，而时间上，也很有模仿该塔的可能。不过内室的采用，恐怕都是墨守北魏以来砖塔惯用的法则。塔的外部仅施叠涩式出檐，和其上反叠涩 的砖层，使它的外观朴素而简洁，多少尚能保存唐塔的面影。同时可注意者，前述三塔与山东临清县千佛塔的外壁，在各屋檐下都不期而然地嵌砌佛像砖。而八角形塔中却只有开封祐国寺铁塔一处采用此方法。这也许不是一个偶然的现象，很值得令人吟味。

注 释

[1] 乾隆《怀庆府志》卷五："延庆寺在济源县治北龙潭里。唐垂拱初建。明洪武间重修。寺西有龙潭，潭上有澄源阁、定庵、雪庵、四令公祠，即陈尧叟兄弟读书处。"

[2] 乾隆《济源县志》卷十六·唐·裴休《书留延庆化成寺壁》："平生志在野云深，建立精蓝大用心。须还买园□圣地，只陁施树不收金。鸣钟自息三途苦，阁立常听万籁音。为报往来游玩者，园林常住莫相侵。"

[3] 顾燮光《河朔访古新录》卷十一·济源县："县西北五里延庆寺废寺……院中列幢五，居中者为晋天福八年符彦卿为男杨留《修石香台记》，……东北者后周广顺二年多罗尼经幢，西北者为后唐应顺元年正月僧行嵩等造佛顶尊胜陀罗尼经幢。"

[4] 宋·司马光《四令堂记》："……始秦国为济源令，县西龙潭有延庆佛舍，三子相与为学其中，既而相继登进士科，文忠康肃公仍居郡士之首，遂接踵为将相，始大其家，子孙蕃衍，多以才能致美官，棋布中外。……四世凡七人莅官于是，故济源之人被陈氏之政为多，……虞部君尝行部过济源。游龙潭佛舍……。乃构祠堂于佛舍之侧。"

[5]《重修龙潭禅院记》："……今有济源县西约三里许，有寺曰：龙潭寺，且龙潭寺乃玉林，丛林之一数也。……昔唐贤母陈氏教子之堂，寔尧叟学业之处，前有澄溪、沇水波滔涌沸，故名曰：龙潭。切见此寺，实汉、唐始建，宋、金重修，累劫兵燹，盖有年矣。有龙潭老人樊仲保等，因本院缺主持来请惠铎，因辞不获，自居以来……见殿宇而倒梁陷脊，廊房而瓦解檐飞，……安得不重修，创立以复其旧乎。……于是谨发虔诚，敬持募缘，文疏躬诣十方信士，臣僚、将帅、官员、士庶、贤豪之家，或资金银、布钞于米麦，或施木植、砖瓦与灰石，……将正殿、天王、东西等殿，左、右斋堂及前、后三门，不逾年而功成……。大明正统十年岁次乙丑冬十二月十六日。"

[6] 正殿前《重修龙潭延庆寺记》："济西源俗云龙潭，稽诸禹贡并郦道元《水经》，实神禹道沇水东流为济之西源也。源上旧有延庆名刹，开山师灭会创自唐垂拱三年，于景祐二年复建一浮屠，高耸层云，……历年久远，不□兴废，邑志载前僧慧可重修于正统十年（公元 1445 年），慧铎修于天顺四年（公元 1460 年），慧斌再修于正德十五年（公元 1520 年），迄明崇祯十三年（公元 1640 年）庚辰后，兵火荒残。清、明改革，即□□樾大家，有家者，且难保其家，况兹延庆萧然一刹，孤峙源上者哉。故天王、迦蓝，焰烬盗没，仅存正中西佛殿，……本寺领袖释教，厥明……不募众缘，当□葺地藏、天王殿六楹，伽蓝殿三楹，东、西方丈六楹，左、右禅房十楹，筑垣百堵，薙阶下芜草，砌月台崇洁，……鸠工在顺治十六年（公元 1659 年）闰三月十二日。落成在康熙十七年（公元 1678 年）夏五月二十三日。……大清康熙十九年（公元 1680 年）岁次庚申正月十三日立。"

[7]《古今图书集成》职方典 · 怀庆府 · 杂录："十二年、十三年连大旱，人相食，覃、怀盗贼蜂起，河内令王汉讨平之。"

[8] 见书楼前雍正元年（公元 1723 年）十月伽蓝宝殿并金装圣像信士题名。

[9] 后院东配殿前《延庆寺重修碑》："……乾隆八年（公元 1743 年）创建关帝殿三楹，又修石桥及墙垣百余丈。乾隆三十一年（公元 1766 年）修中佛殿。三十二年修东殿。三十八年（公元 1773 年）修甘公祠大楼三间。三十九年修西殿。四十年修书房及厨房七间。四十二年（公元 1777 年）修天王殿三间。……乾隆四十九年（公元 1784 年）十一月初六日谷旦勒石。大清乾隆叁拾贰年（公元 1767 年）肆月拾陆日碑。"

[10] 后院方亭西《重修延庆寺碑记》："邑西北五里许，有延庆寺，乃济水之西源，故又曰：龙潭。……历年久远，风雨飘摇，佛像尘封，墙垣颓坏。……寺主持慧安于己未中秋立愿重修，虔心募化，爰请信士，积累经年，

仅将大佛殿修理，黝垩未施，囊空如洗，门牖未立，襄助无人。惜浩瀚工程未就，而慧安僧旋因之没矣。余今夏乃得暇，适慧安徒明忠偕董事贾炎等，奉薄禀八请盖印，诉欲再募以成始终之志。因念集金不易，落成仍恐无期，故捐己俸兴修。悉段生名凤苞者素监工程，且伊司空公曾为本寺复田，遂与之商，委以督办。于是鸠工庀材，坠者举，废者修。复见东南隅戏楼，每遇演剧时，人民杂沓，诚非文运所宜，是以改建文昌阁，兴工于蒲月初旬，告竣于仲冬朔日。……嘉庆六年（公元1801年）岁次辛酉十一月吉日。”

又见西院嘉庆七年九月《重修大佛殿施材善人碑》。

[11]《重修龙潭延庆寺关帝殿记》：“……乃左建浮屠，高插云霄。中有大雄佛殿，左、右翼长廊数十楹。东为关帝殿，旁起精舍。……僧明忠笃信人也，既重修大佛舍，又念关帝殿风雨摧残，神无以妥，募于众，为集腋成裘举。经始于嘉庆十三年（公元1808年）十月三日，阅七月告厥成功。……”

南京中央图书馆阅览、办公楼设计施工说明书*

（缺第一页）……

修理，不另取费外，并须赔偿业主因此所受之一切损失。

保人 八、承包人于签订承包合同时，应觅同业担保人及殷实商号担保人各一位，具结证明承包人能确实履行合同与图样、说明书所规定之一切事项。若承包人违反上项规定，一切责任由担保人负之。

担保人须放弃抗诉先辩权。

完工日期 九、本工程签订合同后五日内，即应装设藏书室之电灯，限一星期完成。阅书室水电工程，则须与建筑工程同时完工。逾期每日罚工程费千分之五。

材料样品 十、承包人应于开工前，提出材料样品，经建筑师之审查许可，然后开始工作。

材料保管 十一、阅书室之水电材料须于开工后一星期内，送交业主保管。凡已送进之材料，即属业主所有，不得运出。

转包 十二、承包人不得将本工程再转包他人承做。

工人 十三、凡水电工人，须经首都电厂及南京市自来水管理处考验及格，领有执照者，方为合格。

合作 十四、承包人应与建筑工程之包商互相合作，以免延误工作之进行。

挖补 十五、凡因装置水电挖凿墙、壁、平顶时，事后须负责修复原状。

电灯工程

路线 一、每一路线以不超过电力三安培或灯头八个为标准。每一路线须装保险匣二只。每三路线装十安培小闸刀一把。其中二、三层，各在楼梯附近装线头板及上项闸刀，外装木盒，嵌入墙内。第一层则于衣帽间内，装线头板与四十安培闸刀一把，亦以木盒嵌入墙内。其旁再装四十安培保险匣二个。藏书室之线头板，设于南侧入口附近，装十安培闸刀一把。以上盛线头板与闸刀之木盒，均须附弹子锁一把。

总线 二、阅书室三楼至二楼之总线，用十四号皮线一根。二楼至一楼用十八号皮线七根。总线用十六号皮线七根。

凡线路穿过墙壁、平顶处，须用圆形瓷管保护之，但穿出墙外之总线，须包一寸二分之铁管。

皮线 三、本工程之皮线根用 1/18 国货华利出品及橡皮考磅优良者。

花线 四、花线用国货凤凰牌。就中藏书室及走廊、厕所等处之吊灯花线，不得短于一公尺。办公室者不得短于二公尺半。但衣帽间以一尺为度。

槽板 五、内部电线胥装槽板。须整齐平正，不得有碍观瞻。装后刷白浆二道，俾与墙壁、平顶颜色一致。

灯头 六、灯头用国光牌或中心牌铜灯头。

电泡 七、电泡用奇异牌或华德亚耳浦出品。光度瓦特详见图样内。

灯罩 八、门厅、穿堂、借书处、阅书室等处大吊灯三十八个，用十二寸半圆式菲利浦白壳罩。阅书室与楼梯平台下，装六寸半圆形白壳罩六个，直接装于大梁或平顶下。办公室、

* [整理者注]：该工程 1947 年设计及施工。惜此说明书前段遗失，未成全璧。

藏书室、走廊、厕所之小吊灯八十个，概用铁盆白色搪瓷罩。侧门外挑梗灯四个，用四寸球形白壳罩。大门外两侧，装二尺高古铜灯二个，式样随后决定。

卜落　　九、卜落七处，装于踢脚板上。其路线与槽板沿踢脚板横走。

开关　　十、所有开关用麦支那或百霖牌胶木方柄开关。藏书室之路灯用双道开关。

电扇　　十一、第二、三层阅书室内装四十八寸华胜牌外壳吊扇八具。

接火　　十二、接火手续由承包人办理，但电表保证金及电费，由业主担负。

测验　　十三、全部工程装置完毕，用电阻表分线测验，经建筑师认为妥善，并经首都电厂准予接火，方得认为正式完工。倘测验后发现绝缘不佳，由承包人拆去重装。

卫生工程

便桶　　一、阅书室厕所便桶三处，用 Standard 低水箱全瓷抽水马桶，连同上等铜件全套。

小便斗　　二、另全瓷小便斗三具，用启新出品，连同上等铜件全套。

面盆　　三、十八寸全瓷面盆一具，用启新出品，连同上等铜件全套。其龙头须开闭紧密，无漏水之弊。

水管　　四、水管用六分径上等铅管，与院内水管衔接。大便桶、小便斗与面盆之进水管、落水管、S 弯头等，俱为克罗米铜管。并于每一进水管装闸门一处，备修理时停水之用。

污水管　　五、抽水马桶用四寸径生铁管通至化粪池，其断面须圆正，无沙眼、渣粒诸弊。转弯地点须装修理活门。管之外部，涂上等红丹一道及热臭油二道。

出气管　　六、抽水马桶之出气管，用二寸径生铁管，经屋外墙角，伸出屋面上三尺，顶部再加铁丝罩。其通过屋面处，应做防水。管之表面，涂上等红丹一道及浅灰色油漆二道。

管之接头　　七、一切水管须于转弯处装弯头。管之接头处，胥用螺丝，最少装入三分，与配件衔接。并以青铅、麻丝线抹捏，以防漏水。

广州古建筑随笔*

一、六榕寺宋砖塔

塔平面八角，外观楼阁式九层，宋元祐年间（整理者注：元祐为北宋哲宋赵煦第一年号，公元1086～1094年。亦有资料认为系建于哲宗第二年号之绍圣四年，公元1097年），衡以结构及外观，确属宋物。

此塔在平面上，于东、南、西、北四正面辟门，均可通至中央八角形小室。第一层磴道设于室内南侧，由此上通至第二层之北面。第二层磴道则改置于塔室之东南。其上各层，皆辗转变换，与河北定州宋料故塔同一原则。二者之差别为此塔体量较小，内部无廊道匝绕耳。

每层磴道之中途，复辟八角形小室一间，乃为宋塔罕见之例。

以上各内室中，皆以砌砖隐起柱枋，上列木制栌斗，及华栱、鸳鸯交手栱等。惟第六层以上，因室内高度太低，故未置斗栱。各栱之端部俱作圆形，未镌出多瓣之卷杀，故其是否 宋代原物，暂无从判断。然其上之平顶皆为新构者。

第九层内置有木塔心柱。柱外包铜皮，镌小佛像无数，似清同治重修时物。

此塔之外观，于每层塔檐下施木制斗栱二跳，结构形式与内室相同。其上砌有砖叠涩与菱角牙子各二、三层，再上则列木制檐椽。除第一层出檐较大外（用外檐柱），第二层以上之出檐均嫌稍短。

檐上建围绕塔身之木廊，其栏杆为铁制，但无平座斗栱等。

塔顶作三叠式，亦嫌稍低。顶上之塔刹具相轮十一层。

所有外檐走廊、塔顶、塔刹等，均经清同治间重修。铁栏杆则为民国时物。

塔身外部，除四正面辟门，其他之 四隅面仅隐起柱、枋，无直棂窗。

塔南之小轩内，藏明、清重修石碑数通。

寺内方丈院之门屋，施插栱三层而无栌斗，第一、二跳偷心，第三跳计心，此类插栱与其上之令栱，皆仅施散斗二具，极似四川汉阙雕刻，甚为奇特。

二、汉民公园石坊

公园为纪念国民革命元老胡汉民氏而建者。园中有石坊有二，胥三间三楼。其一为冯姓物，檐下施如意斗栱，似明末建。另一系纪念明代名宦海瑞，坊檐之下刻有斜栱。虽明代亦有此种结构法，然依其形制，当为清物。

三、怀圣寺

在仙邻巷，为广州现存最早与最著名的清真寺古建筑。其大殿早经改造，面目全非。旧物仅存寺前之圆形平面光塔一座。塔内设梯级二组，相互重叠，向上旋转，仅依数座小窗采光。俗传此塔用螺壳与石灰建造，自不可信。其塔体纯为砖构，表面之粉饰，以年久已一概脱落。该塔之建造年代，未有确切之记录，然以五代、北宋较为可信。

* ［整理者注］：此随笔记于1948年秋。因其时事务甚多，故未能对该地古建筑作详细考察，是以文记较为简略。

南京附近六朝陵墓调查笔记

(1949 年 12 月～ 1950 年 7 月)

一、梁吴平县侯萧景墓

1. 墓表

应掘出地平线以下被掩埋部分。

石表全部涂以药水。

顶部石盘已破 (直径 1.6m, 破裂状态有横、直二种)。其上之石辟邪二前足已断，后左腿亦断，须加铁箍固定及嵌补。

加建小亭以蔽风雨。

2. 东侧石兽 (长 3.6m, 宽 1.6m)

腰部中断，须嵌补。

头部有斜向裂纹，须加铁箍 (长 4.5m)。

全部涂以药水。

其基础须掘出 (3m × 4.5m)。

建围栏 (3.5m × 5m)。

3. 西侧石兽

须掘出，扶正。

二、梁始兴郡王萧憺墓

1. 碑

碑身稍向后斜，有横、斜裂纹二、三处。

四隅加 angle 四根，高 3.5m, 再加横向铁箍 (周长 3.6m)

恢复前建之亭。

2. 石兽 (3.9m × 1.7m)

兽腰及左前足断，头部后脑已不存，颚下有横裂纹，尾断。

无法加铁箍。

暂无法开掘，因恐腰部中断处向下陷落。

三、萧恢墓

1. 西石兽 (3.3m × 1.8m)

后左腿有直裂纹，须加横向铁箍 (长约 5.5m)。

2. 东石兽

右半身自头至尾劈裂为二。须加铁箍三道，即口部 (长 3.54m)、颈部 (长 4.88m)、腰部 (长 3.6m)。

因表面裂缝太多，须全部涂药水。

后腿部须加横箍 (长 6m)。

四、梁安成郡王萧秀墓

1. 西碑：碑座尺寸：1.72m×3.33m，碑身尺寸：0.30m×1.43m。
碑身已向后倾，并有无数裂缝及剥落处。
须全部涂药水保护。
碑身四角加角铁，高3.5m，再加横铁箍2至3道。
四角各立一木柱（断面2×3），联系以横向木梁，再自木柱出45°斜撑以支撑碑身（2～3道）。

2. 西墓表

座已裂为二，须用铁箍一道。
柱身有无数裂缝，应涂药水。又加垂直铁板四块（高3m）及横箍三道（各长2.4m）。

3. 西龟趺

尚完整，不必修理。

4. 西石兽

不必修理。

5. 东石兽

不必修理。

6. 东龟趺

头已脱落，须补上，其下承以砖墩。

7. 东墓表

座不必修理。

8. 东碑

有无数斜裂缝及剥落处。修理方法同西碑，但无需建木架，因碑身未倾斜。

五、张家库六朝无名墓

1. 西南石兽

南侧半身劈裂，已倾倒为六七块。
颈部有横裂纹。
无法加铁箍，只能扶正，垫砌以砖墩，使其不再倒下与散失。

2. 东北石兽

较完整，不必修理。

3. 碑座

须加以发掘，方可了解其确实情况。

六、萧家边梁新渝县侯萧暎墓

墓表
上部盖板已不存在，柱身小裂缝太多，须涂药水。

七、狮子冲陈文帝陈倩永宁陵

1. 东石兽

头已倒毁，须扶正整修，再撑以砖墩。

2. 西石兽

头、腰部虽有裂纹，但未贯通，故可用嵌缝及涂药水保护，无需铁箍。

八、麒麟铺宋武帝刘裕初宁陵

1. 西麒麟（1.3m × 3.2m）

头已堕落并破裂，仅存一半（原有榫），可加铁箍。

左足有断纹，但未脱落。

右前胸，左、右后腿均有裂缝，但未贯通。

腿部以下尚埋于土中，须发掘方知其情况如何。

附近居民墙内，嵌有铭文“正右”二字之陶砖（厚 9.5cm，宽 18.5cm，长度不明），似为刘宋物，可取下研究。陶砖有字者，尚有“正中”、“正左”、“正前”、“正后”、“正中下”等。

2. 东麒麟

四足均断，已倒入水塘中，须扶起整修。

其座亦不知去处，待寻觅。

九、张家铺梁临川郡王萧宏墓（方位北向，微偏西）

1. 西墓表

表座分上、下二部，由一石凿成。下部为方形，尚埋于土中，尺寸不明。上部高 0.55m，方 1.9m × 1.9m，刻二盘　纹，大体完整。

表身高约 5.1m，平面近圆形，四面微方，约 1.1m × 1.1m。表身刻垂直之凹槽 28 道。再上束以水平状之龙纹平瓣纹。次二鬼类。次方板，上镌文字（墓主官衔及姓名）。再上复刻二鬼。以上情况均就正面而言。其他三面刻束竹纹二层，其间隔水平形瓣纹一道。

方板侧面刻凤，周围为卷草。

盖板已遗失。

表身微向北倾斜，表面有若干小洞及小裂缝，无大损坏。

2. 西碑

广 1.60m，长 3.66m，较完整。

碑身 0.36m × 1.57m，高 4.30m。碑首刻蟠龙，中央有穿，周围浮刻龙纹。碑侧分为八格，刻凤纹、鬼类等，仅南侧较完整。穿之上、左、下三方有斜向裂纹三道。

3. 东墓表

座原由二石构成，东侧者已崩倾斜。

表身已倒，并断为三截。

盖板亦随柱倒而埋入土中，但其上之小辟邪尚有一部露于土外。

4. 东碑

仅存碑座，但其臀部有大裂缝。

5. 东辟邪

距墓表西北约 100m 处，有石辟邪（长 3.25m，高 3.10m）倒入沟中，座厚 0.22m。

除其臀部有一小块破碎外，其余完整。

十、石狮沟梁南康简王萧绩墓（南向，南对方山）

1. 东辟邪

基座非由一石构成（总宽 2.25m，总长 4.44m，总厚度不详）。

辟邪自身连座由一石刻成（座宽 1.60m，长 3.58m，厚 0.40m）总高 3.75m（腰高 2.40m）。

头、腰与前、后腿均有尚未贯通之裂纹多处。

此兽比例尺度异常雄大，且全身露出，足窥全豹。惜略向南倾斜。宜速禁止于此处作水田种稻，并留出一部干土。

2. 东墓表

基座由四块石料构成（1.75m × 1.75m）。

柱座为一石凿成，下部尺度为 1.60m × 1.60m，高 0.45m，表面雕刻已　，上部为 圆形，刻二虾蟆。

柱身高 4.20m，表面刻垂直凹槽 24 道，惟雕刻较粗。

柱身径 0.88m，四角略方。

平板已有裂缝。

盖板有大裂缝，自南侧贯通至西北。

板上部小辟邪之头与前足俱破裂，臀部亦有裂纹。

3. 西辟邪

其头、颈、腰、腿等处，均有未贯通之横、直裂纹。

左后腿崩落一块。

全身向南倾斜，但较东辟邪为好。

4. 西墓表

形制、尺度同东墓表，但柱身向南倾斜颇甚，又微向东偏。

盖板已裂为南、北二大块，顶部小辟邪绝大部已不存。

十一、上方镇陈武帝陈霸先万安陵

1. 西麒麟

体形颇小，仅长 2.75m，宽 0.9m，无角而有须，形制甚特别。

自颈至前胸有贯通之斜裂纹，又頷下亦有斜缝，二者作 90°之相交。

前胸一部已破碎，有裂缝三处通至胸下。

左翼有裂缝，左肋、左腹亦然。

右臀有直裂缝，向前至腰，向下及腿。

全身微向北倾。

2. 东麒麟

大体完整，无裂缝，仅上唇右侧上缺落一部，头部另有风化之小洞数处。

其颈部长度较西麒麟略短，全体形制亦较美观。

十二、侯村无名六朝墓（南向）

1. 东墓表

上已无盖板，柱身平面近于矩形而四角微圆，下半部已埋入泥中。

柱身与平板俱风化甚烈，又有若干小裂缝。

2. 东、西辟邪

均陷入田中，仅露出头部。盖因其东、西、北三面之泥土冲积所成，非本身之下陷。

体积亦小，长 1.42m，宽 0.42m，因长期风化，轮廓已极模糊。

十三、宋墅村无名六朝墓

墓表东向。

表身矩形（0.52m × 0.68m），露出地面约高 3.08m，柱身有贯通南北裂缝，长约 1.5m，并有其他大小裂缝，宜加铁箍。平板下部二角已毁，下部之西北角亦剥落一部。

柱身微向西倾斜，表面雕刻纹样多已剥落，陷于泥中部分情况不明。

盖盘东侧略损，亦微向西倾斜（随柱身），顶上小辟邪已不存。

十四、刘家边萧承之永安陵（东向）

[整理者注]：萧承之为齐高帝萧道成之父，后将其墓改陵。

1. 南辟邪

长 2.5m，宽 1.00m。足部已陷入田泥中。

头部后脑已毁，胸、臀各有直裂缝三处，颈曲部有横裂纹二处。

此石兽之颈短而粗，背与臀过于水平，制作水平不甚佳。

2. 北辟邪

背部有积土，宜清除。

上唇有直裂缝，右口角有横裂缝。后脑右角毁，脑后部亦有斜裂纹，宜以缺箍加固。

腹下左侧有未贯通裂缝。

3. 南、北墓表

位于土坡上，距辟邪约 150m，露出地面者仅高 1.5m，顶盘已佚。

柱身之平面，南墓表者作 0.46m × 0.36m 之矩形，北墓表者为方形。

雕刻已漶漫，但裂缝不多，可用涂硃晶保护，暂不用铁箍。

但二者埋入土中部分之情况不明，尚有待日后发掘。

修理栖霞山附近六朝陵墓及栖霞寺古迹预算表*

甲、说明

1. 材料价格：

本预算表所列各项材料价格，以南京市城内价格为标准。将来开工后，其中之碎砖、沙泥、黄沙、石灰、石子等，如能就地购买，当较城内稍廉，但阴坯标准砖长25cm、宽12.5cm、厚6cm与水泥、钢筋、木料及其他材料、工具，非由城内运去不可者，须另加运费若干。

2. 材料运输：

拟修理之陵墓古迹散布各处，将来应以甘家巷为中心设立工作站，以便逐项进行。惟该地距栖霞山车站数里，材料运输所费不赀，似不如自城内用卡车直接运至工程地较为方便。为估算运费起见，所有材料、数量另表附后，以供参考。

3. 工资：

工人工资因手艺高低不同，出入颇大。如泥、木、铁工每日工资，自中熟米五升到八升不等。本预算暂以大工每日七升，小工每日四升为标准。将来一部分小工，就地雇用，或可稍廉。但为工作精良起见，一部分大工非由城内雇用不可，其工资恐不能较七升更低。

4. 工数：

估算工数之标准，虽大体依照普通方式，但因本工程情形特殊，不得不将尺度略为放宽。其原因有二：（一）工程地距甘家巷近者一里，远者四五里，工人每日携带材料、工具往返二次，浪费时间不少。（二）各处铁箍、电焊、油漆等工程，数量不多，而工作进行须按部就班，不能急就。因此，每一顺序之间，费于等候之时间，可能反较工作时间为多。

5. 米价：

本预算表所开中熟米价格，系以今年三月底南京市中熟米零售市价，每斗二万三千二百元为折算标准。

6. 未估计事项：下列各项，未列入本预算之内：

(1) 萧景墓四辟邪之发掘修理。

(2) 萧憺墓碑亭基础，是否需要木桩，依实际情形再行决定。

(3) 狮子冲六朝陵东麒麟之铁箍。

(4) 张家库六朝墓碑座之发掘与修理。

(5) 材料运输费。

(6) 一部分工人之交通费。

(7) 工作站人员薪俸、伙食及交通费。

乙、总预算表

项　目	工程费（元）	折合中熟米（担）
1. 萧景墓墓表及东辟邪	1,092,1602元	4.708担
2. 萧憺墓辟邪及碑	11,627,840元	50.120担
3. 萧憺墓碑亭	38,332,600元	165.227担
4. 萧恢墓辟邪	2,258,730元	9.736担
5. 萧秀墓辟邪，墓表及碑	23,825,820元	102.698担

* [整理者注]：由此预算表中，得知当时估算工料仍使用旧人民币，且以米价作为折算标准，故推测其成文当在1950年之夏季。

续表

项　目	工程费（元）	折合中熟米（担）
6. 狮子冲六朝陵麒麟	809,600 元	3.490 担
7. 张家库六朝墓辟邪	980,320 元	4.225 担
8. 萧暎墓墓表	133,600 元	0.536 担
9. 栖霞寺古迹	1,630,000 元	7.025 担
10. 工具	1,230,800 元	5.304 担
总　计	81,921,470 元	353.109 担

附注 1. 中熟米每担价格，等于 232,000 元人民币。

2. 预算如不够，萧憺墓碑亭可缓修。

丙、分项预算表

1. 萧景墓墓表及东辟邪

项　目	摘　要	数　量	单　价	总价（元）
墓表：顶盘铁箍	$1\frac{1}{2}'' \times \frac{3}{8}'' \times 16.8'$ 熟铁条，连加工料、电焊一切在内	0.34 担	470,000 元 / 担	159,800
油漆	刷红丹二道，油漆二道，包括工料在内	0.052 方	80,000 元 / 方	4,160
肥皂	用固本肥皂	1.5 条	4,200 元 / 条	6,300
漂白粉		1/4 磅	12,000 元 / 磅	3,000
砩晶	刷二道	1 磅	200,000 元 / 磅	200,000
大板刷	宜选择棕毛较长者	3 个	3,000 元 / 个	9,000
小板刷		2 个	1,200 元 / 个	2,400
排笔		2 个	3,500 元 / 个	7,000
嵌补水泥	嵌补大、小裂缝	1/2 袋	52,000 元 / 袋	26,000
人工	挑水、洗涤工 8 人，嵌补、刷药水工 2 人	10 小工	9,300 元 / 工	93,000
东辟邪：头部铁箍	$1\frac{1}{2}'' \times 3/8'' \times 14.75'$	0.28 担	470,000 元 / 担	131,600
油漆	工、料在内	0.045 方	80,000 元 / 方	3,600
肥皂		1 条	4,200 元 / 条	4,200
漂白粉		1/4 磅	12,000 元 / 磅	3,000
砩晶		1 磅	200,000 元 / 磅	200,000
大板刷		2 个	3,000 元 / 个	6,000
小板刷		1 个	1,200 元 / 个	1,200
排笔		2 个	3,500 元 / 个	7,000
嵌补水泥	嵌补裂缝	2 袋	52,000 元 / 袋	104,000
人工	清理基座 2 人，挑水、洗涤 8 人，嵌补 2 人，刷药水 1 人	13 小工	9,300 元 / 工	120,900
总计				1,092,160 元

2. 萧景墓辟邪及碑

项 目	摘 要	数 量	单 价	总 价(元)
辟邪：砖墩	辟邪腹下及左前足，砌砖墩，用 6cm 厚阴坯红砖	300 块	372.8 元 / 担	111,840
水泥	砌砖墩，并粉外部	2 袋	52,000 元 / 袋	104,000
黄沙	同上	0.03 方	150,000 元 / 方	4,500
泥水工	同上	2 大工	16,300 元 / 工	32,600
肥皂		1 条	4,200 元 / 条	4,200
漂白粉		1/4 磅	12,000 元 / 磅	3,000
硼晶		1 磅	200,000 元 / 磅	200,000
大板刷		2 个	3,000 元 / 个	6,000
小板刷		1 个	1,200 元 / 个	1,200
排笔		2 个	3,500 元 / 个	7,000
嵌补水泥	嵌补裂缝	2 袋	52,000 元 / 袋	104,000
人工	挑水、洗涤 8 人，补嵌及刷药水 2 人	10 小工	9,300 元 / 工	93,000
碑：碑框水泥	碑框及基础，用钢筋水泥 2.5 方，每方用水泥 19 袋	47.5 袋	52,000 元 / 袋	2,470,000
黄沙	用于碑框及基础	1.25 方	150,000 元 / 方	187,500
石子	同上	2.5 方	250,000 元 / 方	625,000
钢筋	同上	10 担	320,000 元 / 担	3,200,000
铁丝	同上	38 斤	8,000 元 / 斤	304,000
壳子板	同上	625 尺	2,500 元 / 尺	1,562,500
洋钉	12cm 长洋钉，用于壳子板	2 斤	3,800 元 / 斤	7,600
木工、扎铁工	壳子板木工 12.5 人，扎钢条铁工 10 人	22.5 大工	16,300 工	366,750

续表

项　目	摘　要	数　量	单　价	总　价(元)
小工	拌水泥	10 小工	9,300 元 / 工	93,000
碎砖	用于碑框基础下之灰浆三合土	1.35 方	500,000 元 / 方	675,000
石灰	同上	4 担	35,000 元 / 担	140,000
沙泥	同上	0.135 方	80,000 元 / 方	10,800
人工	拌灰浆三合土	6 小工	9,300 元 / 工	55,800
水泥	碑框外部，粉斩假石一层	11.5 袋	52,000 元 / 袋	598,000
黄沙	同上	0.23 方	150,000 元 / 方	3,450
人工	碑框斩假石	10 大工	16,300 元 / 工	163,000
油毛毡	碑框与碑之间，垫美国货二号油毛毡一层	1/3 卷	330,000 元 / 卷	110,000
肥皂		2 条	4,200 元 / 条	8,400
漂白粉		1/4 磅	12,000 元 / 磅	3,000
砩晶		1 磅	200,000 元 / 磅	200,000
大板刷		3 个	3,000 元 / 个	9,000
小板刷		2 个	1,200 元 / 个	2,400
排笔		2 个	3,500 元 / 个	7,000
嵌补水泥	嵌补裂缝	1 袋	52,000 元 / 袋	52,000
人工	挑水、洗涤 8 人，嵌补及刷药水 3 人	11 小工	9,300 元 / 工	102,300
总计				11,627,840 元

3. 萧愉墓碑亭

项　目	摘　要	数　量	单　价	总　价(元)
基础：碎砖	碑亭基础，用灰浆三合土 5.04 方	5.04 方	500,000 元 / 方	2,520,000
石灰	用于灰浆三合土	15 担	35,000 元 / 担	525,000
沙泥	同上	0.5 方	80,000 元 / 方	40,000
人工	拌灰浆三合土	25 小工	9,300 元 / 工	232,500
砖墙：6cm 厚阴坯红砖	砖墙厚 37cm，共计 13 方，每方 1860 块	25000 块	3,728,000 元 / 万块	9,320,000
石灰	用于砌砖墙	17 担	35,000 元 / 担	595,000
黄沙	同上	1.3 方	150,000 元 / 方	195,000
泥水工	同上	117 大工	16,300 元 / 工	1,907,100
R.C. 用水泥	碑亭过梁、屋顶等，共用钢筋水泥 4.25 方，每方 19 袋	81 袋	52,000 元 / 袋	4,212,000
黄沙	用于钢筋水泥	2.125 方	150,000 元 / 方	318,750
石子	同上	4.25 方	250,000 元 / 方	1,062,500
钢筋	同上	17 担	320,000 元 / 担	5,440,000
铁丝	同上	64 斤	8,000 元 / 斤	512,000
壳子板	同上	1000 尺	2,500 元 / 尺	2,500,000
洋钉	用于壳子板	3 斤	3,800 元 / 斤	11,400
木工，扎铁工	木工 21 人，扎铁工 17 人	38 大工	16,300 元 / 工	619,400
小工	拌水泥	17 小工	9,300 元 / 工	158,100
地坪：碎砖	地坪及踏步、明沟等灰浆三合土 1.36 方	1.36 方	500,000 元 / 方	680,000
石灰	同上	4 担	35,000 元 / 方	140,000
沙泥	同上	0.41 方	80,000 元 / 方	32,800
人工	拌灰浆三合土	6.5 小工	9,300 元 / 工	60,450
水泥	地坪、踏步、明沟用 1 ∶ 3 ∶ 6 水泥 0.68 方，每方 14 袋	9.5 袋	52,000 元 / 袋	494,000
黄沙	同上	0.34 方	150,000 元 / 方	51,000
石子	同上	0.68 方	250,000 元 / 方	170,000
泥水工	同上	2 大工	16,300 元 / 工	32,600
小工	同上	3 小工	9,300 元 / 工	27,900
粉刷：石灰	内、外墙面及平顶，粉黄沙石灰	22.4 担	35,000 元 / 担	784,000
黄沙	同上	2.24 方	150,000 元 / 方	336,000
泥水工	同上	44 大工	16,300 元 / 工	717,200
斩假石：水泥	勒脚、门窗框台及出檐屋顶等用斩假石	47.5 袋	52,000 元 / 袋	2,470,000
黄沙	同上	0.95 方	150,000 元 / 方	142,500
人工	同上	43 大工	16,300 元 / 工	700,900
栅门：铁料	5′ ×9′ 双扇铁栅门，连熟铁人工在内	2.5 担	450,000 元 / 担	1,125,000
油漆	同上	2.5 方	40,000 元 / 方	100,000
锁		1 把	100,000 元 / 把	100,000
总计				38,332,600 元

4. 萧憺墓辟邪

项　目	摘　要	数　量	单　价	总价（元）
西辟邪：后腿铁箍	$1\frac{1}{2}''$×3/8″×17.7′熟铁条，连人工、电焊等在内	0.33 担	470,000 元／担	155,100
油漆	同上，工、料一切在内	0.053 方	80,000 元／方	4,240
肥皂		1 条	4,200 元／条	4,200
漂白粉		1/4 磅	12,000 元／磅	3,000
砩晶		1 磅	200,000 元／磅	200,000
大板刷		2 个	3,000 元／个	6,000
小板刷		1 个	1,200 元／个	1,200
排笔		2 个	3,500 元／个	7,000
嵌补洋灰		1/2 袋	52,000 元／袋	26,000
人工	挑水、洗涤工 8 人，嵌补工 1 人，刷药水工 1 人	10 小工	9,300 元／工	93,000
东辟邪：铁箍	头、颈、腰三处铁箍用$1\frac{1}{2}''\times\frac{3}{8}''\times 35'$熟铁条，人工、电焊在内	0.75 担	470,000 元／担	352,500
铁箍	后腿铁箍用$2''\times\frac{1}{2}\times 19.5'$熟铁条，人工、电焊在内	0.66 担	470,000 元／担	310,200
油漆	铁箍油漆，工料在内	0.2 方	80,000 元／方	16,000
砖	大、小砖墩三个，用厚 6cm 阴坯红砖	800 块	372.8 元／块	298,240
水泥	砌砖墩并粉刷	5 袋	52,000 元／袋	260,000
黄沙	同上	0.08 方	150,000 元／方	12,000
泥水工	同上	4.5 大工	16,300 元／工	73,350
肥皂		1 条	4,200 元／工	4,200
漂白粉		1/4 磅	12,000 元／磅	13,000
砩晶		1 磅	200,000 元／磅	200,000
大板刷		2 个	3,000 元／个	6,000
小板刷		1 个	1,200 元／个	1,200
排笔		2 个	3,500 元／个	7,000
嵌补水泥		2 袋	52,000 元／袋	104,000
人工	挑水、洗涤工 8 人，嵌补工 2 人，刷药水工 1 人	11 小工	9,300 元／工	102,300
总计				224,970 元

5. 萧秀墓辟邪、墓表、碑

项　目	摘　要	数　量	单　价	总价(元)
东辟邪：肥皂		1条	4,200元/条	4,200
漂白粉		1/4磅	12,000元/磅	3,000
硼晶		1磅	200,000元/磅	200,000
大板刷		2个	3,000元/个	6,000
小板刷		1个	1,200元/个	1,200
排笔		2个	3,500元/个	7,000
人工	挑水、洗涤工8人，刷药水工1人	9小工	9,300元/工	83,700
西辟邪	修理方式与东辟邪相同，预算仅列总价，余从略			307,100
东赑：砖	头下砌砖墩，用厚6cm阴坯红砖	150块	72.8元/块	55,920
水泥	砌砖墩，并粉刷	1袋	52,000元/袋	52,000
黄沙	同上	0.01方	150,000元/方	1,500
泥水工	同上	1大工	16,300元/工	16,300
肥皂		1/2条	4,200元/条	2,100
漂白粉		1/8磅	12,000元/磅	1,500
硼晶		1/4磅	200,000元/磅	50,000
大板刷		1个	3,000元/个	3,000
排笔		1个	3,500元/个	3,500
人工	排水、洗涤工3人，刷药水工1人	4小工	9,300元/工	37,200
西赑：肥皂		1/2条	4,200元/条	2,100
漂白粉		1/8磅	12,000元/磅	1,500
硼晶		1/4磅	200,000元/磅	50,000
大板刷		1个	3,000元/个	3,000
排笔		1个	3,500元/个	3,500
人工	挑水、洗涤工3人，刷药水工1人	4小工	9,300元/工	37,200
东墓表座：肥皂		1/3条	4,200元/和	1,400
漂白粉		1/10磅	12,000元/磅	1,200
硼晶		1/5磅	200,000元/磅	40,000
大板刷		1个	3,000元/个	3,000
小板刷		1个	1,200元/个	1,200
排笔		1个	3,500元/个	3,500
嵌补水泥		1/3袋	52,000元/袋	17,660
人工	挑水、洗涤工2人，补嵌及刷药水工2人	4小工	9,300元/工	37,200

续表

项　目	摘　要	数　量	单　价	总价（元）
西墓表：铁箍	基座一道，柱身三道，用$1\frac{1}{2}'' \times \frac{3}{8}''$熟铁条连工、料、电焊	1.23担	470,000元／担	578,100
油漆	同上	0.193方	80,000元／方	15,440
肥皂		1/2条	4,200元／条	2,100
漂白粉		1/5磅	12,000元／磅	2,400
硑晶		1/2磅	200,000元／磅	100,000
大板刷		2个	3,000元／个	6,000
小板刷		2个	1,200元／个	2,400
排笔		2个	3,500元／个	7,000
嵌补水泥		1.5袋	52,000元／袋	78,000
人工	挑水、洗涤工6人，嵌补工2人，刷药水工1人	9小工	9,300元／工	83,700
东碑	碑框及其他修理方法，与萧憺碑同，工料亦相等，仅列总价，以省篇幅			10,956,500
西碑	同上			10,956,500
总 计				23,825,820

6. 狮子冲六朝陵麒麟

项　目	摘　要	数　量	单　价	总价（元）
东麒麟：肥皂		1.5条	4,200元／条	6,300
漂白粉		1/4磅	12,000元／磅	3,000
硑晶		1磅	200,000元／磅	200,000
大板刷		2个	3,000元／个	6,000
小板刷		2个	1,200元／个	2,400
排笔		2个	3,500元／个	7,000
嵌补水泥		2袋	52,000元／袋	104,000
人工	抬掘4人，挑水、洗涤8人，嵌补2人，刷药水1人	15小工	9,300元／工	139,500
西麒麟：肥皂		1条	4,200元／条	4,200
漂白粉		1/4磅	12,000元／磅	3,000
硑晶		1磅	200,000元／磅	200,000
大板刷		2个	3,000元／个	6,000
小板刷		2个	1,200元／个	2,400
排笔		2个	3,500元／个	7,000
嵌补水泥		1/2袋	52,000元／袋	26,000
人工	挑水、洗涤8人，嵌补1人，刷药水1人	10小工	9,300元／工	93,000
总计				809,800元

7. 张家库六朝墓辟邪

项 目	摘 要	数 量	单 价	总 价(元)
西南辟邪：砖	后腿砌砖墩一处，用厚6cm阴坯红砖	400块	372.8元／块	149,120
水泥	同上，并嵌补裂缝	3袋	52,000元／袋	156,000
黄沙	同上	0.03方	150,000元／方	4,500
泥水工	同上	2大工	16,300元／工	32,600
肥皂		1条	4,200元／条	4,200
漂白粉		1/4磅	12,000元／磅	3,000
硑晶		1磅	200,000元／磅	200,000
大板刷		2个	3,000元／个	6,000
小板刷		1个	1,200元／个	1,200
排笔		2个	3,500元／个	7,000
人工	抬掘工2人，挑水、洗涤工8人，嵌补工人1人，刷药水工1人	12小工	9,300元／工	111,600
东北辟邪：肥皂		1条	4,200元／条	4,200
漂白粉		1/4磅	12,000元／磅	3,000
硑晶		1磅	200,000元／磅	200,000
大板刷		2个	3,000元／个	6,000
小板刷		1个	1,200元／个	1,200
排笔		2个	3,500元／个	7,000
人工	挑水、洗涤工8人，刷药水工1人	9小工	9,300元／工	83,700
总计				980,320元

8. 萧暎墓墓表

项 目	摘 要	数 量	单 价	总 价(元)
肥皂		1/2条	4,200元／条	2,100
漂白粉		1/6磅	12,000元／磅	2,000
硑晶		1/5磅	200,000元／磅	40,000
大板刷		1个	3,000元／个	3,000
小板刷		1个	1,200元／个	1,200
排笔		1个	3,500元／个	3,500
嵌补水泥		1/2袋	52,000元／袋	26,000
人工	挑水、洗涤工4人，嵌补及刷药水工2人	6小工	9,300元／工	55,800
总计				133,600元

9. 栖霞寺古迹

项　目	摘　要	总　价(元)
碑亭木栅栏及门	碑亭正门木栅栏及双扇栅门，包括木料、油漆、人工、门锁等一切在内	380,000
舍利塔铁门、铁栏杆	双扇铁栅门、门锁及安装脱落栏杆，包括铁料、油漆、人工在内	1,250,000
统计		1,630,000 元

10. 工具

项目	摘要	数量	单价	总价(元)
大圆木桶	径 0.8m，高 1m	4 只	160,000 元 / 只	640,000
水桶		2 对	3,000 元 / 对	60,000
扁担		2 条	1,000 元 / 条	2,000
棕索		4 副	800 元 / 副	3,200
大双料白铁桶		2 只	17,000 元 / 只	34,000
小双料白铁桶		2 只	5,800 元 / 只	11,600
竹梯		1 架	40,000 元 / 架	40,000
木架梯(高凳)		2 架	125,000 元 / 架	250,000
洋铁水勺		2 个	4,000 元 / 个	8,000
铁钩片		6 片	2,000 元 / 片	12,000
铁铲		2 把	35,000 元 / 把	70,000
洋钩(老鸦钩)		2 个	45,000 元 / 个	90,000
竹箕		10 只	1,000 元 / 只	10,000
统计				1,230,800 元

丁、材料人工数量表

种类	数量	种类	数量	种类	数量
碎砖	10.5 方	肥皂	21.33 条	扁担	2 条
沙泥	1.5 方	漂白粉	4.2 磅	棕索	4 付
25cm × 12.5cm × 6cm 阴坯砖	26650 块	磞晶	15.3 磅	大双料白铁桶	2 只
石灰	70.4 担	大板刷	38 个	小双料白铁桶	2 只
黄沙	11.55 方	小板刷	27 个	竹梯	1 架
石子	12.43 方	排笔	34 个	木架梯	2 架
水泥	337.83 袋	油漆	6.9 方	洋铁水勺	2 个
钢条	47 担	杉木栅栏	1.2 方	铁钩片	6 片
铁丝	178 斤	锁	2 把	铁铲	2 把
壳子板	2875 尺	大工	245.5 工	洋钩	2 个
12cm 洋钉	9 斤	小工	350 工	竹箕	10 只
熟铁	8.5 担	大圆木桶	4 只		
二号油毛毡	1 卷	水桶	2 对		

粮食仓库设计大要*

一、概 说

甲、粮食仓库设计应注意事项

1. 坚固
2. 防火
3. 防热
4. 防湿
5. 防鼠
6. 防虫
7. 防雀

（4、5 两项）如措施不当，可使粮食发酵、变质、发芽，以至于腐坏、霉烂……。因此应充分考虑气候（春、夏、秋、冬）的影响。

一般来说，每年损失储藏量的5%，是很普通的事。

乙、粮食仓库的结构与设备

1. 结构：

①防火建筑：结构全部用钢筋混凝土（包括地面与屋顶），或部分采用砖墙、石墙。

②部分防火建筑：墙体用砖、石，地面及屋顶之一部用木材。

③非防火建筑：全部用木材，如墙体用井干(log-cobin)式结构，或四三寸以上的厚板（鱼鳞板），地板下面架空……但只能用于木料丰富的地区。

2. 设备：

①通风：用自动通风设备（即 air condition），但设备及维持费太高。

②消防：应有防火灾之消防管网及水栓，以及各种附加之设备。

丙、当前的处理方式

采用部分防火建筑和普通的防热、隔湿方法（即不用 air conditioning）。

二、总平面规划设计

甲、选择地点

1. 交通：运输粮食与贮存同样重要，应考虑其经由水运、铁道还是公路，务必使其往来最为便捷。如为集体农庄设计仓库，则不应与管理之办公室相距太远。

2. 地势：不可位于地势太低处，否则排水困难，对防湿亦不利（潮湿又易滋生白蚁等害虫）。

乙、仓库的面积与排列形式

1. 面积：从建设经费出发，面积大者优于面积小者。但从通风、防火以及防空袭……等角度，面积又不宜过大。

2. 排列：一般是有规律地平行排列，但可参差布置。各仓库间距离又与自然通风及日照有关。

3. 层数：在当前条件下，以一层之平房最为合适。

三、防热处理

1. 阳光照射：太阳辐射是自然热量的主要来源，在我国以夏季之7月～8月正午到下午3时为最高，

---

*［整理者注］：此文为刘先生在解放初期为解放军某工程兵学校学员讲课的教材之一。约成于1950～1951年间。

其具体温度又因地区纬度与周围自然条件的不同而异。

2. 建筑本身：为此仓库的平面以圆形为最好，但从建造及使用来看，一般仍采取长方形。

①仓库所在的位置，应以平面短的一面朝向太阳辐射最强烈的方向，但由于地形、交通等原因往往未能做到。

②为减少日照影响，或在仓库西、南二面加廊，或延长出檐，或在附近栽种树木。

③屋顶形式以双坡之硬山、悬山为宜，四坡式及平顶则否。

④在屋顶的构造上，应于瓦下加铺油毛毡。在山墙之山尖部开通风窗，或在屋面置老虎窗。室内再吊以平顶。

⑤库房面积以 200 ~ 300m^2 为佳，有利隔热及通风。多间库房以一字形排列为好，不宜用中央走道二侧置库房的方式，因不利通风。

⑥库房砖墙至少厚 25cm，因长度较大，故隔一定距离应置砖墩。如库房高大，则墙厚须在 38cm 以上。

使用砖材以青砖较红砖为好。若用清水墙，则砖吸水率不得多于原重之 10%。若外加粉刷，其颜色宜淡，可增加阳光之反射。若用钢筋混凝土结构墙体，内部可填空心砖。

四、防湿处理

1. 基础墙

在位于地平线上 30cm 处铺油毛毡一层。

2. 仓库地面

室内木地板距地平线之高度不应小于 90cm，其下之支承则用砖墩胜于地垅墙（均需铺油毛毡）。

若使用满堂铺之三合土地面，则表面应粉水泥 2cm。

室内地面以上应开通风洞，并须与上部通风洞相对应。

3. 门窗

门的高、宽与粮食运输及通风均有关系。门上须建雨搭。

窗的高、宽与位置、数量与仓库的采光、通风有关，也与库内粮食堆积高度（一般高 2.5m）有关，窗上也要建雨搭。

通风洞的位置、大小、数量等亦有规定。其内侧应有可开闭之小门，以防雨雪侵入。

4. 墙

为防湿及通风，堆积之粮食不可靠墙。亦可避免墙身增受额外之横向推力。

5. 吊顶

室内吊顶宜作成两侧低、中央高式样。

6. 通风管：200m^2 之仓库，用直径 25cm 之通风管一处（内装电扇），位置宜在山墙近正脊处。

7. 排水沟：排水之阳沟（或阴沟）均应沿仓库四周设置，其广、深视当地最大雨量及沟道长短等而定。

五、防　火

1. 消防设施：应依防火规定设置，包括消防水泵、消防水栓、消防通道及配备必要之消防器材及人员。

2. 照明可将电线装在仓库之外，使用时再将临时接上之灯具携入仓内。若仓库内安置电线，应采用质量优良之明线，并须经常检查其安全性。

3. 雷击亦为形成火灾之原因之一，因此仓库也应考虑这一因素。如设置避雷针等。

六、防　鼠

1. 仓库之窗户及通风洞内侧应装有铁丝网（网格不大于 1cm)。
2. 门限可用临时可拆卸之障鼠板。

七、防白蚁

1. 白蚁对建筑及粮食具有双重之危害性。
2. 选用木材，以樟、杉、柏木为佳，松木最不利。
3. 注意木构件本身的防湿，尤其不应直接搁置在泥土中或其表面（至少其下有水泥或砖、石垫隔）。
4. 对木材的保护：特别是对木地板的底面、梁、柱、窗等之非外露部分（外露部分涂油漆）。
①使用木油 (clossate) 先将木材干燥，浸入加热之木油中，以后再涂以蜡。
②使用柏油 (coal-tar) 先将木材干燥，即可涂油。

曲阜古建筑调查笔记（1951年4月）

一、孔　庙

1. 金声玉振坊后之石桥，在砖券与栏杆（清）地栿之间，有薄石一层，镌卷云甚美，当为明代物。

2. 金声玉振坊后棂星门之华板、柱头花纹及柱上之神兽，均明代作风。

3. 圣时门在砖台上建砖门屋五间，中央辟券洞门三。上部施斗栱（五踩重昂）与单檐歇山造屋顶，比例异常匀当。

4. 大中门以前诸坊、门，为明代所扩充。自大门中以后，当为宋、金、元之规模。

5. 魏碑之中，以宏道门内之《贾使君碑》所刻之螭首向外，二足立于圭首形碑额两侧，最能代表汉、唐间碑首盘螭演变之经过。其螭尾纠结形状，未采取对称式样，亦是过渡时期之作风。

6. 元碑中，有将螭首不刻于碑侧而刻于正面者，且二螭昂首相向作争夺宝珠状。其后明代之碑即沿此制，但再于周围加以外框。

7. 明碑之龙，雕刻比较平浅，其中以孔林之碑雕刻最为精美生动。

8. 奎文阁之屋顶较大成殿稍低，且坡度比较平缓，外观也轻快自然，可作为明、清屋顶最好之对照。

9.《营造法式》成书后不久，北宋即为金人所灭。该书此后虽在平江（今江苏苏州）重刻刊印，但南宋国势孱弱不振，于江南各地之营建不多，故《法式》对其影响不大。可是清代的《工部工程做法》成于雍正，刊于乾隆，时值清代鼎盛之期，故影响当时之官式工程至大。然而却由此使其拘束于程式之中，限制了它的发展，是为清代建筑衰落的原因之一。但北京以外的建筑，则手法自由，富于变化，就是很好的证明。

10. 第八号与第十一号碑亭均为金代遗物，经仔细观察，仅补间铺作系原物，其角铺作未用鸳鸯交手栱，而令栱又未联为一体，显然皆经后人掉换。且角铺作之昂嘴卷杀亦有数种形式，尤为显而易见之证据。

11. 第九号与第十号碑亭也仅补间铺作为元代物，其上、下檐角部斗栱都施搭角闹头昂、二昂，亦明白表示经过明、清二代之改修。

12. 大成门后侧明间二盘龙石柱，年代稍晚。

13. 杏坛之建筑为明建，但其前之石香炉琢刻精美，与东部兽壁前之石香炉，同为金代物。

14. 大成殿之台基，据束腰处所琢刻之花纹，当为明嘉靖间作品，但上部石栏为清建。

15. 大成殿正面之盘龙石柱，证以孔林之“万古长青石坊”，决为嘉靖遗构无疑也。

16. 大成殿内部像座之束腰，在石上镌 龙纹，乃清代雍正、乾隆时期常用之手法。

17. 梁思成先生称承圣、启圣二门皆元建。然其柱础用明、清之鼓镜，斗栱用假昂，且其挑斡未自蚂蚱向后斜上，而仅伸出于正心枋外侧少许，乃系明代做法。梁架部分更显属明式，如窄且薄的叉手，至清代于当地建筑中仍然使用。另瓜柱用小八角平面，以及角背之形制，均系明代手法。根据上述诸点，可知此二门已经明代大事修改，元代旧物仅柱、阑额、普拍枋与一部斗栱而已。因此不能全谓元代建筑也。

18. 霸王拳与博风板之卷杀，种类很多。

二、衍圣公府

1. 明嘉靖初，始于现处营府第。

2. 大门、仪门与内门三间，似明代物。大堂为清初所建。

3. 仪门为三间之垂花门，形制甚美。其帘陇枋下无间柱、绦环板与箍头枋，结构方式与清代垂花门异。

4. 上述三建筑之抱头梁前端雕三幅云，与府内之清式者异。

5. 后部之楼，据碑文，当建于清道光中。

6. 住宅之木栏杆有用似“勾片”式者（见图）。

三、孔林（陵）

1. 万古长青坊建于明嘉靖间，但梢间之华板与抱鼓石数具之花纹略异，似为清雍正间重修时所补。

2. 陵门外石狮二对，疑为明代物。

3. 洙水坊西次间之枋、板、柱，经最近抽换，故石色犹新。

4. 石人二对，宋物。

5. 孔子碑之碑首雕刻，乃明碑中之上乘。

四、颜 庙

1. 大门斗栱似元构，但梁架经明、清改修。

2. 庙内元碑二，其雕刻一为透龙，一为不透龙。东南者为明正统六年（公元 1441 年）碑，西北者为元至正九年（公元 1349 年）碑。

3. 大门及归仁门皆三间，单檐歇山顶。其次间采步金梁下，均用垂莲柱为饰，似为清构。

五、周公庙

1. 有周公庙碑，作于清康熙二十六年（公元 1687 年）。

2. 正殿建于明嘉靖间，结构已凋朽过甚。最近正彻底修理，包括撤换斗栱之 80%。新斗栱皆预制，拼搭整齐后，再拆换旧物，证明我国古代木构建筑此种预制与装配的方法，在施工方面有其十分重要的特征和贡献。

3. 此次新装换之斗栱与梁架，完全模仿原作，十分惟妙惟肖，若非亲目所见，则在涂饰彩画后，几可乱真。由此可见判断古建筑的年代，不能完全以式样为标准也（如明代之昂，其卷杀仍如元代者）。

[补充]

1. 孔庙十号碑亭

其上、下檐之角部都用二组斗栱并列，此式已见于辽代。但跳头上用塔角闹昂恐非元代建筑所应有。惟上、下檐之补间铺作，则确系原物。

2. 孔庙第十一号碑亭

其上檐角斗栱之令栱未作成鸳鸯交手栱式样，疑经后代改修。第八号碑亭情况亦如此。

皖南歙县古建筑调查笔记
(1952 年 12 月 19 日～ 24 日)

一、歙县城内

许国牌坊

明万历十三年 (公元 1585 年) 建。由石坊四座组合呈长方形平面，内中东、西二坊各三间，南、北二坊各一间。其各间下层之龙门枋表面，浮刻各种彩画图案，枋心约占全枋长度之 1/3，乃明代常用手法。但两端所刻之如意头，仍存宋代旧法余意，可作为过渡时期之证物。

牌坊石柱皆冲天式。东、西二坊均三间四柱三楼。南、北二坊为一间二柱三楼。后者下层楼之屋檐，与东、西坊次间之楼檐衔接。此类呈口字形平面之组合牌坊实例，在国内甚为罕见。

二、西溪南村 （属歙县二区）

1. 吴氏仲昇公祠 (恩睦堂):

前有石坊三间四柱三楼，冲天柱，其龙门枋上与柱上之浮雕，皆模仿木建筑之彩画，与城内许国坊同一手法。坐斗下施皿板，最为特别，亦为古制之沿袭。此坊建于明万历三十二年 (公元 1604 年)。

祠内有明崇祯元年 (公元 1628 年)《仲昇公祠条约》石碑。

该祠之建筑情况如下：

① 大门：三间，五架，硬山造，檐柱为石质。每间施一斗三升平身科二攒。建于清代。

② 二门：三间五架，硬山造，檐柱为石质。外檐每间亦施一斗三升平身科二攒。内柱及大柁 (断面圆形，外观作月梁形) 用楠木，金檩下施斗栱。建于明末。

③ 二门侧屋：左、右各三间。

④ 左、右廊屋：各十间。

⑤ 享殿：五间九檩，有周围廊。单檐歇山造。檐柱采用方形石柱 (产于浙江)。内部梁架用楠木，比例粗巨，每架进深 2 ～ 2.1 米，其歇山顶上部之二端山挑出颇长，博风板处贴以砖。

此享殿即恩睦堂，有董其昌所写匾额。殿中金柱直径达 50cm(柱下原有铜箍，已失)。梁断面圆形，外观作月梁式样。枋断面为长方形，无斗栱。角梁及椽皆仅一层。手法极其简洁可爱。

该殿建于明末熹宗天启间 (公元 1621—1627 年)

⑥ 享殿侧屋：左、右各二间。

⑦ 左、右廊屋：各七间，最后一间为斜坡。

⑧ 后殿：面阔七间，进深显四间，硬山造。前建月台高约 5 米。外檐柱为石柱，柱础用鼓镜，与明北京者同式。外檐斗栱皆五栱重翘。平身科斗栱明间四攒，次间、梢间各三攒。除正心瓜栱与万栱之比例稍长外，其余都很正规。

内檐用品字形斗栱。柱上无坐斗，仅自柱头侧出插栱五跳以承天花。

梁、柱、斗栱俱用楠木，平板枋甚厚。正脊上用砖砌出空花式样。此殿建于明末。

2. 老屋角吴息之宅

位于十八街，街之西端与绿绕亭相接。

大门二层，五间，但左、右次间与梢间之间又加柱一列，因此在架构上应为七间。

下层靠天井之柱皆为梭柱，左、右出横栱以承枋，栱眼内雕饰花纹，为当地之明代特有风格。

上层进深五檩，五架梁作月梁状，其断面呈圆形，梁上施坐斗及栱承三架梁。此三架梁形制与五架梁相同。

承三架梁之坐斗于梁下仅出一跳，但在另一面出二跳承金檩。

三架梁上中点又施坐斗及十字形栱承脊檩。其与脊檩作九十度相交之栱上则置麻叶云，嵌脊檩于内，使其不能左右移动。

五架梁临天井的一面，其梁端挑出于檐柱之外，并加垂莲柱，用以装置窗及窗下之板壁。垂莲柱外侧出斗栱二跳，第一跳计心，第二跳无厢栱，直接承托挑檐枋。此种方式亦为当地民居中所习见。

大门后之天井狭而长，天井西侧有走廊，置楼梯可通至楼上。梯外另有小天井一处。东廊已毁，原来情况不明，依形制应为对称式样。

正厅五间，另加二小间，但东侧二间已毁。其柱、梁形制与大门同，惟尺度较大。

正厅上层进深九檩。檐柱与老檐柱之上部施双步梁，其中点置雕刻花纹之驼峰及坐斗、栱，用承下金檩。但下金檩下复置小月梁，其内端固定于老檐柱上端，亦为江南一带的普遍做法。老檐柱上直接承中金檩。

前、后老檐柱间施五架梁，梁断面圆形，梁身中部略凸，呈月梁形。梁上置仰莲与瓜柱，直接承上金檩。此二瓜柱之外侧，又施小月梁，使与老檐柱相联络。二瓜柱之间，施三架梁，梁之中点置仰莲与脊瓜柱承脊檩。而脊瓜柱两侧支以雕花之叉手，为当地明代中叶特有的做法。

所有檩下均托以垫板，及断面圆形、比例很大的月梁（即北方之枋）。梁下两端以栱承托，而栱则固定于瓜柱与脊瓜柱之内。

又上层之前、后二面，均用垂莲柱及间壁与窗，与大门的上层相同。

楼梯的栏杆及形制异常秀丽。

大厅后原有房屋一进，已倒塌。

三、潜口村 （属歙县三区）

1. 潜口汪氏下祠堂（又称金紫祠）

建于明万历二十一年（公元 1593 年），大殿面阔七间，屋架为无天花之草架造，其脊檩下绘有彩画。大殿剖面见示意图。屋顶为硬山式。前有同时建造之石坊一座。

祠内尚有万历丙申（× 年，公元 × 年）及万历辛丑（× 年，公元 × 年）石碑二道。

2. 潜口汪氏保宁社

据载明成化九年（公元 1473 年）曾毁于火，旋即（八月）重建。

大殿及回廊之梁架尚用叉手，表明仍沿古意。

存有明弘治癸亥年（四年，公元 1492 年）《汪氏重建保宁社碑记》。

3. 汪氏节孝支祠

有门楼三间，作牌坊式样。大门置铁门，门上有“节孝”匾，式样属明代。

4. 司斡第（大夫祠）

门屋三间，其明间之大门二侧置抱鼓石，中为断造门限。门内之天井小而东西狭长。

大厅面阔三间。平身科斗栱后尾起挑斡，为当地惟一之例。

悬明永乐四年（公元 1406 年）匾，又有明宏治十三年（公元 1500 年）碑。

5. 汪氏军府厅

6. 曹门厅

门屋三间。入内有小天井及左、右廊。

正厅三间，前有轩。斗栱后尾施上昂，相交以承下金檩。

正厅西侧有小院及旁屋，设神龛，雕刻甚美，皆明中叶物。

7. 善东堂

二层

8. 叙伦堂

门楼三间，二层。入内有小天井及左、右廊。

正厅三间，单层。又附左、右夹道各一小间。

9. 程氏宗祠

有明正统七年（公元 1442 年）八月匾。

10. 汪氏下祠堂

明嘉靖丙申年（十五年，公元 1536 年）建。

11. 罗子玉宅

建于明代，三合院式。

前楼三间，二层。

正屋二层，左、右厢房一层。

12. 徐庆伯宅

门楼三间。内为小天井，左、右廊屋各二层，设扶梯上下。

正屋二层。下层明间额枋呈月梁形，施一斗三升平身科二攒。柱上出重栱，但无横栱。左、右次间之额枋稍低，施一斗六升平身科一攒。上层在下层之栱端立小方柱，其上出栱三跳。

四、坤沙村（属三区）

1. 方家上祠堂（笃伦堂）

2. 杨斗枢宅

3. 方文泰宅

共分为二进，前进三间，左、右廊半间，中央为天井。乃明代当地小型住宅之典例。

右廊及后进明间后部，各设楼梯以通楼上。

前、后楼梁架均有斗栱及叉手，亦系明代做法。

沿天井四周之楼上窗下，有雕刻繁丽之木栏杆，疑为明代中叶至明末所建。

楼上地面铺地砖，窗棂格风格与栏杆相同。

4. 方家下祠堂

大门面阔三间，进深四柱五架，檐柱上用插栱三道，第一跳偷心，第二跳计心，但仅有外拽瓜栱，第三跳无厢栱，直接承挑檐枋，而不似潜口诸宗祠用斜栱也。

内部老檐柱上，施三架梁及叉手，其用料虽不大，但手法简洁，在当地明代建筑物中年代似稍早。也许是明初或明中叶之物，亦未可知。

大门后的天井，左、右廊及正殿，其布局、开间……等与潜口诸祠无异，但均系近代重建，异常简陋。

五、郑村（属歙县二区）

1. 郑氏宗祠

前有明万历石坊。

因大门封闭，不能入内。自门隙观察，大厅之柱、枋部分已经新换，其未换者年代不明（据当地人士称建于清康熙时）。

2. 郑师山祠

石坊建于明，祠屋及塑像皆清代物。

3. 郑洗然宅（老照墙）

宅建于清初。门屋已不存，其后有狭而长的天井。

正屋面阔三间，二层。楼梯置于明间之后部。下层之梁、柱与上层之栏杆皆清初物。但上层梁架曾经拆换。

4. 苏雪痕宅

仅存留一间半。下层高度低于上层，梁、柱式样纯属明式。

楼上栏杆之花纹简单豪放，视其年代较老角屋为早。

六、西溪村（属歙县二区）

1. 汪幹明宅：房屋均为二层。

大门门屋五间。内为狭长天井及左、右廊屋，楼梯设于东廊，廊与门屋的第二层较比正屋者为低。所有楼面上均铺以砖。

正屋五间。楼下柱皆用梭柱。其他如梁、枋、斗栱与楼上梁架的装饰性叉手，胥与老屋角一致。而楼上窗下的栏杆，又与方文泰宅相似。均疑为晚明之遗物。

在已调查的皖南明代住宅中，以此宅之规模较大，制作工整，保存较好。

2. 立本堂（《县志》称为：绕翠楼）

前、后二进皆二层，西侧为立本堂，一层，明代中叶建。

但此建筑已屡经修理，一部梁架曾被抽换。然目前其腐朽之处尚多，亟待修整。

3. 汪氏家祠

前有石坊，建于明正德间（公元1506—1521年）。

其大门、左右廊与祭殿虽创建于明末，但迭经修理，原物所存无几。而后殿年代更晚。

七、潭渡村（属歙县一区）

黄家祠堂

现改为县立第二中学，保留尚好。可能建于清初。

八、现将已调查之歙县古建筑分类如下

甲、住宅

1. 郑村	苏雪痕宅
2. 西溪南村	老屋角（吴息之宅）
3. 西溪南村	老屋祠
4. 西溪南村	吴之高宅

5. 西溪南村　　黄卓甫宅
6. 潜口村　　罗子玉宅
7. 坤沙村　　徐庆柏宅
8. 坤沙村　　方文泰宅
9. 坤沙村　　杨斗枢宅
10. 西溪村　　汪幹明宅
11. 西溪村　　立本堂
12. 郑村　　郑浩然宅

乙、祠堂

1. 潜口村　　汪氏保宁社
2. 潜口村　　汪氏节孝支祠
3. 潜口村　　汪氏司幹第（大夫祠）
4. 潜口村　　汪氏军府厅
5. 潜口村　　曹门厅
6. 潜口村　　善乐堂
7. 潜口村　　叙伦堂
8. 潜口村　　程氏宗祠
9. 潜口村　　汪氏上祠堂
10. 潜口村　　汪氏下祠堂（金紫祠）
11. 西溪南村　　吴氏仲昇公祠（恩睦堂）
12. 坤沙村　　方氏上祠堂（笃伦堂）
13. 坤沙村　　方氏下祠堂
14. 郑村　　郑氏宗祠
15. 西溪村　　汪氏家庙
16. 潭渡村　　黄氏宗祠

丙、其他

1. 歙县城　　许国坊
2. 西溪南村　　绿绕亭

《中国建筑史》课程学习说明
(1953 年第二学期)

1. 课程目的

为配合本专业培养社会主义现实主义建筑师的任务，本课程的目的如下：

(甲)通过建筑史，认识劳动人民是创造中国历史的原动力，进而明确建筑与社会的关系，树立正确的创作思想。

(乙)发扬爱国主义精神，学习中国古典建筑的优良传统，为今后发展社会主义现实主义的建筑，打下必要的基础。

2. 课程内容

本课程自一年级下学期开始，两学期学完。第一学期讲述历史部分，以社会发展规律说明中国建筑的形成、发展与演变，及其对人类文化的伟大成就与贡献。第二学期讲述结构部分，以北京的传统建筑为中心，解释中国建筑的结构、比例和做法。并联系各地区不同的作风，以资比较。

历史部分因时间关系，采取断代法与分类法的综合方式，内容如下：

第一章 序论

中国建筑的自然条件。中国建筑的发展概况。中国建筑的基本特征。

第二章 各种建筑的演变与特征

住宅、园林、都城(附楼阁)宫苑、陵墓、祠庙、寺观、塔幢、石窟、牌坊、桥梁……等。

第三章 结构与装饰的演变与特征

概说、台基、木架及斗栱、屋顶与瓦饰、墙壁、装修、彩画、附属艺术。

3. 时间支配

本学期十七周，每周讲课四小时，共 68 小时。除去春假外，实际讲课 64 小时，测验 2 小时，共计 66 小时。具体分配如下：

第一章	讲课 15 小时	测验 1 小时
第二章	讲课 18 小时	测验 1 小时
第三章	讲课 31 小时	

4. 讲课方式

建筑为造型艺术，必须使同学们掌握各时代各种建筑的形象比例，故采取口授与抄笔记方法，俾同学们印象较深，记忆较快。此外，随讲课进度，发给蓝图，并放映幻灯，以帮助了解。

5. 自修

本学期每周自修二小时。除答疑外，主要用于抄绘教师指定的图样，俾同学们通过绘图，能掌握各种建筑的形象特征，供设计创作的参考。

6. 成绩检查

本学期第三、第八、第十三、第十七周，各检查笔记一次。

第四、第十周，各测验一次。

最后经过考查，参加学期考试。考试采用口试。

访问波兰笔记（1956年6月20日～7月21日）

1956年6月20日　　星期三

访问波兰的中国建筑代表团由建筑工程部周荣鑫部长任团长，刘敦桢、梁思成任副团长，其他成员有林乐义、何光乾、程应铨、殷海云、阎子祥、冯佩之等。上午7：20自北京出发。经乌兰巴托，下午2时到达依尔库斯克，气候变为凉爽。看到当地河流附近的土地利用，系在河一侧之坡地密植林木，以达到良好的水土保持（见附图）。

下午8：30西飞，经克拉斯诺雅尔斯克、新西伯利亚、鄂木斯克、斯维尔德诺夫斯克、喀山。

6月21日　　星期四

在飞机上看到喀山附近的苏联集体农庄平面多种（见附图）包括：

耕地平面、耕地、河流、池沼、森林的有机结合。

坡地的三种处理方式。

沟谷、森林中的空地。

池沼形状。

房屋排列平面。

下午7时到达莫斯科（当地时间下午2时）。

接待人，礼貌。

住所，森林与住宅，房屋方向。

汽车速度，自行车，衣服，卫生设备。

薪资，养老金，物价。

喷气式客机三种。

6月22日　　星期五

上午10时自莫斯科西飞，下午1时抵华沙。住 Hotal Brithtal(Hotel Obis)。房间分配如下：213号周部长，216号梁思成，226号阎子祥、冯佩之，227号刘敦桢，237号林乐义、何光乾，322号程应铨、殷海云。

今后的大致工作日程：

6月23日～7月3日　华沙及附近地区参观访问。

7月4日　　Szczecin

7月5日　　Poznan(波兹南)

7月6日　　Wrocl'aw

7月7日～8日　Stalinogrod

7月9日～10日　Upper 西里西亚

7月10日～12日　Krakow(克拉科夫)

7月13日　　Nowa Huta

7月14日～16日　Zakobane

7月17日～18日　返回华沙

7月20日　　Lublin(卢布林)

6月23　　星期六

1. 访问肖邦故居（位于华沙西40余公里之 Bednery)。房屋颇小，仅二层（上层系 Attic)，但花园布置较好，花木四季常青。室内木梁上有彩画，无 Joist，部分用二层楼板，檐下施线脚（见附图）。

花园内有池及小河，园中池畔有平台（舞台）? 二端有踏步可登，台后建曲折背墙，墙外植树甚密。地势高低不平，颇善于利用。路旁配置石块，如中国园林形式。道路路面有二种形式（见图）。

从华沙至肖邦故居间的公路用砖铺砌，甚平坦、美丽。自 1933 年铺筑至现在大体保存良好。

乡间房屋有一面坡及草顶者。前者坡度颇平缓，山墙作成 Step 形状。后者屋脊做法不止一种。屋面用木条及草束构成（见图）。其围墙墙身用乱石及砖砌，墙头盖瓦，墙墩之瓦顶二层（见图）。

2. Vorige 广场纪念碑

平面略呈方形，上下踏步分置于两侧尽端，方形纪念碑居中（见图）。

3. Colegiate 教堂

原为高矗式 (Gothic style)，17 世纪中叶 (1655 年) 改为现在的巴洛克式 (Baroque style)，为波兰此种教堂中最佳例。

4. 人民公园

原为 1690 年建造的贵族庄园，采用 Baroque style。1945 年收归政府所有，园主女姓后裔学美术，现仍在此服务。花园占地甚大，经 18 世纪增扩，房屋附近绿化用法国式，较规矩整齐。稍远则用英国式，施大面积草地。

6 月 24 日　　星期日

1. 上午瞻仰战士纪念碑

其地原为王宫，毁于第一次世界大战中，仅存底层三个 arcades 及第二层的断柱。现利用作为纪念墓地，有战士守卫，很严肃，也很有教育意义。

华沙纪念铜像颇多，极具变化。但苏军阵亡将士纪念碑造型相当笨拙，甚不可解。

2. 参观老年工人居住区

利用地势将房屋作为 step 形状，其道路、广场、电灯杆、花台、晒衣架，木垃圾桶……的处理手法，均可供我们参考。例如住宅的阳台将栏杆略收进，其外缘装条形木匣，可种花草。水泥电线杆较我国灵巧，又在下端距地 2.5 米处附铁制小盆，亦种花草。圆形小垃圾箱则置于灯杆距地 1 米处，可盛烟头、烟盒，且颇美观（见图）。砌石也有变化，常大小相间（如图）。附近之牛奶 Bar 及小卖店，形状均颇费匠心。另有幼儿园一所，其建筑及周围绿化设计都很佳妙。

3. Bosieski 离宫

Bosieski 于 1629 ~ 1696 年统治波兰，故 17 世纪始建该宫之中央部分，18 世纪再建两翼。19 世纪又改修了内部。

目前正在修理，如供热之管道设备，增加墙内防湿设施（三层 2 号油毛毡），除去一些 19 世纪的中国式装饰，加高走道……预计四五年后可完工。

4. 音乐厅音乐会

演奏贝多芬第五交响乐，水平很高。其大厅甚宏敞，但楼梯仅一处，且未完工。舞台之背景处理甚特别。

6 月 25 日　　星期一

1. 小型电影院

平面作矩形，通道在中央，观众之主要入口在侧面。大厅顶部采用多扇可开启之天窗（平面及剖面示意见附图）。

2．华沙市政规划介绍

① 人口：

1939 年	130 万人
1945 年	15 万人
1950 年	83 万人
1955 年	100 万人
1965 年	140 万人
将来最多到	200 万人

② 规划：自 13 世纪已有沿河流布置，中央为住宅区，周围为工业区，是欧洲城市的典型，但公有土地不过 1/10。二次大战中心地区严重被毁，其中 1939 年德军入侵时被毁 1/10。1944 年华沙人民起义时破坏最为彻底。甚至 Flank 王的生活记录（11000 页）也毁于战火。

纳粹占领时期也进行过一项新计划，准备将华沙中心改为德国人民住区（8 万人），50 万犹太人则集中到 2 ~ 3 平方公里的小区（每 m^2 住 2 ~ 3 人），但未及实现。1943 年毁犹太区，房屋毁坏高达 80%。大多数桥梁及公用设施管道也被破坏。当时市中心区未留一人，河东尚留 14 万人，郊区约留 2 万人。

华沙被解放时，市内桥梁、水电均无，却留下许多地雷。1955 年每月回来 5 万人。到 1956 年华沙市西部已有 50 万人，但生活十分困难。有人提出另建一个城市，另一些人则主张恢复旧有华沙，后者得到多数人民拥护。颁布的土地收归市有政策，大大地便利了城市复建工作。

第一个五年计划主要是恢复桥梁、交通与工业区，居住建筑次之。但许多房屋建造都由人民自动进行，无统一计划。后来发现无计划或按华沙原来计划建设都有问题，因此作出了新的规划，其内容一方面恢复文物建筑，一方面改建旧交通系统与一般建筑。到 1949 年就完成了东西主要干线上的桥梁和道路。

但最初几年的计划有一缺点，就是过于详细。这在实际上是不可能完全实现的，因为有随时需要改变的必要。只有市中心区、交通系统及工业区需作长远打算。并将城市建设与经济建设进行良好配合，这就是将工业区采取分散方式，同时使住宅区、绿化地带与工业区进行了良好的参差配合。

规划时先作调查统计工作。第一是人口问题（分为基本工作人口与服务人口），工作人口最初定为 52%，后来发现不应超过 48%。而服务人口却估计过低（如妇女不愿外出工作，宁愿家务劳动。其次，是人口出生率过高过快）。

关于工业生产方面，最初对参加工业的人口估算也有错误，原因是将住在市东郊区的人口也列入市内人口。此外，还必须考虑工业区中供热站、储藏原材料仓库……的地点位置等。

因此，对建筑工作基地、热电源、行政区、住宅、教育等公用事业、交通、管道、绿化、市中心……也都分期规划，并分别以图形表示。

目前居住状况为每室住二人，尚不能令人满意。十年内拟减到每室 1.7 人。将来计划为每室 1.3 人。为此需再建房屋 40 万间。现在每人占有 $7m^2$，十年后每人 $9m^2$（厨房不在内）。

街坊的人口密度，目前每公顷 1000 人，将来减为 600 人。每公顷的居住面积为 $570m^2$。但中心区的人口密度为每公顷约 3000 人，应予改善。

在发展的三个时期中，第一期工厂多，住宅少。第二期可平衡。第三期工厂减少，住宅增多。

现在平均每人占有绿地 $6m^2$，十年后可增至 $10m^2$。绿地包括配给居民种菜的菜园面积，目前每人有菜地 $3.7m^2$，十年后为 $6\ m^2$。提供菜地既可作为居民的业余活动场所，又能增加食物产量，是一种一举两得的良好方式。

华沙市政府下划分为九个区，各区都有自己的行政组织。

各区在制定规划时，都要请本区人民参加讨论，最后再由市政府决定。

文化中心和行政中心都位于中心区内，过于集中是其不足。

在华沙规划中，有交通运输专家研究这方面的问题。包括铁道、电车、无轨电车、地下铁道以及车站、停车场、汽车库……供水、排水系统及蓄水池……的配置，也都是重要问题。自来水水源位于河流上游，筑水坝以引水。

热电站供热供电。其供电除对华沙市区外，还包括郊区在内。

煤气总站不但供应华沙市，还与全国的煤气管道联网。

3. 华沙的中心区规划

中心区在1939年有人口80万，1945年减为0，可见纳粹的残暴。

至1955年市内陆续建造了不少新建筑，但是大多由人民自由建造而无计划，给后来的建设带来不少障碍。

中心区必须在十年后建设好。目前中心区有人口33万人，十年后减至25万。因此目前许多公共建筑只能以十年后的标准设计。

原则上是要尽量保存古旧建筑，但事实上某些房屋非拆不可，但在拆除前应妥善安排其迁居问题。现拆除旧房屋必须得到总统批准，虽然人民希望快造新居，但实行不易。现估计十年内须拆旧房10万间，新建65万间。

巴黎的汽车面积大于道路面积，因此在上、下班时，汽车每小时仅能行4公里，较人步行还慢。

道路交叉点多影响交通运输，目前尚未建立体交叉。城市汽车数量，暂定每10人一车。此数字远低于美洲（平均3.3人一车）。为了解决交通问题，必须发展公共汽车及其他公共交通工具。又目前停车多在道路旁侧，今后要建设停车场及停车库。中心地区停车问题格外突出，因市内20%汽车都停于此。现有计划只能满足停车的60%，将来发展方向是地下停车。

市中心规划采用竞赛方式，往往一个项目有90份图纸应征。

6月26日　　星期二

访问华沙城市规划设计院

一、城市规划设计院的组织

1. 总图工作室：总图用1/20000、1/50000比例

（另有中心区工作室，分图用1/1000、1/2000、1/5000比例，及各区工作室。）

主要作用

① 规划　　② 分期实现

领导方面：总规划室不做具体规划工作，只做组织与监督工作。其下设五个委员会做具体工作。在实际方面，有二个部分，一为建造，一为工程与上下水管道……

总图：在总图下再分期实现，在实现过程中，规划与实现部分进行密切联系。

详细工作的分工作室：包括勘探、测量、统计、地质、道路、绿化、森林建设等，又有研究室，专司照相、模型、档案……

工作结果：只做供给材料及指示设计的总方针，如房屋的性质、种类、高度等，但不做实际的设计工作（另外有建筑设计院）。

华沙城市总建筑师也需根据规划院的方针去工作。

联系问题：规划工作不断与区政府及人民代表取得联系。

2. 统计室

调查每一建筑的用途、种类、高度、面积、体积、材料、屋顶及建筑现状、上下水道、采暖、煤气、电气管道、建筑年代、居住问题、户数（每户若干间）、临时户数、无居住之原因、居住人数、居住以外的户数（如商店等）。

画出建筑草图：以拼成整个建筑之总图。图中表示建筑层数与屋顶形状，并以不同颜色表示建筑物的性质、用途。另绘一上下水、电气、煤气、暖气等管道线路图，也以各种颜色表示（也包括电话线、高压线……）。

3. 地质勘探室：制图之比例尺较小

包括地质、土壤性质图、土壤利用图（不同高度用不同色）、建筑分布图（居住、工厂……之密度）、森林、草地、耕地图、区域规划总图（华沙及附近之土壤好坏、森林位置、面积……）。

地形图（用等高线）表示地面高度、地下水高度……

土壤是否适于建筑图。

气候图（风向、温度……）。

4. 道路桥梁室

现状图（已有之道路、桥梁……）。

初期建设图。

远景建设图。

桥梁详图（过渡期及远景二种）。

立体交叉透视图。

5. 交通网工作室：成立于 1955 年，其工作包括调查道路通过的人数、车数，以几何图形来表示每天的交通情况。

研究市内与郊区的交通数量与流量，亦以图表示（以道路宽度表示交通情况）。

解决交通困难之规划图（如何减少交通流量）。

乘客密度与交通关系图（以不同颜色表示上车、下车的人数，及乘客至目的地所需的时间）。

市内、市外交通网图（火车、汽车、电车、无轨电车……）。

市中心至郊区之交通时间图（以深浅不同颜色表示，每 10 分钟一个差别，如地形图中之等高线）。

各区之间的交通图（表示甲区至乙区、丙区……之交通人数，在图上以数字表示，同时又以颜色表示上午 8 时郊区至市中心，与市中心到郊区的人数）。

交通远景图（铁道、地下铁道及其他交通工具，以颜色表示之。并以圆圈的大小表示停车站上车的人数），根据此图，可看出目前交通分布的不平均，须加以改善，因地面上已无其他更好方法，故必须建造地下交通网。

6. 分区工作室：所作分图比例已较总图室者为大（见前述）。包括：

绿化面积与居住面积的关系图（以颜色表示森林和草地的不同）。其道路已不采用对称式，街坊亦非周边式（建筑不靠近道路，且高低不一）（见附图）。高层居住建筑垂直于道路，低层建筑多与道路平行。

交通状况与停车场分布图。

城市规划的原则

对过去城市规划的原则是否需要改变？又如何改变？

过去的工作比较生硬，如靠马路建造封闭式街区，现在就是全改变了。对称式规划多已改为不对称形式。过去对建筑物的朝向、阳光、通风……等不够注意，现在则要使建筑得到更多的阳光、空气与绿地。改变的原因，不完全由于今年四月间开会的结果，而是出于多年来工作经验的积累。在机构方面原来有两个部门管理，一个管城市规划，一个管工业建筑。现在改为一个机构。要给当地设计以更大的权力来自由处理问题，同时也简化了审批的手续。

1. 工业区问题

分散式布局对管道布置虽不经济，但对人民大众生活有利，因为居民上班可节约时间，也比较方便。至于管道布置，因为是从市中心辐射至其四周的居住区与工业区，并无不便之处。华沙地区风向以西北风较多，所以将烟尘较少的工厂置于西北角，而将烟尘较多者置于东南角。不过由于风向时而有变，所以此问题只能得到大体解决，不能绝对解决。

2. 绿带及居住建筑问题

中心区以绿带包围，而居民的健康舒适问题又与经济问题有一定矛盾。因此应当对两方面进行综合考虑，不能单方面强调。大体而言，经济不是主要问题。

居住建筑之间的高度参差，不仅是艺术问题和日照、通风问题，同时也考虑到如何能使儿童人口较多的家庭住较低的房子，使他们在生活上更为便捷。

城市建设委员会

名称：城市规划及建筑委员会。

隶属：直接属于部长会议。

作用：在各部门之间起协调作用。

甲、土木建筑的法规与批准

如拨地问题、地权问题……等，由秘书厅主持。秘书长及法律专家担任区域及地方的组织工作，也由秘书厅主持。

乙、技术方面 则由下列各机构具体执行

1. 城市规划局

主持和掌握全国的城市（包括市镇）规划。但实际工作则由各地方（17个省、2个市）的委员会自行处理，但局有支援、指导和审核权。各地方的委员会下，各置总建筑师1人（将来准备再增加）。

城市规划局的任务是根据国家需要，从事各城市的规划。并审查规划所需的预算，再报送财政部。即仅负责技术领导，而行政领导仍由各地方主持。

供给定额、资料、指导技术等，由城市规划设计院负责。上述定额通过局里的研究院，总结各地的实践，提出数字，请有关部门商讨，最后由城市规划及建筑委员会批准实施。

局里有一批专家分赴各地指导工作（顾问性质）。其中有1名经济专家，管理计划任务书。1名专家管工程。另有5名专家分区负责各地工作。此外，另设一位总建筑师领导上述专家。此8人均系全国著名人物。除上述管理工作外，他们自己还担任若干具体工作（如设计……），以防止技术水平下降。

研究院内还有一个工作室，收纳各地青年技术人员使其深造（有图书室），主要不是理论，而是解决实际问题。各地共有城市规划人员七百余人，必须到研究院轮流深造与提高，但时间不长，每次仅几个月。

2. 建筑设计局

主要做审查与批准工作，范围限于住宅及公用建筑。对工业建筑仅提意见，另有其他机构审批。

设计分为二种，一般建筑由各地自行审批，只有重要建筑才由此局审批。而最重要的建筑还需部长会议决定。

大概每年审批 100 个设计。但标准设计则需全部送此局审批。

审批工作必须与有关部门联系处理、讨论，但此局有最终批准权。

又须掌握三年内的标准设计计划。目前标准设计的类型和设计都不足，要在今后的实践中提高。

最近一项主要工作是在旧图中选择一部分水平高者，作为重复使用或使其标准化。也备有书刊或卡片设计图（附有简单说明），以供各地需要，可依编号来索取。

局内又设立先进技术小组，对标准设计的全进程进行了解，并加以分析研究。

3. 监督部门（局或处级）

检查实际工作的地点、施工等是否依图纸或方案进行。

人民对各地规划有不同意见，可来此申诉。

局内有一批检查员，但对各地方的检查员不起领导作用，而只起业务指导作用。

4. 创造部

为掌握创造性工作之部门，主要与建筑师协会合作，供给资料，从事培养建筑师及创作等等。

又对高等学校的教学培养计划提出意见。

举办展览会，对学生的设计成绩（包括课程设计及毕业设计）提出改进意见。对设计部门的创作是否发挥了建筑师的力量……提出意见。

对出版、开会等也给予一定的帮助，以保证各种客观条件的实施。

6 月 27 日　　星期三

上午 9 时乘飞机赴波兹南 (Poznan)，11 时到达。

此城乃波兰故都，波兰王国即创建于此，自 13 世纪开始，已有八百余年历史。

有河流（瓦尔纳河，Welna R.）一条贯通市内南北，铁路则通其东北，另有主体交叉点二处。

此地展览会原为每年举行一次，今年是第二十五届。

波兰的水泥搅拌机也有多种，其中有载在汽车上的，可在行驶中搅拌，颇为经济实用。

建筑桁架 (struss) 的预制方式也有几种，跨度 (span) 在 20 米以下的，上杆与下杆作 T 形，最为经济（见图）。跨度在 30 米以上的，上杆断面作⊓形，下杆断面作⊔形。预制水泥柱内部开若干虚洞，如 lattice works。

波兰建筑墙内的防潮材料，为在半砖墙内用柏油瓦轮纸多层，压以小圆铁条，再扎金属板条 (metal lath)，抹以灰泥 (plaster)。此种柏油瓦轮纸可用于平顶之下。

窗的开启形式亦多，有全部向内倾斜的，也有左右转动的。

波兹南市的教堂建于公元 10 世纪。13 世纪时改为高矗式 (Gothic style)。16 世纪又改为文艺复兴式样 (Renaissance style)。

夜间乘火车返回华沙。

6 月 28 日　　星期四

上午七时半返抵华沙。

十时参观轻质水泥预制块工厂。原料为铝粉加沙及水泥，由二个大塔自动输入材料，拌合后注入钢模，经加热 (180℃)、加压、干燥等工序，全部以机械操作。吊车 (crane) 起重量为 5 ～ 10 吨，由女工操作。

此种轻质水泥预制块可用于 2 ～ 3 层建筑之承重墙。此外，尚有预制之钢筋水泥楼板、门框、窗框、阳台、烟囱、屋檐 (eaves) 等。有的框件表面可加磨石子 finishing。

工厂屋顶有下列四种结构形式：

1. 用钢筋混凝土弧形屋架，其间填以成列的空心砖 (内加小钢条及水泥)。但此种方式费用高，现已不用。

2. 用高低不等的弧形钢筋混凝土厚板 (slab)(见附图)。

3. 用锯齿形的钢筋混凝土薄壳 (见图)。

4. 用人字形钢筋混凝土厚板及桁架 (见图)。

6 月 29 日　　　　星期五

上午自华沙乘专备汽车出发，沿维斯拉河 (Wasla 河) 西北行，先参观育马场，后至湖滨疗养所。沿途见有在墙上吊花箱种花者。而阳台上的花箱也有悬吊在栏干 (railing) 外侧的，形式不一。

次至 Plock 镇。有 16 世纪教堂一处，内部壁面为灰色，上饰各种花纹与壁画，相当雅致。这一带的教堂都用砖建造，所以能在壁面抹灰着色。此镇虽小，但种植花草众多，楚楚可爱。

再至 Wloclawek 镇，亦有一建于 16 世纪初期之高矗式教堂。其筒券 (vault) 施浅蓝色，缀以金星。肋栱 (rib) 及柱头均施金。柱之中央者用深红色，两侧为深蓝色，并饰以金花。形成有对比的庄严气氛，但格调比中国彩画稍轻松。墙面于粉刷上画各种花纹。

另有建于 17 世纪的小教堂 (chapel) 二座，则为巴洛克式样 (Baroque style)，色彩很富丽。

后至 Ciechocinek，为人口 5000 人的疗养地，有温泉 (含盐 6%)。此地将来拟发展至 1.5 万人。如此小镇也能按照规划建设，令人十分羡慕。由于地质、河流、日照与风向等原因，该镇主要街道为西南向。居住街坊皆由绿带围绕，建筑有大有小，但最多不过三层。其木架建筑的壁体做法和乡间草屋顶的屋脊做法都很有特点。此外，以花草排列成日历，民族形式的音乐台和温泉游泳池……，都给人以深刻印象。

6 月 30 日　　　星期六

今日参观 Torun 市，可记述者如下：

1. 绘画、雕刻修理室 (属市政府)

画在板上的 1545 年油画，修复时先用红内线核定出原来的线条、纹样，然后用显微镜及小刀仔细清除后代所加的部分。对 1499 年绘有耶稣死难情景的高矗时期壁画，修整时先涂油洗净，再在底板接缝处贴施布条……工作十分耐心细致。

又如 Gothic 时期木像，对腐朽部分先消毒、杀虫，再浸于木胶内使其硬化，然后对残缺处进行修补。但修补处最好不予固定，而是能够移开，可使后人了解其未修补前情况。

对资料的调查、收集……都应尽可能全面细致。每一座建筑，每一幅绘画，每一处塑刻都有一份独立的档案。现在又增加了彩色照相及观看照片的各种工具。

2. 原市政厅

建有 Gothic style 的大塔。小塔则建于 18 世纪。

3. 大学的修理玻璃彩画 (stained glass) 工场

尚存 14 世纪的玻璃彩画，但原有教堂已不存在。该玻璃彩画于 19 世纪曾作修理。

其轮廓用“工”字形铅条以嵌接玻璃，铅条接头处则施焊接。施工时先将玻璃彩画之足尺图 (Full size drawing) 平铺在木板上，然后在木板上一面制作铅框，一面嵌镶彩色玻璃。玻璃上的颜色系用特殊溶液调合颜料，涂上后再经炉中加热烘烤。

4. 大学的修整古物工作室

位于室外制作于 18、19 世纪之木像，下部多已腐朽，正在加以修理。

绘于 19 世纪之油画在修理后，表面须罩一层水玻璃保护。

对各种假大理石、弹性玻璃、石膏及石材之性质进行研究。如水玻璃可硬化砖石，并防水。石膏硬化处理后可磨光，以增强其美观。过去古物修理专业只注重绘画与雕刻，二战后才及于建筑物的修复问题。

学习时间四年，将来改为五年。主要课程为物理化学、分析化学、历史学、色彩学……等。现由 Talwel、Touwel、Ralanski 等教授主持。

5. 教堂

St. James 教堂，建于 1309 年，砖结构，使用肋拱筒券 (rib vault)。筒券表面粉以浅灰色，上绘浅绿色与少数红色花纹，肋栱施深灰色。墙面上抹灰已脱落，目前正剥去后来增抹的面层，以露出原绘于 14 世纪的壁画。现尚有画在木板上的 14 世纪油画悬挂在内墙上。

6. 市政规划

A. 华沙与土伦的比较

都位于 Wisla 河畔，一边为主要城区，另边为次要城区，几乎无多大区别。可认为土伦是华沙的缩影。

B. 土伦的历史

老城的西部建于 13 世纪初，东部建于 13 世纪后半期。街道作棋盘格式，东、西有市场。后来西北又形成了条状的住宅区。St. James 教堂为城中最古老教堂。城周围建有城墙、城濠及吊桥等。城南临 Wisla 河，有木桥可通至河中沙洲上的住宅区（见图）。原来的城濠固然限制了此城的发展，而后来德国人修建的防御工事也阻碍了城市的扩充。

C. 远景计划：此城的规划委员会仅成立了一年，但已作出了全城的地质图。

现人口 9.4 万人，预计 20 ~ 25 年后人口将增至 15 万人。增加的人口，一部分为外地迁来者，一部分为新生育儿童，由此可见其人口繁殖率并不太高。

在城市规划中，主要问题不是工业区与居住区的配合，而是老城与新区的交通问题。老城是行政与文化中心，东侧的工业区现状也无法改变。只有注意下面几点：

① 几个新区之间的交通以及新区与老城之间的交通如何联系？

② 北、南两岸的交通联系，现有铁桥二座，拟再增加一座。

③ 水利方面，拟先建北岸驳岸。南岸以地势较平，先将房屋退后，不建驳岸。待 Wisla 河上游拦水坝建成后，再发展河滩附近的居住区与上游的纺织厂。

④ 因当地西北风与西风较多，故工业区只能在东端发展。

⑤ 旧城与新区之间的城墙、濠沟全部改为绿化地带。

以上各条，都比较切合当地的实际情况。

中国旧城市中缺少绿化地带是很大的缺点。中国由于在社会发展中未经过资本主义这一阶段，因此在经济力量和技术人才方面都有其不足。目前应当着重：

① 用多种方式方法培养技术人才。

② 学习先进科学思想和技术。包括工作中的科学态度和细致作风……，以及重视绿化和艺术处理方法等。

③ 旧城市固应整理与发展，但发展应有一定限度。如发展使城市过于庞大，则不如在其附近另建新

城为好。

7月1日　　星期日

自土伦(Torun)赴革但斯克(Gdansk)。

1.Chelmno 城

人口仅1万，但有教堂10座。其中一座建于16世纪，内部之Nave与allic同一高度，为当地特有作风。其筒券以浅黄色为底，上加棕色卷草为饰，颇为秀丽。

中心广场有市政厅，高三层，中央有一塔楼，为洛可可形制(Rococo style)，建于17世纪。但上下门窗位置不合，塔楼亦如此，不知原因何在？

2.Malbork 城

亦有教堂，但未入观。

有名的Jokolia堡垒沿Wisla河东岸建造，有围墙三重，部分建筑为13至14世纪之标准式样。此堡垒一部毁于第二次世界大战。

下午四时抵但泽(Danzig)市，亦即今日之Gdansk市。七时参观Gdynia海港。其林荫大道宽度不到100m，但划分很经济(见图)，处理也极美观。

当地大学有学生7000人(白天学生4500人)，分为8系。建筑系学生450人(其中一年级150人)，有教授、副教授、讲师27人，助教75人。据系主任Rylisk教授称，目前教师还不够，以致教学质量还未能达到理想水平。

7月2日　　星期一

上午赴Gdansk城市规划委员会。其介绍如下：

1. 城市之位置与地形

此城位于Wisla河流入波罗的海之河口附近，成为一千年来海陆交通的枢纽，地位十分重要。

在地形方面，沿海岸丘陵起伏，其后则为低于海面之凹地。另又有高于海面300m之高地。

Gdansk、Gdynia、Sopot、Elblag等城市都沿海岸分布，并有相类似的地形，以及可利用之风景区。

2. 城市历史发展

在过去一千年来，Gdansk的居住区分布于Wisla河两岸高地上。11世纪时此城与波兰联合，16至17世纪成为波罗的海最繁荣的大商港之一，波兰农产品多由此出口。19世纪出现工业化，市区得到扩张。

第一、二次世界大战之间，在政治上划分为波兰、但泽自由市和东普鲁士三个单位。因此波兰不得不另建Gdynia新港口。

3. 战争造成之损害

在第二次世界大战中，该市建筑损失60%(市中心区达90%)。此外，桥梁、道路、上下水道……都受到很大损失，但港口破坏不多。

Gdynia之建筑损失较少，但港口却被德军有计划破坏。

Sopot损失更小。

4. 地区之区域规划

第二次世界大战结束前已开始考虑区域规划(C. D. K)。

9年以来，已收集、统计了城市的经济、建筑、交通、能源、农业等各种材料。又收集了附近的Wejherowo及Elblag城的各种资料。其目的是要将Gdansk、Gdynia、Sopot三个城市统一进行规划。三者必须进行分工，又要相互联合，具体是：

Gdansk——海运、工业生产（主要为航海造船）、行政中心、文化娱乐中心、大规模运输、大商业中心……

Sopot——居住、疗养地。

Gdynia——货运及服务。

因此三城市间组成交通网是最重要任务之一（公路、电气火车……），另有包围于三城市的外围干道。

同时又要与附近的其他城市如 Malbork、Ctjew 等保持良好联系。

在文化娱乐与疗养方面，除了本地区，还应考虑到为波兰全国服务。

可惜在制定计划中无经济指标，以致产生了若干错误。

5. 三个城市的简要规划

制定于 1950 ~ 1951 年。系依照上级所决定的大原则及上述规划原则作出的。在行政上统一为一个单位。

考虑地形与经济条件，因位于狭长地带，不能全部覆盖以建筑，必须插入若干绿地，也增加风景景观。

以 Gdansk 为中心，它位于条形地带东端，在二战中被破坏最烈，因此有条件大量重建。它又是海运中心，可向东面发展。

而 Gdynia 则作为海运的辅助中心。

由于地形复杂，使 Gdansk 的交通建设出现问题。市内三条大干道存在若干缺点，如其中二条几乎并在一起。又如为了表现社会主义伟大，建筑物造得太高太密，对经济及卫生均产生不利后果。而公用土地保留太少，缺乏明确的经济指标等，也都是问题。

Gdansk 中心区

地形标高 80m，东南有海湾，北部为 Wisla 河入海处（有 600 年前建造之老港口）。

市中心有若干老建筑，位于 Wisla 河西侧（河中岛上有粮食仓库），南侧为郊区。市内街道太密太窄，建筑也过于密集（见图），主要街道朝向为南微偏西。

市中心原计划住 7 万人，后考虑不卫生，不方便，改为 5 万人。

规划时考虑利用原有古建筑，使文物建筑与新建筑有机配合（为了修复古建筑，使原定工程计划因此延缓）。而旧有街道与地下管道也尽可能加以利用。在街坊设计上，采用图案竞赛，以求群策群力。同时，也使较多的绿化带延入市区。在交通最繁忙的中心区，由于地形呈带状，只能采用平行的二条大公路和一条铁路，并以立体交叉的方式与其他道路相交（因带状市区长 30 公里）。

三市的总人口 40 万，其中 Gdansk 为 15 万人。

形成这种带状城市的原因是出于历史的发展。现在增建了一条快速公路予以补救，又开始使用电气火车。沿海另建供人行的道路一条。目前计划的年限为 20 年，由于国际贸易关系，至 1970 年人口可能达到 70 ~ 100 万人。

煤气供应在三市中采取统一处理。上水供应分五六个地点，但互不联系。下水道则将 Gdansk 与 Sopot 合为一个系统，Gdynia 为另一系统。目前供热方式为相近的几座建筑合用一台锅炉，将来则改为市中心集中供应暖气。

建筑与人口的比例关系方面，中心区由于有办公楼、旅馆等，比例数字难以决定。居住区一座五层建筑原定居住 700 人，但实际有困难，目前只能住 400 ~ 500 人，仍感拥挤（每间平均住 2 人），计划至 1970 年人均面积将达到 $12m^2$。绿化面积现在亦较少，如将来绿化增加，则建筑面积亦将受到限制。而建筑密度与环境有关，如与森林等绿地接近者，建筑密度可稍增大。

目前运输仅依靠公路、铁路，尚无空运，其中又以铁路运输为主。虽然有 Wisla 河 ，但河道太浅，仅能供1000吨位以下船只航行，因此必须待河道疏浚后，方可扩大水上运输。

Gdynia港的设备与地形，宜于远洋航行，是集中的整装货运港口。Gdansk港则是经济商业中心，是散装货物港口，在将Wisla河疏浚后，又可进行内河航运，以减轻目前陆运负担。Sopot则是居住与疗养地，不担负运输任务。

存贮货物之仓库，其租用由港务局管理。可分为短期存放、一周存放和长期存放（如生活用品……）三种。

目前客运也靠火车、电车、汽车等，将来要增加公路客运。空运不经济，现在少用。

Gdansk之工业区位于该市南部，即Wisla河上游，有造船厂、食品厂等。工人的居住区在其附近，往来甚为便利。

下午访问Gdansk城市设计局。

1. 城市改建计划

原来有不少Gothic式建筑，街道平面也非近代形式。

新的规划增加了绿化带。旧街道则稍有更改或添建。沿街建筑虽用周边式，但已非全部连续，并有进退。行政建筑、文化宫、电影院、旅馆、商店、广场……均集中于市中心一带。沿河则建林荫路。在市中心与林荫道之间为居住区、小学、教堂等。

居住建筑一般高四层，也有八层（三座）、十二层（四座）的。小学校以600人为标准，占地一公顷，用以服务5000名居民。

为了与老建筑（教堂）……相配合，新建的文化宫高度不大。

2. 建筑预制构件

依标准设计制作标准构件，以便于大量使用。一般居住建筑只用十种预制构件（外墙另用砖砌），可拼合成六种不同的居住单元。居住单元都有起居、卧室、厕所、厨房、走廊、楼梯等。其中二室户占80%，三室户占10%，四室占10%。建筑平面开间为3.25m。厨房仅$6m^2$，颇小，但有煤气设备与壁橱。居住面积占建筑面积79.2%。

屋顶及门、窗均用混凝土预制构件，屋架上横向放置水泥板，板上再加木挂瓦条。楼板每室仅用三块。外墙现仍用砖砌，明年开始用轻质预制块（可砌二、三层建筑），但其外表面须加粉刷，以阻雨雪侵入。

明年拟建八层之框架式预制构件住房，符合近代式结构，每室面积亦有所扩大。其开间为3.2m、3.4m及4m，亦可组合使用。

预制构件都由工厂制造，最重者达一吨。此类构件施工速度快，质量好，故其保养费用亦可减少。但建筑高于五层者，造价将增加。

3. 建筑建造及施工

每一立方米的建筑造价：预制构件为1000兹罗提（zt. 波兰货币单位），非预制构件为1150zt。

地下室均位于地下水线以上，仅供贮藏煤炭或晾衣服，故不用防湿措施。

外墙内侧有防湿处理。内隔墙（partition）贴2cm厚由木屑及草制成之防声板。

施工时多用机械。一般用一台起重机，40名工人，每五天可建房屋一层。四层建筑用砖外墙，内部用预制构件，其屋架部分构造见附图。建筑中用玻璃多，因国内产品甚多，且价格低。其双层玻璃可以隔热防寒。

7月3日　　星期二

访问 Gdansk 工业大学。

该校有建筑、土木、水利、造船、电信、电力、机械、金属加工、化工九个学系，成立于 1945 年。

学制有上午制、晚校、夜校三种。学生前者 5000 人，后二者 1000 人。

一、建筑系修学五年半，最后半年为毕业论文。全系学生 400 余人。培养目标与当地需要相结合，如设港口建筑教研组，国家计划教研组等，均为波兰其他各大学所无。

展览室中有一年级及毕业论文作品，因面积不大，学生成绩未能全部展出。

其主要课程：

第一学期：素描：须学习五年。第一学期仅需勾画出物体轮廓，并练习各种字体。
投影几何：其绘图须着色。
历史：上五个学期。先学西方古典柱式 (Five orders)。

第二学期：素描：较第一学期稍复杂。
结构：绘平面、立面、剖面及详部图。
建筑概论。
建筑史：古典柱式 (orders) 及古建筑。
投影几何：与结构有关者。

第三学期：素描：画石膏像，由头部到全身。
建筑概论：及于全部建筑及结构。
建筑设计：乡村建筑设计，用浅渲染表现阴影。
力学：学习五个学期。

第四学期：建筑设计：正图用墨线图，透视图用铅笔或墨线。设计课由 1 ～ 7 个教研组指导。
第一、二年，一个教研组。第三年，二个教研组。第四年，四个教研组。
第五年，七个教研组（公共建筑、工业、海港、乡村住宅、卫生设备、城镇规划、国家区域规划）。
结构：较深入、仔细。
乡村住宅设计。
建筑史：文艺复兴建筑。
素描：速写、水粉画。

第五学期：城市建筑设计：住宅街坊之平、立面图。学校，设计包括绿化。须简单着色。
素描：速写。
力学。
建筑史。

第六学期：波兰建筑史：文艺复兴及绘画。
乡村住宅设计：北方山地建筑（平、立面、透视）。
力学：钢结构。
素描：水粉画。
结构：单体构件设计及计算。

第七学期：素描：速写人体及建筑内部。
设计：划船站、车库。
力学：钢筋混凝土计算。
城市街坊设计。

历史作业：古建筑总体平面、平面与透视结合。

卫生设备。

第八学期：绘画：水彩画

建筑设计：电影院、电报局（绘墨线图）、天象馆、冷藏库（由工业建筑教研组指导）。

力学：木结构。

城市规划：港口设计。

高层建筑设计。

第九学期：绘画：水彩画。

建筑设计：图书馆、作家文化宫、汽车修理厂（平面圆形）。

城市建筑设计：学校与住宅之分布，城市平面。

力学：预制构件。

施工组织。

雕塑。

摄影。

第十学期：建筑设计：海港旅馆（并做模型）、电影院（一个入口、二个庭院）、半成品装配车间。

国家区域规划：工业、农业、居住区域规划。气候、水文条件之考虑。

绘画：水彩画。

雕塑。

摄影。

第十一学期：毕业论文有下列多种类型。

港口：旅行与运输中心。

发电站：火力发电。

大医院：十层建筑，包括门诊与管理房间，以及病房、工作人员住宅（做模型）等。

船舶内部设计：内部舱房的不同设计（图纸着色）。

大型工厂：包括厂门、办公室、生产车间、仓库、运输系统，以及生活设施、厂房（运动室、游泳池）（以石膏作模型）。要求外部简单、内部详细。

城市设计：就目前状况，作出改建设计（平、立面图，模型）。

二、区域规划教学

包括农业经济、气候、居民点分布，现有工业及城市规划等。

波兰原为农业国，现要成为工业国，故在此前提下进行教学。

教材一部分由国家提供，一部分由教师收集。主要就实例调查人口、农业劳动力、劳动效率，将来工业需要进行教学及规划设计。

教学工作由教研组集体进行，因教材由十几个方面提供资料，个人无法完成。

教师与学生进行讨论，并收集社会意见，题目有：如何实现工业化与农业现代化，住宅的大小与形式，文化娱乐场所，地区改造等。

三、船舶制造专门化：自建筑系中挑选优良学生，学习船舶制造的有关知识。

自第五年至第六年的课程有：

造船史。

造船学大全。

国际海上安全法。

造船设计包括：

① 已建成船舶之内部设计。

② 对造船工程师画设计之造船图，从建筑角度加以修改。

③ 自行设计船舶主要舱内及家具（半年）。包括船内舱顶灯具、照明度（足尺比例）。

7 月 4 日　　　星期三

访问 Szczecin 城。

一、Szezecin 之概况

此城位于波兰西北隅，市区面积 320 平方公里，列波兰第二位。人口 23 万余，列波兰第八位。

特点是绿化突出，每市民有 20 ～ $25m^2$ 绿地（郊外森林不计），市内又有湖泊。

住宅多为单幢之单层建筑。市内建有预应力的钢筋混凝土桥梁。

二、今年四月举行了全国建筑会议，着重于

新旧建筑的协调。过去有争论，非左即右。

中央机构的简化与企业化。

地方机构责任与工作的加重。

建筑技术。

建筑功能。

吸取西方各国的建筑经验，派 200 名建筑师出国考察学习，但不可生搬硬套。

区域规划的加重。

三、Szczecin 之市政规划

战后五年计划的重点是改建旧城。此城是港口与陆路交通的枢纽，距海岸 40 公里，港内水深 12m。惟建于 19 世纪之市中心颇拥挤，故今后拟建 4 ～ 5 层建筑。其周围居住区之建筑仅 1 ～ 2 层，又为绿地与森林包围，故以“绿色港口”闻名于世。工业区位于市下游到港口附近，即在阿德纳河的东部诸岛上。目前东、西二区的交通拥挤是最大问题。

二次大战中，市内有 14 座桥梁被毁，铁道、仓库、码头、驳岸及诸多工厂（造船、钢铁、造纸、制造、电厂、瓦斯厂）均遭重大破坏，居住区 42% 亦不存在。

战前有人口 38 万，1945 年减至 0.6 万人，现又恢复至 23 万，大部来自波兰东部，在造船厂等处工作，1954 年的人口增长率为 4.8%，现新生儿童占 8 万人，因此必须加快兴建托儿所、幼儿园及小学校。56% 妇女已参加工作（以各级机关及服装厂为多）。为此上述三项建筑的建造更为迫切。

战后的第二至第四年，集中力量恢复钢铁厂。第五至六年恢复船厂、港口、码头。也包括居住建筑。6 年计划内恢复造纸厂（欧洲最大纸厂之一）。居住建筑已建 12.5 万间，平均 1.5 人一间。

至 1960 年，人口将达到 27 万人（其中 1.2 万人来自外地，2.8 万人为新生儿童），此数据于 1952 年作出，看来甚为正确。因此今后增加居住用房是首要工作，尤以破坏严重的中心区，必须增建住房 5400 间。但一部已毁建筑不再重建，将改为绿化地带。在河东工业区附近也要建若干居住建筑。此外，全市须建小学 30 所及幼儿园 50 所（但仅能容纳现有儿童之 30%）。另外再建托儿所 20 所（仅能容纳现有人数之 20%）。又需建剧院及音乐厅各一座。并改善中央区的上下水管道网。

在交通方面，需新建桥梁六座（铁路与公路各半）。又增建电车线路。

要利用毁于战争中的砖石材料。可用于预制构件的制作，以及道路、运动场、拦水坝之基础工程。为此又要建预制构件厂三所（二所为露天式，一所为有屋盖者）。

四、参观中的其他感受

① 沿河道路采用高、低二层方式。

② 自桥上眺望教堂，对景优美。

③ 教堂附近已恢复一部分老建筑，形成了较好的环境氛围，并与邻近新建的建筑有良好的空间组合。

④ 城堡附近已毁的住宅，现改建为水池、草地及广场，对城堡起良好的衬托作用（见图）。

⑤ 路面铺材用水泥、石、砖、柏油……，取决于运输条件及造价。对交通量不大的道路以水泥、柏油路面为佳。也有用高炉废料制成的矿碴砖，效果不错，但费用较高。

7月5日　　星期四

访问波兹南(Poznan)市政规划委员会。

该市在 Welna 河西岸，现有人口 26.8 万人（预计到 1978 年，将达 60 万人）。依据地形，北面是很好的开阔地，但有铁路横亘，故只能向西、南二面发展。现拟将铁路移位，仍向北发展。

现工业区主要在市的东北角及东南角，少数在西南角，又建有电热站二处。

道路交通网大体呈放射状。客运火车站位于市中心，货运站在市东南角。

绿化带在郊外作十字形，郊内作圆形，再延伸入市内。

现市政厅为第一次世界大战前的德皇离宫。

部分新住宅区（印刷工厂）采用欧美式小型的二层建筑，恐不经济。

7月6日　　星期五

访问 Wroclaw 市。

一、Wroclaw 城历史简况

老城始建于 10 世纪，最初在三个小岛上，然后向南岸发展。12 世纪起，比利时移民来此建设。13 世纪因蒙古族入侵，老城被毁。

城的东、西、南三面均开凿有人工河道。内部街道均采用棋盘格式。

第二次世界大战末期，老城周围发生激战，因此损失重大。

该城于 1935 年有人口 63 万人，为一重工业城市。在二战前建设及交通均佳。但在二战中工业被毁 60%。

1945 年城市南、西二面及东面之住宅区损失最为严重，其程度仅次于华沙。

二、规划与建设

战后制定了三年计划与六年计划（见图），包括：

分期计划图（以不同颜色表示）。

每年建设图（以不同颜色表示）。

管道建设图（以不同颜色表示）。

中心供热站计划图。

街坊分期建设图（以不同颜色表示）。

小学、幼儿园、托儿所分期建设图。

建筑施工组织图。若无此图，政府将不批准该工程的实施。

从全市出发，考虑预制厂的位置以组织施工。大体划分为六个工区，每区都有材料厂及工地管理中心各一处。

以有工业化施工的建筑为重点，在图中以◎表示。另以不同颜色表示自 1955 ~ 1960 年每年工程进行的顺序。

依计划，至 1960 年中心区已可大体恢复。

至 1960 年，预制品将占建筑工程中之 38%，其运输以铁路及轻便铁路为主，公路次之。

已有预制厂二所（一位于北端，一在西南），均铺设临时铁道线。

战后头三年注重保护古建筑，后十年则计划恢复被毁古建筑。

古建筑中较著名者为历史博物馆。最早是 12 世纪比利时商人的聚会所。15 世纪时改为市政府。

其结构采用有肋拱之筒券天花 (ribbed vaulting ceiling)。现内部尚存有 15 世纪之壁画。

附近有一个 200m × 200m 大广场，由此可见商业与广场之关系密切。

馆内陈列有木制之旧城模型，比例颇大 (1 ： 500)。另有摄于 1938 年之空中鸟瞰照片二幅。

博览会会场：

1913 年德国人统治时建造。平面圆形，直径 100m，有座位 7500 个（容站人 25000 人）。

平面上四面各以一个半圆形穹窿 (dome) 支撑中央的大 dome，与拜占庭 (Byzantin) 的圣 · 索菲亚大教堂 (St.Sophia) 相同。

交通广场：平面呈方形之交通广场（见图）。

1. 周围建筑高五层，似太高，宜后移。

2. 旧建筑仅存三座，新建筑采用现代式样，不相配合。

又拟将中世纪堡垒之城遗迹改为公园。

恢复文物建筑之步骤：

1. 寻取废墟中尚存之雕刻并予以保存。

2. 对古建筑施腰箍、木架、钢架等，以维护其安全不致倒塌。

3. 修理古建筑外部与内部，先不抹灰，随后再行装饰。

大教堂之门廊 (porch) 建于 12 世纪，但经后代屡修，此次修理竟发现了一处地下密室 (crypt)。

三、工业学校建筑系

成立于 1945 年，现有学生 5000 人，教授 25 人，助教 45 人，分为五个教研组。

修业时间五年半，其中最后半年为毕业设计，与 Gdansk 大学相同。

波兰有四个建筑系，此即其中之一。分为五个专门化: 农业、工业、居住、城市、替代暖房公共建筑。

学生自一年级至四年级上学期为一般的基础教育，四年级下学期起开始专门化。但亦不绝对如此，还可学习其他课程。

建筑系各门课程之学习情况如下：

1. 建筑结构学：从砖石结构开始。制图除平、立、剖面外，又画透视图，并上颜色。

2. 投影透视：制图亦着色。

3. 素描：一至三年级仅绘物体之轮廓及阴影。

4. 建筑史：第三学期开始，学生要画不少图样。历史课包括四学期波兰建筑史，二学期近代建筑史。

5. 建筑设计：一年级学空间构图，以卡纸作建筑模型。

二年级之游艇站设计，时间为一年。

五年级之大剧院设计亦一年完成（须绘图 18 ~ 20 张）。

6. 工业建筑设计：题目为海港建筑，除图纸外，还做模型。

7. 公共建筑毕业设计：湖滨旅馆。一年时间，除建筑本身内容外，还要表述采光方式，并绘出结构详图。

设计中有突出的结构主义表现。表现手法采用浓厚色彩，富于刺激，与 Gdansk 大学建筑系风格相反。

另一作业为 Orbis 旅馆。位于市中心广场，高二十余层。绘有墨线图，渲染对比强烈。

8. 城市规划毕业设计：

对当地教堂岛作恢复计划。出于现代居住需要比古文物重要之观点，故其对道路、绿化、住宅、学校等等，大都采用近代的建筑形式和表现方式。

Nisa 老城重建计划：则为复古的设计。但仅外观仿古，内部平面及设备均为现代方式。

7 月 7 日　　星期六

至 Stalinoglod 市。

下午参观公园，内有井干式小院，公园模型、公共建筑则有天象馆、体育场、跳舞场等。

夜间观道路两侧之路灯，其造型颇佳。

7 月 8 日　　星期日

参观市青年文化宫。为五层建筑，1951 年建。内有下列众多活动室，均有专人负责指导。

1. 青年电机工作室，二间，有黑板及各种模型、工具，为 13 ~ 21 岁青少年服务。

2. 汽车制造室：造各种汽车模型。

3. 机器制造室。

4. 手工玩具室：有各种汽车、桥梁玩具，均由青少年制作。

5. 青年阅览室。

6. 儿童阅览室。

7. 电影院（兼剧场）：700 座。

8. 图书馆：藏书 2.2 万册，可借出。

9. 建筑画廊：有照片、图、模型。反映城市规划、居住及工业建筑、文物建筑、新建筑结构及施工、预制构件。

10. 室内游泳池：窗可开，又可外晒太阳。

11. 拳击室：拳击为波兰著名传统体育项目，曾多次在国际比赛中获胜。

12. 击剑室：击剑亦为波兰著名传统体育项目。

13. 物理实验室。

14. 化学实验室。

15. 生物样本室。

16. 开矿模型室。

17. 芭蕾舞练习室：壁上有长镜，室内有伴奏之钢琴。

18. 音乐练习室：三间。
19. 天文研究室。
20. 历史研究室。
21. 民族研究室。
22. 素描室。
23. 手工艺术室：刻花玻璃、玩具。
24. 雕塑室。

7 月 9 日　　　星期一

上西里西亚区的城市规划介绍

一、总的情况

1840 年前后开始采煤，后来逐渐发展为波兰最大的工业区。1950 年前进行勘察，1950 年以后才制作规划。

在二战以前此地无高等学校，文化程度亦不高，二战后至今，这两方面都取得重大发展。

该区占地 2400 平方公里，人口 170 万。1951 年成立 G.O.P 组织进行规划，是波兰历史中的首例。规划人员对煤矿区范围、农田区、居住区、人口、交通、管道、水道网及其他工业状况等问题，均作了深入调查。1951 ~ 1953 年作出规划，通过 25 次会议讨论，150 名著名城市规划专家参与，后经政府批准。

二、计划分为二部

1. 第一部分：为 700km^2 面积的工业集中地（A 区），1950 年有居民 120 万人（目前 160 万）。应使工业有继续发展可能。

2. 第二部分：为 1700km^2 面积的居住区（B 区），位于 A 区周围。1950 年有居民 50 万人。应使居民生活得以提高。

由上可知 A 区居民过于集中，一部必须迁往 B 区。为此要建造若干新城市（如 Nowe、Tyne 等）。

目前有七项工作必须解决：

①改善煤矿区的生产与生活条件。主要建设一些用煤的企业，迁出一些不用煤的企业。南面及西北面应为主要产煤区。又要发展采锌业。

②改善城市的文化与卫生条件。增加学校、医院、疗养院。

③居民与货物运输问题。将原贯穿 A 区之铁路取消一部分，改造为（电气化）之环形线，并对外辐射。再于此环线内增加公路。

④以绿化与森林区隔离各城市。四个小城镇被绿化包围，同时也与工业区隔离。同时也应考虑绿化与经济有关之问题。

⑤蔬菜、水果供应问题。G.O. P 之原有农田不能充分提供区内的上述需要，因此要以交通工具联系附近地区以解决之。

⑥改善风景。

⑦改善上水道。

但上述规划仍出现若干不足，表现在对气候、水文、社会与居民情况调查不够深入，统计数字不够精准。对煤业及其他工业如何发展亦不甚明确，因此政府命令继续工作，随时研究与修改。这些情况在 1953 年以后得到改进，为进一步详细规划创造了条件。许多波兰专家和院士都参加了这一工作。

在规划中，某些乡镇的规划也被送来，使若干问题能够联系起来得到解决。因此，G.O.P 的规划占全州面积的 70%，全州人口的 80%，即占有全州的大部分。待工作发展到一定时期，A、B 二区的许多差别也就消失了。

新建城镇到工业区的电气火车，使交通时间最多为半小时。

A 区最多只能容纳 200 万人，多余人口须迁至新建城市内。

若干工厂被迁出后，人口亦可相应减少（如将纺织等轻工业外迁）。

一般建筑采用四层。并对①电梯；②地质（地下为煤矿）；③人口过于集中；④使用各种新建材（预制构件、玻璃、塑料）等问题进行了研究和解决。

三、第二次进行的规划

1. A 区可分为东、南、西、北四部分，它们的分界根据行政与技术两个条件决定。

南区中心是 Stalinoglod，其他各区都有一中心。

每一部分都有一群建筑师在工作，分图用 1/10000 比例尺，总图用 1/25000。

每一部分都要研究建筑物的位置及其组成、交通问题、煤矿工业、人口的增长率、工业对居住的影响等方面问题。

例如：A 区之规划设计，须画出 1950 年、1960 年及 1970 年三张图，表示逐步进展情况。图中以不同颜色表示煤矿、炼钢、仓库、商店、住宅……的位置与大小，以及铁路、公路、森林等。

在 1950 年图中，可看到交通网不够，居住区及工业都很分散。但在远景规划中，将建设东西及南北二条电气化铁路及其他公路路线，并在文化公园处相交汇（但未形成几何形）。

工业区的分布须结合天然原料的来源与产地，而非由主观臆断。但可迁移之轻工业工厂则应移出。

居住区应选择卫生条件较好之处，但目前此种条件很难达到，于是可用绿化加以缓解。

文化与公用建筑在 1950 年规划中不够，现正设计学校、医院、商店等。

绿化投资很大，但住宅区与工业区都应围以绿地。

管道尽可能利用旧有的，再补充新的。

2. 新规划的优点

① 改正了旧计划的缺点，从而得到政府的批准。

如居住区与工业区的联系较过去紧密，又隔以绿化带。

四部分的联系大有改善。修建了三条东西向，二条南北向公路，既联系了 A 区内部，又联系了 A、B 二区。

② 在此基础上才对 B 区的交通网进行规划。

上水道水源自 Wisla 河及另一河取来，下水经处理后，仍流入前者。

③ A 区有三个大居民点（超过十万人者），27 个小居民点，大小配合，相得益彰。

电气化铁道将来要从目前的局部发展为全部。

④本规划是欧洲惟一的大工业区规划，也是一个区域规划。

3. Stalinoglod 市之改建规划

尽可能保存原有建筑物。

将快速车道置于一般路面标高之下。

火车采用高架式。节约用地面积，但带来较多噪声。

一部分公共及居住建筑高 12 ~ 15 层。亦可节约用地，但结构、管线及垂直交通费用增加。

因本市为州内首府，故公共性建筑（旅馆、歌剧院、马戏院、文化宫、运动场）不但供应本市，而且面向全州。

居住区一部住房高 7 ～ 12 层。

1950 年人口	少 12.5 万	建筑住房	33 万间
1960 年人口	增 60 万	建筑住房	38 万间
1970 年人口	减 50 万	建筑住房	40 万间

利用煤渣制预制水泥楼板，或堆作公园。

7 月 10 日　　星期二

Nowe Tychy 城市规划：距 Stalinoglod 城 16km，有铁路公路相通。

一、此城面积 25km^2，老区位于西侧，人口 1 万人，新区向东发展，将来要达 10 万人。

二、交通：

铁道较地面低 11m，火车站位于市中心，因居民都到他地工作，每天乘车有 3 万人。以车站为中心的城市轴线上，建有公园及运动场。

另有公路若干条。

市内主要道路为西南向，四角有广场（见图）。

三、建筑：主要公共建筑在中心区，较五层为高。市内有运动场六处（居民每人占有 5m^2）。

主要之百货公司在城市西区，食品仓库位于其附近。沿街建筑下层多为商店。

街坊位于主要干道之间，每一大街坊又分为四小区，每小区中建一小学校。

街坊之排列与苏联不同（见图），内部道路常采取不规划形式，故居住建筑之排列颇为自由。

各街坊间又插入绿化带。

疗养院在市区东北。

邮局、公共汽车站、钟塔都在火车站附近。

临时性预制构件厂在市西北。20 年后，此市建设完成，即可改为小型工业厂房。

大街中又有设过街楼者（见图）。

建筑高度亦有变化，常呈 step 形。有些建筑与人行道间建一矩形小平台，前置踏步。

市的主轴部分采用对称式，但整个市区为非对称的，且曲折富变化，颇有中国园林风味。

自主轴线望出，不见大建筑，而是绿化景色。

其新旧过渡区平面如图示。

居住建筑以四层为常见，其平面布置如图。

都市之集中照明，高达 30m，并采用回转式，故照明面积甚大。

四、绿化：市外西、南二面为面积广大之森林，东北及北面又有小森林二处。

四角广场以绿带与街坊联系。

在地势上，绿带低而街坊稍高。

铁道二侧也布置有绿化带。

7 月 11 日　　星期三

访问克拉科夫 (Krakow) 市城市规划委员会。

该市亦位于 Wisla 河北岸，旧城南端临河岸处为 Craco 堡垒。其北端稍远处，为 14 世纪建造的旧城，城中央有广场、市场及教室等。至18世纪时再发展了南岸的一部分，遂成为水陆交通之要冲。此城为波兰古城，17世纪建都于此，后乃迁华沙。

其道路系统，为以旧城为中心作不规则的放射状，东端为新建之Nowe Huta，乃钢铁工人居住区。

Wisla河南岸为工业区。

大学在城西南之绿带附近，成立已六百余年，著名的天文学家哥白尼曾求学于此。

铁路线将予以改造，两侧亦加以绿化。又在Krakow与Nowe Huta间建立绿化带。

另在城西南之低凹处开掘人工湖，以作为风景区及排、蓄水之用。

7月12日　　星期四

访问Nowe Huta市规划委员会。

一、自1949年开始规划，东部为钢厂，中部为居住区，南部为绿化地带。前二者总面积达10km^2，居民8.2万人。

1.居住区将分期建设，每一街坊规划居住5000人，最后居民数达到10万人。

住宅分为:2室1厨与3室1厨约占60%，更大的占3%，其余均为1室1厨1卫，供单身或新婚者使用。其屋顶阁楼供晒衣，地下室供贮物，已建造3.5万间居室。大多采用标准设计。房屋之开间、进深与华沙大体相同。又二室与三室户可互为组合。

2.道路交通：中轴线北为市中心，南对一湖泊。主要道路均稍偏向西南（见图）。

3.公共建筑：有运动场四处，戏院二处（1800座），医院二所（900床）位于市东南。商店拟建280座（已建150座）。已有小学24所，幼儿园12所（拟再建28所），托儿所32所。每街坊设文化宫一处。另有美术陈列室、大书店等。

4.工业：以炼钢为主，最大的是列宁钢厂（介绍见后）。

5.预制构件：尚停留在初级阶段，即限于楼板、楼梯、门窗、屋顶、檐口、烟囱等，用炼钢产生之矿碴加水泥制成，重量轻。1954年开始使用，1955年已建房屋6000间。目前砌墙仍用砖，但已开始试制大型墙砌块，重量自0.5～2吨不等。

二、目前有建筑师、工程师与经济学家400人共同参与工作，从设计、施工到内部装修及布置家具全面负责。设计院为波兰最大的，除为本地工作，也为其他地区服务。

房屋建造以机械化施工，6～9天可建一层。

市内多俱乐部。居民平均年龄仅24岁。6年新建房屋面积等于九个世纪Krakow的面积，建设与生活改善并进是其特点。

1949～1956年新生儿童达5400名。

目前学校不够，绿化偏少，建设技术上还有问题，居住房屋之设备尚不完善均须改进。

三、列宁钢厂

1950年由苏联设计，现每年产钢200万吨，扩建工程至1960年完成。总平面示意见附图。

厂内管道复杂，有煤气、氧气、热水、冷水、电气、上水、下水等。运输有专用铁道及公路。

目前厂内正大力绿化，明年将植树数万株。

主要建筑有办公大楼、炼焦车间、平炉车间、高炉车间、热压轧钢车间、冷压轧钢车间、电站、机器厂、耐火砖制造厂等。

晚间在老城的瓮城露天剧院观看古典戏剧。

7 月 13 日　　星期五

一、访问 Wawel 宫殿

宫堡始建于一千年前，现存遗物则建于 12 世纪初。

宫殿仅有一部建于 14 世纪，大部为 16 世纪文艺复兴初期者。但门上花纹仍有若干 Gothic 传统式样。其余为 17、18 世纪物。

18 世纪后半期波兰亡国前为波兰王宫之一，其后即为德人所占据。

有教堂，为历代波兰国王加冕之地。其 crypt 建于 1118 年，但教堂本身建于 14 世纪。

另有一小博物馆，藏 15 世纪木刻多件。

二、参观盐井

始建于一千年前，至 18 世纪才大规模开采。深度达 300m，我们仅到达 120m 处。

附近有教堂、博物馆及水池等。

7 月 14 日　　星期六

访问 Zakobane 市。该市位于波兰南部近边境处，规模不大。

使用标准图纸的建筑有：

① 文化宫。

② 邮政局。

③ 电影院：分 400 座、600 座、800 座数种。

④ 剧院：人数不定。包括观众厅、休息室、舞台及附属建筑。注意音响处理。

⑤ 医院：最多为 240 病床。

⑥ 小学校。

⑦ 幼儿园。

⑧ 托儿所。

使用标准图纸的缺点是立面与现有环境不协调。现每一平面配立面 10 ～ 15 种，最后选择决定权在州总建筑师。

7 月 15 日　　星期日

[整理者注] 本日文记缺，是否全体休息？原因不明。

7 月 16 日　　星期一

赴 Tatry 市的 Morkie oko。([整理者注]：疑此处文字或有脱误。)

一、标准设计

最初的标准设计是为了提快设计速度，而并非最后的典型标准设计。因此，开始时这种设计缺乏联系，质量不高，最好的建筑师都不愿参加。1953 年选择了若干较好的设计 (自 1000 份图纸中选 200 份)，但仅是旧图的重复使用或提供参考，主要是结构方面，如屋顶、平顶、砖墙、地板及若干预制构件。

在医院方面，超过 240 病床的就不属标准设计。学校依班级的多少 (3、5、7、11、15 班等)。电影院则按 400 座、600 座、800 座数种。

工作进行中采用表格显示法，已完成的填上，未完成的空出。如此可一目了然工程的进度和时间。

五年计划中要增加若干种类的标准设计，也以图表表示。对将要建造的房屋数量、分期，并亦可同样表示。

目前有工业、居住、公共建筑、农业、交通五个设计院分担标准设计工作。它们之间保持密切联系，有专家进行检查视察，它们虽属于业务部门，但又受城市设计委员会的双重领导。此工作刚开始一年，还不够成熟。

最主要工作是先定模数。

居住建筑先设计标准单元若干，再拼合成单体建筑（即一栋房屋），最后再发展为一个街坊。

标准建筑设计院另一任务是指导建筑工业化。因此要与各预制工厂及建造部门取得密切联系，以提出各种计划与造价指标。

二、工业设计院

受甲方委托，设计了各种仓库 80 种，并归纳为七种标准设计，由甲方选择采纳。

依政府指令，到 1958 年还可做非标准化的设计。此后，大型建筑也都必须采用标准设计，但实施中的困难是标准构件尚不能满足此项要求。

城市各部门所需的标准设计内容及要求已大体经过调查。但农村则尚未着手，如牛奶厂之牛舍（容 50 头、80 头、120 头）及养马场马舍的设计，都需分别进行，再上报政府批准。

7 月 17 日　星期二

访问华沙居住建筑设计院。

一、工作范围

设计居住建筑与公共建筑（学校、商店、车库等）。

二、标准设计

1. Wuch 市（纺织业中心）的市中心

全部采用预制建筑，每一建筑通常至少有三种图（其中之一为管道图）。

中心区建筑较高，周旁较低。

沿道路之建筑布置：主要道路二侧之办公楼、商店……沿街布置。居住建筑则以端部面街（以免噪声妨碍）。次要道路二侧之居住建筑则可沿街布置（见附图）。

住宅：一般 4 层，apartment8 层，少量小住宅为 1 ~ 2 层。每人面积 9 ~ 12m^2。

托儿所：2 层，可容儿童 80 名。内部划为四部，每部设置二门（一出一进）。

小学：有的通过设计竞赛，如 15 班级者，采取风车形平面、三合院等多种形式。

技术学校。

绿化带：各地的人均标准不一。

屋架结构：①一个整屋架（见图）；②中央用柱支承，其上用二个预制的半屋架（见图），可用于方形或矩形平面。

2. 工人住宅

四层，每层 12 户，设楼梯三处，有一室、二室、三室等户型，采用混合组合形式。使用横向承重墙（可节约费用 20%）。房屋开间 4m，楼梯开间 3.2m，房屋进深 11.2m，室内高度 3m（有人建议 2.5m，因天冷）。但厨房较小。若四层公寓均用预制构件，则因墙太厚重，运费甚高。且搬运过程中之震动或碰撞，可能使构件受损。故现场预制已成为发展趋势，当前欧洲之法、德国均用此方式。

非标准设计之 12 层公寓，每层 8 间，供单身或小家庭用（22.7m^2）。其各层门窗位置排列不依常规。

一般一栋建筑要用标准构件 76 种，2600 块，最大者重 2.5 吨，结合处以钢条焊牢。地下室的墙体用横向预制件，以上各层之外墙用直块构件，但窗下用横块（均为轻质水泥块）。施工时，须在平面图中标明吊车及轨道位置。吊车以二台为一组进行工作。

三、材料标本室

使用之木材多为松木及橡木 (oak)。地板或木板条表面胶上一层薄硬木板，亦用于天花。橡皮布也用于铺室内地面。木屑加颜色制成之薄板可作嵌板或家具。其厚者可作室内隔墙。而原料又有采用松皮屑及玻璃屑者。煤屑、石屑均可压制成小砖。石膏板也多用于室内。管子、把手可用塑料。各种材料皆有目录及说明。

7 月 18 日　星期三

访问华沙城市规划与建筑设计院。

一、科学研究工作于 1945 年已在卢布林市 (Rublin) 开始，虽然当时华沙尚未解放。

1949 年成立城市规划与建筑研究院，以及居住建筑研究院与建筑机械化施工研究院。

最初，在建筑技术研究机构名义下开展工作的，有四个基本研究机构，另有一附属机构研究道路交通。目前的组织如下：

城市规划：附城市规划设计工作室，对有关问题进行研究、设计。

建筑：工业、农业、风景、标准设计、建筑文献与图书馆，亦设建筑设计工作室，内容同上。

二、城市规划工作室

任务有二：

① 关于城市规划的实验；

② 关于城市规划的方法，由各方面特别是各地的总建筑师交换意见。

例如：Kielc 总图中的铁道路线，虽决定于二年以前，但经两年来的工业发展，不得不作若干修改。

交通中客运与货运应分开，后者应着重于将来的工业区。

现人口为 6.5 万人，规划为 15 万人，太多，要减少为 10 万人。为此市内交通网亦需调整，将原设计之穿城路线改为绕城。而本来位于西南之工业区移至东南或东北一带（见附图）。这种研究与修订工作，对提高青年建筑师的水平很有利。

又如波兹南 (Poznan) 市的城市规划：

研究院已作了四个比较方案，其发展方向拟向东面扩张，以达到容纳人口 15 万之目的。

建筑主要采用朝西南方向的平行排列，即不完全取周边式样（见图）。无论从建筑功能或经济角度考虑，此种不规则的行列式组合优于周边式。街坊中尚可保留一大块绿地，以建小学、幼儿园、托儿所。商店则布置在沿街路侧，其高度为一层，但并不置于住宅楼之底层。此外，各居住建筑之高度也参差不等，有起伏和变化。

但大学中有一道路贯通，对日后交通的发展不利。

车库采圆形平面。因未见详图，不知其具体如何处理？

大城市周围建立卫星城，是当前许多国家面临的问题，特别是交通方面。

主要交通干道（包括铁路）应置于市区周围，而不能贯穿市内。待至市区附近再建若干支线进入市内。如计划中的 Miasto 市即是如此。是以铁道、上下水、供热等系统必须与城市中的道路系统、建筑位置、朝向等进行统一综合考虑。

又可利用已沉陷的旧矿区及不能再建房屋的地带改作绿化带，即可化弊为利。

规划作出后，再从经济上进行比较，找出最适宜方案。

中选方案不论一份或多 份，都要再进一步研究。

一般城市规划，以 25 年为期，再分段进行。现国家的经济远景计划定为 15 年，因此城市规划也要改为 15 年。

重建和新建部分之分期也用不同颜色表示，并摄为彩照，分送全国各城市设计部门作为参考。

规划的讨论与协商（研究院与各地之间）的过程和纪录也印刷出来，供各地机构参佐。

将来对图例还要予以改进，以愈简单能一目了然为好（如居住区划斜线，工业区画斜方格）。

若全世界都采用同一种表现方式，则是最理想的。

过去六年主要作大城市的规划，今后则要做中、小城市的。

工作应简单化，要在 2 ~ 3 周内做出一基本方案。主要整理市中心区，先恢复遭破坏者，但需分期进行。新建部分也要分期。例如先清除废墟之砖瓦，对破坏过甚之建筑予以拆除，但纪念性建筑则须大力保护，受损者务必不能使其塌落。以上三种情况均以不同颜色表示在图纸中。

对绿化的整理与扩大，也同样在图中表现。初步是种草地，并尽可能利用不能营造建筑之废地。

最后之改建图亦有分期之表现，并用墨线绘制。

上西里西亚区的交通比较方案：

城市规划与建筑设计院以及波兰科学院都在为此分析与研究问题。

主要参考西德鲁尔区的交通资料（鲁尔区有人口 400 万）。

先绘制居住点人口示意图（人口数量、各点之间距离、交通量），运用公式：

$$p=z\times\frac{M_1+M_2}{L}$$ （德国公式）。

（[整理者注]：原笔记中未表明公式中各符号之内涵）。

交通量包括火车、汽车，一般之中心区交通量较大。现准备用高速路来解决，但也要分期实现。

华沙的交通交叉点的处理方法：

最好能够不用造价昂贵的立体交叉形式，而仅依靠目前的平面交叉 (one level)。但限于同方向每小时通过三千车辆，其方式有：

① 使用红绿灯，车辆左行。比较复杂，即一切车辆先停下来，再向左转，最后直行（见图）。或车辆向右拐，再直行。此种方法又与电车、公共汽车的停车站位置有关。

② 设二套红绿灯。即在左拐或右拐以前须有一个准备阶段。同时设人行道穿过街道（见图）。

③ 使用大转盘。车辆驾驶者须守交通规则并应有较高技术方可采用。步行者则须经地下道过街（见图）。

三、城市规划部门的工作

1. 主要是规划的定额问题。此工作已作了几年，现进行的是修正方案，已批准二种定额：

① 总体规划定额；

② 街坊规划定额。

所谓定额是远景规划的，在实现前的过渡时期还必须有临时定额与措施。后者的额度较远期者为低（一般是以远期定额的百分之若干表示）。

2. 其次是对人口的分析、分类。

3. 公用设施：近期与远期的差别。

4. 郊区规划。

5. 历史与目前：对历史方面研究较目前的为深入，对近代（目前）问题研究，在选择命题、工作方法与培养人员等方面均有不足（全波兰皆如此）。例如标准图纸的问题，全面实现和统一认识均属不易。但都是实现建筑工业化和现代化的重要工作。

在建筑方面，1946 ～ 1947 年已开始向规格化进军，但仅是任务的定额。首先是居住建筑的定额。甲方要求大单元的住宅（房间的数量与面积都希望大）。在欧洲，生产率最高是波兰，每年约增加 2%。其次是国家工业化与城市人口的增加，除了消除因战争破坏及资本主义遗留的不利条件，还要努力改善人民现有的生活条件，兼顾到最经济和实用。一般采用一户一室、一户二室、一户三室及一户四室的形式，再加附属的厨房和浴室。其各类比例如下：

一户一室无厨房的占 10%（单身），一户一室有厨房的占 43%，一户二室占 37%，一户三室占 10%，一户四室占 2%。其造价则颇不一律，一般 100zt/m^2，多者可达 200zt/m^2，例如 Mactow 市的就比较低廉。

建筑工业化是今后的发展方向，波兰已造了一批这样的建筑，但未解决造价偏高问题。如大型预制块就要贵 10%，也就是说主要是建筑材料问题，而不是人工问题。

建筑标准化最突出的是针对居住建筑，其次是学校和医院。依不同定额出不同标准图，可节约时间，提高质量。

对于建筑的研究工作，已不再作古典方面或纯粹理论方面的工作了，而是将理论与现实实践相结合。

首先是研究居住建筑设计，包括单体和群体。就其位置、生活要求、阳光、通风、照明等方面进行研究。其次是学校、医院、文化宫等。均需制出设计手册，各种标准构件（屋顶、墙、门窗、栏杆）手册、造价分析、各种建材应用（石料、陶制品、石膏）。上述经研究之资料均公开发表，供各方面采用。

农村建筑则是较难问题，应包括国营农庄和集体农庄之设计。具体的如日照对鸡舍、牛棚、马厩、猪圈之影响。而且日照良好的鸡舍，每只鸡年产蛋量可达 70 ～ 100 枚。

出版各种研究成果图书。

专题卡片，每 1 ～ 2 月出一次索引。

放大照片。

制作日照仪器：有三种型号，使用它可绘出每一建筑任何时间日照的部位，由此可调节建筑的高度及其间之距离。而建筑立面也可得到调整。

修整古城旧观及修复古建筑之费用，要多于新建筑 50%，且其使用价值亦不如后者。但从历史文化和人民的思想感情而言，其价值和效果则是无法替代的。

7 月 19 日　星期四

一、访问华沙居住建筑研究所

此处为建筑师与工程师联合的创造性工作，追求并利用能应用于建筑的各方面最新科学成果。

工作人员包括建筑师、工程师、设备工程师、工地组织与施工工程师、建筑材料制造工程师。有教授、工程师、学生等。

标准图纸已实行一年半，目前研究用大型预制块建造房屋，预定 1957 年开始实现。目标是大量生产与降低成本。

现在用 33 种或 50 种构件，就可建成一栋多层房屋。

何谓近代建筑？除结构、造型与功能外，又可以每 m^3 的重量来衡量。如砖石建筑：1500kg/m^3，预制构件建筑：600kg/m^3。后者之外墙除本身重量外，并不承重，如用泡沫玻璃构件则可更轻。外观亦更自然。

9000m^3 建筑，用 2500 件预制构件可建成。同时也可充分发挥起重机的效率。在德国使用了厚 15cm

的钢筋混凝土框格作为室内间壁。既可承重，施工亦方便。苏联则用钢筋混凝土预制块作承重墙，可建七层公寓，但下层之构件内使用钢筋甚多。

每层楼板之间高度为 3m，完工后净高 2.8m。

四层住宅每座施工期为三个月，但基础部分除外。

二、波兰建筑学会(SARP)

总会在华沙，全国各地设分会 14 个，各分会有领导人一名，委员会人数不定。

全波兰有建筑师 4500 人，会员 3000 人。华沙有建筑师 2000 人，会员 1500 人。

领导工作分为三部分，各有副主席一人主持。

①内部事务；②对外交流及联系；③创作及活动。

对国际建筑学会的联系由 Silcus 夫人主持。

对外曾作各种访问活动，但需要外汇。但多属专题访问(如对荷兰的农庄、法国的预制构件厂、意大利的工厂)。

无需花费外汇的对外访问，常采用交换访问形式。如波兰与德国各派 20 位建筑师的互访。对邻近的社会主义国家如捷克斯洛伐克，波兰派出代表团 30 人，自乘大客车，自带食品前往访问，而无须花费任何费用。

最近计划派赴法、德、意三国的大访问团，准备带若干有关建筑之电影及展品去，归来时也带回对方有关的电影及照片。

创作活动：包括竞赛(今年有 25 个)、展览会、专题报告等。

竞赛：①公开竞赛；②特约竞赛。

正准备 75 人参加 1957 年在莫斯科举行的国际竞赛(苏联计划全世界有 2000 人参加)。

全国一切竞赛都由学会主持，但奖金由政府支给(得奖会员交税 5%，非会员交 15%)。

学会经费去年预算为 200 万 zt，政府又补助 400 万 zt，共 600 万 zt。

学会自会员交纳会费中取出部分，作为补助会员之特别用途，如津贴会员寡妇之类。

学会与政府保持密切联系，也对政府工作提出批评。而会员也对学会工作不断提出尖锐批评。这些都对工作起有益和积极作用。

出版刊物二种：学报及通报。

分会工作也很忙碌和紧张，因分会下尚有支会，常讨论建筑创作的优劣(如最近 Krakow 分会对农村建筑的讨论)。

7 月 20 日　　星期五

访问居住研究院。

一、组织机构

1. 名称：居住建筑研究院。

2. 隶属：波兰建筑部(此部由建筑工程部与工业建设部合并而成)。

3. 组织：

① 人员：局长(院长)。

副局长(代理院长，负责技术)。

副局长(负责经济)。

副局长(负责构造经济)

② 单位：计划室。

资料室（同时对外联系）。

构件与标准设计室（任务与标准化）。

大型砌块研究室。

当地取材研究室。

建筑群经济研究室。

二、工作范围

成立于 1949 年，当时还有土木建筑技术研究所、工业化与工地组织研究所、市政工程与经济研究所、城市建筑研究院等机构（此外大学也有一些研究部门）。因此分配到此研究院的任务，仅限于居住建筑的技术与经济问题，以及全国居住建筑的调查与计划问题。

是以决定居住建筑及建筑群的设计，与建筑材料、建造方法等就成为本机构的主要工作。同时也开展对居住建筑的居住效果及经济效果的研究。三位副院长各领导一个研究大组，每大组又分为四个小组。

第一大组：

第一小组：计划与标准化。

第二小组：大规模建造与大量生产。

第三小组：大型砌块。

第四小组：研究与实验。

第二大组：

第一小组：当地取材。

第二小组：建筑标准化与规格化。

第三小组：经济定额指标及预算。

第四小组：建筑成本。

第三大组：

第一小组：建筑群的经济研究。

第二小组：经济统计。

第三小组：投资计划组织及方法。

第四小组：科学技术资料（图书馆目录、出版、编辑）。

目前研究工作主要解决建筑的技术问题，即大批居住建筑如何使用大型砌块问题（目前砌造虽用大型砌块，但内部之调整、装修仍用手工）。又研究轻质水泥块、矿碴混凝土、水电、暖气设备、装修等。以及工业化、规格化与预制构件的关系，小型构件与地方性建筑、居住建筑中使用黏土、石工技术的改进，以及各种单价定额。

过去十年内又对小型单栋建筑的技术问题进行探讨。为此建造了三座实验性房屋，一座用泡沫水泥块，一座为黏土砌块之二层建筑，另一座为大型矿碴砌块之建筑。

又对全国居住建筑的现状及发展作出调查统计表，作为院内工作方针的基本依据。并探讨居住建筑经济分析指标和街坊布置的合理性问题，积累工地施工经验。

收集有关文件资料，并与 35 个同性质的国外研究机构进行交流。

黏土预制块：

体积约等于 5 块普通砖大小，即长 33cm、宽 21.5cm、厚 16cm，由砂、黏土及稻草（占 20% ~

25%，长度为 5.6cm）组合成。以手工制作。15 年后强度与砖墙无异。

可用于外墙（厚 50cm），但要在屋顶下加钢筋混凝土腰箍。砌造时亦用黏土为灰浆。

使用夯土墙则在转角处加木骨。

预制构件建造之房屋较一般材料为贵。在苏联贵 15%，捷克贵 20%，波兰贵 25%。

使用轻质水泥块在瑞典已可砌造四层住宅建筑。波兰目前仅为二层，且第一层须用砖或空心砖。

现在又有于厚 24cm 之墙体采用钢筋沿凝土框架格的，框架长 6.35m，高 2.75m，内中隔为若干 18cm × 18cm 空格，以填塞预制墙块（见图）。

对于预制构件，造价昂贵是一个问题，但也应当看到它能节省建造时间，使建筑能提早付诸使用。然而目前尚缺乏这方面的科学计算（即找出费用与时间的关系）。而预制厂的设备折旧计算也不尽合理。

因此对预制构件的生产是采用集中生产的大厂，或半工厂式或现场制造三种方式的哪一种最为合适，也要因时因地因工程性质及大小等诸多因素而定。此外运输距离也很重要，供应范围在 10 ~ 15km 间，费用增加 30%，距离更大则更不经济。

7 月 21 日　星期六

访问华沙工业大学。

一、其建筑系学生修业期五年半，最后半年做毕业设计。与前述其他大学建筑系一致。但入学考试须作：①几何形体素描；②小建筑素描；③想像素描。

二、各学年学习课程项目及内容如下：

1. 第一学年

① 古典建筑训练：通过徒手画及测绘学习表现方法，或将照片改绘为草图。至第二学期即绘整个 facade 及详部设计。如公园中之座椅，要求草图及正图都为透视。

② 素描：绘静物或建筑之详部模型。

③ 建筑投影：绘建筑群的平面与立体透视图，着色。

④ 建筑结构：徒手或正规画（墨线、着色）。

⑤ 暑期生产实习：测绘农村建筑之平、立、剖面。

2. 第二学年

第一学期：

① 建筑史：依照片作钢笔徒手画；对二层建筑（下层列拱，上层倚柱）之形体、比例、装饰进行分析，由整体到细部，画草图及正图。

② 建筑设计：自由命题，发挥自由想像力。

③ 建筑结构：结构之平、立、剖及透视图。

④ 建筑素描：对实物（家具）以铅笔或炭笔绘出。或以透视法画出实物，包括复杂的内部透视图。

第二学期：

① 建筑史：中世纪建筑，教堂的比较（平面、立面及细部）。

② 建筑设计：小住宅或夏季小屋，题目内容及结构均可自己择定。

③ 建筑结构：楼梯、屋架、门窗。

④ 建筑力学：线条、着色。

⑤ 暑期作业：古建筑速写（要求准确，注意线条）。

3. 第三学年

① 建筑史：文艺复兴作业。

② 建筑设计：公寓、学校（三年级下学期）。

③ 建筑力学：线条、色彩。

④ 城市规划：小的快图（二小时）。内容为小广场、市中心或村镇中有教堂之广场（绘出平面、透视图）。

⑤ 暑期测绘：古建筑（以文艺复兴为主，有助教指导）。

4. 第四学年

① 建筑设计：室外游泳池、湖滨旅馆。图纸可大小不一，表现亦自由。

② 建筑素描：

③ 城市规划：小城市的平、立面及绿化设计。

5. 第五学年

建筑设计：每年做 3 ~ 4 项作业，如高层居住建筑、粮食仓库、冷藏库、文化部电影院（注重内部装饰）。

6. 毕业设计：第六学年上半年。不上课，但有时听有关讲演。设计内容极为广泛，由教授指导，但学生可保留自己意见。已设计题目有以下多种：

① 纪念性建筑：如为国牺牲的战士、烈士的墓葬、纪念馆。

② 百货公司：市中心（缺结构图）。

③ 博物馆：地址在华沙北，有图纸 16 张，照片 15 张及模型。

④ 歌舞学校：大小图纸 17 张。

⑤ 城市规划：斯捷恩市之一部，图纸 13 张。包括总平面图、局部现状图、道路系统图、上下水道图、供暖管道图、绿带图、改建计划图（平面、立面）、鸟瞰透视图（二张）。一名学生工作九个月。

⑥ Zamosc 城市规划：图纸 18 张，有旧立面图、新立面图。

⑦ 画家及雕刻家工作室：此设计成绩不佳，仅获 3 分（即勉强及格）。

⑧ 养马区设计：图纸 14 张。

⑨ 图书馆：图纸 14 张，成绩亦仅 3.5 分。

⑩ 美术学校：图纸 15 张，另有着色之模型（水池以下贴蓝纸，上盖玻璃表示）。

⑪ 小博物馆：图纸 11 张，有模型。

⑫ 歌舞学校：小图纸 18 张。

⑬ 美术中学：图纸 20 张，有模型及照片 3 张。

⑭ 博物馆：图纸 14 张，有模型。但成绩不佳，未及格。

⑮ 医院：肺病疗养院，采用分离式小建筑。图纸 18 张，有模型及照片 4 张。

⑯ 山区疗养院：图纸 9 张。

⑰ 高层住宅：图纸 13 张，有模型及照片 4 张。

⑱ 百货公司：图纸 10 张。

⑲ 意大利大使馆：图纸 13 张。

⑳ 森林中小文化宫：图纸 13 张。

以上设计，均缺少施工组织图，结构图也很少。在设计思想上，青年人有走极端的现象。

三、其他教学情况

学生每年毕业约 100 人，但亦有部分学生留级或不能毕业者。

现有教授 20 人，助教 60 人，学生 600 人，除教学外，部分助教还担任研究工作。

建筑设计课一名教授最多带 50 名学生，一名助教带 7 ~ 8 人。

在专业化方面，居住建筑及城市规划之教授带学生多，工业建筑、农业建筑之教授带学生较少。

因学生较多，目前绘图教室不够，因此学生无固定的绘图桌，甚为不便。

有系图书馆，因面积小，许多资料无法展出。

建筑理论方面，没有设立教研组或专门课程，也不附属于建筑历史课程内。原因是对理论很难得出一个适当标准，因此目前尚在研究中，只能对具体事例进行分析与批判。如果要谈建筑理论，必须要了解全世界的建筑情况及其发展前途，不能从杂志、报刊上随便收集一些资料就下结论。因此研究它是一个相当漫长和艰巨的工作。

建筑历史教学：

教师与学生合作收集古代建筑的资料、照片以及测绘图（约有1000种），设立于波兰建筑史教研室。有自己的图书室，建立照片与历史卡片档案。

出行前关于波兰若干情况的介绍

一、政府主要官员及有关部门负责人

政治会议常务委员会	主席	沙瓦斯基
	副主席	登布斯基（兼科学院院长）
统一工人党书记		阿哈布 (Ochab)
建造部：城乡建设	部长	彼德洛夫斯基 (Piotlovski)
工业建筑部	部长	巴宾斯基 (Babinski)
材料工业部	副部长	Grzymek
城市规划与建筑艺术委员会主席		Skipnevski
驻波兰大使		王炳南
波驻华大使		Kyrerok
华沙市人民委员会主席		阿努布勒哈特

二、波兰建筑师协会（SARP）

Evgenii Wiergbicki	SARP 主席，二次国家奖金
Juzef Jaszunski	SARP 副主席
Jerzy Kowarcki	SARP 秘书长
Tadeuth Barucki	SARP 理事
Jan Zachwatowici	波兰科学院院士，国家奖金
Boleslaw Malisz	《城市规划》杂志主编，国家奖金
Adam Undrgejewski	住宅建筑设计院长
Jozeaf Rybiski	Gdamsk 工学院建筑系主任
Kazimir Wejchert	教授，Nowe Tychy 城市规划负责人
Miecguslaw Ganoski	斯捷金工学院讲师
Henryk Lemulis	佛罗茨瓦夫市分会主席
Eji Boguszi	工业设计院建筑室领导人
Szymborski	统一工人党社会科学院研究生
Zajac Krasinska	城市规划委员会设计局长

三、著名人物及华沙著名建筑

诗人	戈白里
音乐家	肖邦
天文学家	哥白尼
科学家（物理）	居里夫人
Sicos 夫人	著名建筑家
华沙瓦舍基公园	意大利建筑师摩里尼设计，树木已二百余年
华沙著名大街	斯大林大街
	乌雅斯托夫斯基大街
华沙著名教堂	历山克山大

	圣安尼(16世纪)
	菲斯坦丁诺夫斯基
纪念像	肖邦
	亨顿尼 · 克拉基(建筑师)
三十字广场	
宪法广场	有统一工人党大楼
Sikmond 国王堡垒	锡屋顶

马雍斯达特工人住宅区

知南汽车厂、服装厂、重型汽车厂

分区供暖设备

华沙雅基隆大学

莫斯科电影院、布拉哈电影院

大医院二

Pot clock 咖啡馆、欧洲咖啡馆(华勒斯基广场)、精奇咖啡馆

四、1956年4月17日全国的建筑会议决议内容

1. 城市规划与投资
2. 建筑设计与建造
3. 建筑材料与预制构件
4. 建筑工业机械化与建筑施工机械
5. 干部培训
6. 社会生活与经济建设
7. 建筑科学研究工作

访问苏联笔记*（1956年7月25日～30日）

1956年7月25日　　星期三

访问莫斯科建筑学院。

一、各课程的教学情况

1. 建筑初步：一年级课程

① 古典柱范：以单色渲染，色调较淡，光线柔和，前后层次分明。

② 古建筑：题材除希腊(Greece)、罗马(Roman)外，还有俄罗斯民居。绘出平面、立面、剖面和透视。

③ 建筑实测。

2. 二年级建筑设计：

① 公共汽车站。

②小住宅。

3. 素描：整个作风是古典气氛浓厚，审慎而真实，与波兰之作风迥异。

① 一年级：画石膏模型（建筑之局部装饰）。

② 二年级：画石膏模型（人体头部到全身）及小建筑写生。

③ 三年级：人体写生，及较大建筑写生。

④ 四年级：题材与三年级相同，但较复杂，又有速写。

4. 水彩：仅二、三年级学习，画面有大幅及小幅者，着重形体、构图与色彩。另有技术水彩，专门表现建筑材料与造型的特点和气氛。

5. 雕塑：内容有木工镶嵌、木浮雕、石膏浮雕、壁画、金属板刻画、玻璃刻画等。

6. 投影几何：仅用线条，不着色，故不若波兰之醒目。

7. 建筑结构：图纸表现亦用线条而不着色。

8. 毕业设计：

① 城市规划及街坊设计：包括城市总图，街坊总平面、总立面，街坊分平面、分立面、分剖面、分结构图，总鸟瞰图。技术方面则有采光、通风（街坊及室内）、传声（街道及电梯）、暖气、上下水、施工组织图等。

在设计原则上，商店不附于住宅之下层，而另建单层平房，位置与主要街道平行。公寓楼在主要道路两侧者，与道路成90°排列（即以山墙面临路）。次要道路则可与之平行。中央留绿化地带，亦可置小学、幼儿园、托儿所。

公寓一般高四层，再加一暗层用以晾衣，以上做法俱同波兰。公寓外观简单朴素，用坡屋顶，无走廊、阳台，外部亦无线脚装饰。仅在高低、大小上有变化。

② 公园设计：对树木种类及配置有较深入研究。除总图外，尚有若干小透视图，小细部图。

③ 夏令营：为青少年设计者，多在风景优美处。

④ 工业建筑：有重型机器厂、化工厂（塑料、玻璃纤维）、食品厂、预制构件厂，每种有二、三不同设计。又有高100m之冷凝塔。

⑤ 农村建筑：各地区的农村在环境、气候、建筑都有差别，因此设计可出现多种变化。

其建筑大体可分为三大类：居住类、公共建筑类（食堂、电影院、运动场）、生产类（牛舍、猪棚、拖拉机站、仓库）。

9. 研究生课题：

① 大型预制砌块的经济价值。从材料、造价、人工、建筑层数、施工组织及效应等各方面进行对比，最后得出综合结果。

② 彼得大帝时期的建筑标准设计。有住宅（一层、二层）、兵营、仓库等。又作其街坊复原图。

---

*［整理者注］：此日记之起迄日期均不明确，且大部分记载均甚简略，故疑多有脱遗。根据日记估计代表团抵达莫斯科应在7月24日或稍前，而离开时间则可能在7月31日凌晨。

二、教学座谈会，由布宁（A.B.ByHИH）副校长主持。

1. 苏联教学计划的改革。

综合性的教学计划。又考虑其经济性问题与生活问题。

2. 工作中的不足

已开始使用大型预制建材，但其艺术处理不够，外观较单调。

要学习荷兰和瑞典建筑的成功之例。

3. 合作问题

包括国内各教学、科研、生产单位间的合作。

也包括和社会主义国家以及其他国家有关部门、单位的国际合作。

7月26日　星期四

[整理者注]：本日笔记缺遗，原因不明。

7月27日　星期五

上午11时，访问位于莫斯科西南区之莫斯科大学。下午4时，参观艺术画廊。

7月28日　星期六

上午11时，参观克里姆林宫（建于1838～1846年）。下午4时，拜谒列宁墓（在红场侧，克里姆林宫前）。又参观基辅车站。参观标准设计展览会，有图示300+150种，包括学校200座，剧院100座，疗养院70座及其他。

7月29日　星期日

参加建筑工作者节日大会。参观建筑技术展览会。

7月30日　星期一

上午 参观全苏农业展览会，诸加盟共和国各有其独立展览馆，均为一律之仿古典建筑形式。

[附表]

自莫斯科返回北京之火车时刻表

城市	到	停	开
莫斯科	——	——	1 : 30
喀山	3 : 55	0 : 40	4 : 35
新西伯利亚	6 : 55	1 : 00	7 : 55
Omck	10 : 45	0 : 40	11 : 25
Hobo Cudupck	13 : 25	1 : 20	14 : 45
Kpacnoyarck	16 : 55	0 : 50	17 : 45
Up Kymck	20 : 40	6 : 00	2 : 40
库伦	4 : 25	0 : 45	5 : 10
北京	8 : 50(北京时间13 : 50)		

古建筑年代杂录（1956年）

1. 苏州百花巷潘世恩宅之楠木厅，其柱头有卷杀。

2. 山西五台山新发现之南禅寺正殿，平面近方形，面阔、进深皆三开间，单檐九脊殿式屋顶，建于唐德宗建中三年（公元782年），较佛光寺大殿（建于公元857年）早七十余年。

3. 山西平遥镇国寺大殿建于五代刘汉天会七年（公元963年）。平面亦近方形，面阔、进深俱三间。单檐九脊殿顶。

4. 大同善化寺普贤阁经今春重修，发现有墨笔题字，系金贞元二年（公元1154年）所建。我们在过去所写的《大同古建筑调查报告》内，称其为辽末遗构，实大错误。

5. 去年北京文整会发现 北京北侧城垣内，有（元?）漕运使王公德常去思碑，其旁并有数木枋，表面隐约有墨线所绘的彩画底线，已作一整二半的旋子构图。惟旋子有涡形及叶形二种，略如明智化寺彩画，可为明、清彩画之前身。在彩画演变史上，实为一重要证物。

6. 故宫内庋藏佛像之地点，除一般熟知的雨华阁外，尚有佛日楼、梵华楼（均在东路北侧）及慈宁宫之后殿。又奉道像者有一处，亦在东路。

7. 苏州虎丘塔下部六层之砖，有“武丘山”、“弥陀塔”、“己未建造”、“王记”、“塔”、“塔记”、“正”等多种铭记。

砖与砖间用黄泥浆砌造，中杂开元钱，而石灰成分绝少，是为此塔倾斜原因之一。

其第七层系明末重建（此时塔已向西北倾斜）。所用砖上有“福、禄、寿”三字，与毁于太平天国时之大殿所用砖同一铭文，可见皆建于明末（大殿之建造年代有碑记及一手卷可凭）。

有关苏州园林花木的若干问答（1957年）

1. 枫杨是不是榆树？

枫杨属杨科，榆树属榆科。

2. 榉作“椐”是否正确？

“椐”误。

3. 苏州有无杜鹃？

甚少。

4. 牡丹花台的位置，以受阳光多好？还是少好？

宜受阳光，但它夏季不耐热，可搭棚遮阳。

5. 哪些花木宜植于阴湿处？

山茶、杜鹃、天竺、枇杷、松、柏、秋海棠、玉簪、书带草、紫萼、竹。

6. 哪些花木宜植于当阳光处？

紫薇、玉兰、海棠、六月雪、迎春、黄馨、棠棣、紫荆、莲花（阴处不开花）。

7. 落叶树与常绿树如何配合？

种落叶树的目的：夏季遮挡烈日。秋冬不挡阳光。

厅堂前种玉兰、紫薇、桂花。书斋前种梧桐。小厅前种海棠。

牡丹、松、竹、石榴、枇杷不种在主要厅堂前，但可种于花厅前。

8. 哪些树木的体形、姿态较为古拙？

① 常绿乔木：松、柏、白皮松。

② 落叶乔木：枫杨、榆、榉、枫、银杏、朴。

③ 开花乔木：紫薇、银薇、梅花。

④ 观叶乔木：乌桕、枫（另有青枫、红枫、三角枫等）、榉（绿转红）、银杏（绿转黄）、女贞、杉、槭。

9. 生长较快的树木有哪些？

梧桐、枫杨、槐、栋、紫薇。

10. 生长较慢的树木有哪些？

松、柏、桂、香樟、黄杨、朴、银杏、女贞、棕榈。

11. 何种部位宜植何种藤萝？

① 宜于树木的藤萝：爬山虎、凌霄、薜荔。

② 宜于峰石的藤萝：爬山虎、凌霄、薜荔、紫藤、首乌藤、枸杞、虎耳、雪里红（均宜少不宜多）。

③ 宜于花架的藤萝：紫薇、木香花、香水花、蔷薇、葫芦及其他瓜类。

④ 宜于墙壁的藤萝：爬山虎、薜荔、香水花、蔷薇、木香花、雪里红。

⑤ 宜于水溪池岸的藤蔓：爬山虎、迎春、枸杞、书带草、薜荔、虎耳草、石蒜、秋海棠、六月雪、黄馨、玉簪花、杜鹃、德国花芦。

12. 如要达到园中有四季不断开花（或结果）的效果，一般应种哪些花木？

① 春初：梅（花红、白、淡绿）、迎春（花黄）。

春末：玉兰（花白）、桃（花白、淡红）、杏（花红、白）、樱（花淡红）、碧桃（花白、红）、绣球（花白）、海棠（花红、淡红）。

② 夏初：牡丹（花白、红、紫）、紫藤（花紫）、梨（花白）、杏（花红、白）、杜鹃（花红）、夹竹桃（花白、桃红）。

夏末：石榴（花红、白）、莲花（花白、淡红）、枇杷（花白）、紫薇（花红）。

③ 秋初：桂（花白、黄、红）、柿（花淡黄）。
秋末：菊（花黄、白、浅绿、墨绿）。
④ 冬初：玉兰（花白）。
冬末：蜡梅（花黄）、山茶（花红、白）。
13. 哪些树木根部能损坏建筑物与石山？
梧桐、枫杨、楝、广玉兰。

复李济先生函*

济之先生赐鉴：久未通候，正深驰系，忽奉

手示，辱承

唁问次女叙彤之丧，辞意殷切，捧诵循环，存殁俱感。叙彤之病，初起甚轻，抽筋以后，遽成不治，宛如暴风骤雨，猝然而至，不仅弟等彷徨失措，即医生亦束手无策，只有付诸天命而已。盖棺以后，迄于最近，病名犹无确论。以症状观之，其为脑部发炎，似无可疑。当时即使获救，亦成废人。际斯乱离，能就此解脱，在渠本人或尚为不幸之幸，故亦不足深悲。

新宁失而复得，附郊庐舍为国军轰炸，什存一二。舍下虽硕果仅存，但兵燹以后，仅余躯壳，恐不久亦荡为灰烬也。专复顺候。

老伯大人前祈叱名问候。

嫂夫人均候。

再者，顷接曾小姐**致拙内函，备蒙慰问，感谢莫名。惟拙内旧患心忡，

经此变故，又复发作，未能握管，至深歉仄，并此道谢。祈

代转达为幸。

弟 刘敦桢拜启

1944年11月28日

*[整理者注]：李济先生（号济之），为我国著名考古学家，时为中央博物院（今南京博物院）院长。此信为其哲嗣李光汉先生提供，特致谢忱。

**曾小姐为曾昭燏女士，亦我国著名考古学家。解放后任南京博物院院长。

复王秉忱先生函——关于六角亭及日晷设计*

秉忱仁弟青鉴：

昨奉手示，欣悉近状，甚慰鄙念。六角亭蓝图收到，蠡见数端，拟供参考。

（一）栏杆嫌太高，与亭之比例似欠调和，稍低且可兼供坐用。

（二）亭顶之座稍低，可否再加高半尺左右。

（三）额枋表面图上绘有简单彩画，据桢经验，额枋如为木质，则不成问题。如为水泥，须先涂1%之硫酸溶液，使水泥内之硷质中和，以防彩画变色。又每一雀替之长，为额枋净跨之1/4。

至于日晷做法，旧式日晷未考虑经纬度位置，致所测结果不甚正确。数年前北京大学刘复（字半农）教授设计一新式日晷，简单而正确，可供采择。祈函询商务、中华二书局或昆明黄公东街国立北平研究院，当可购得。

专此奉复，顺颂

近祺，不一。

刘敦桢

1945年2月19日

*[整理者注]：王秉忱先生为中央大学建筑系1943年校友。此信由张良皋先生提供。

致郭湖生函 *

湖生仁弟：

昨接本月十五日函，甚感快慰。此次中国建筑学会推我主持中国建筑研究委员会，不过我近来很忙，身体又不好，尚未考虑如何进行这委员会的工作。你所提的六件事都很好，我一定要把它列入今后工作内去。谢谢你替我考虑这些事情。

你要晓得任何工作，虽然应当注意制度和组织，但同时必须选择适当的人，才能把事情办好。可是今天研究中国建筑史的人，有些没有学过建筑，以致研究的对象与范围很狭小，只知一隅，不知全面，更谈不到与国家的建设事业，以及如何创造新的民族形式好好地结合起来。已在大学建筑系毕业，并具有优良素质的人不多。即使有，也不是完全具备了下列几个必要条件。就是：①研究过马列主义，决心为人民服务。②通晓唯物辩证法。③对中国的历史、文化、艺术以及地理、气候、材料、地质等有广泛的基本知识。④懂建筑设计。⑤懂建筑结构，并多少有些工程经验。⑥对雕刻与绘画有一定的辨识能力。⑦通晓世界建筑史及世界各国的文化艺术。⑧最少能阅读两种外国文字，并不断吸收国外的新资料。⑨较多调查过古建筑遗迹。由实物中，了解中国建筑艺术与雕刻绘画的演变与特征。⑩能速写、拓碑、照相、测量等。当然，像这样的全材，在今天还没有几个人。不过我们必须提出这些条件，作为一个目标去培养青年，即使人数少，一个两个也可以，但必须培养出来。不如此，则不能好好地完成一部中国建筑史。而新成立的中国建筑研究室，由华东建筑设计公司派来工作人员七、八人，虽然都很努力学习，但因基础较差，不能在短期内提高到预期的水准。你虽另有工作，但盼望能向上面所说的十个条件，多多努力。五年十年以后，必能对中国建筑史有所成就，对国家的文化和教育也有所贡献。

现在我希望你先掌握唯物辩证法，其次研究中国通史，因为只有先了解中国社会的发展经过，才能了解中国建筑是如何形成与进展的。不过通史方面，只有范文澜及河南大学史地教研组的一二部书，比较正确。因为，必须用唯物辩证法研究一些别人尚未研究，而与建筑史有关的内容。在这基础上，再去钻研建筑史与建筑结构、装饰等，方不致误入歧途。

我在《营造学社汇刊》上发表的论文与报告，希望你多读几遍，并且须进一步阅读我文中所引的书籍。若不如此，则你只看见铜，没有看见铜矿，如何能彻底了解铜的制造过程呢？当然，这是一件麻烦事，不能性急。只能按部就班，稳步前进。如果想一夜变成一个学识丰富的专家，只能托之梦想而已。

现在我的工作是和研究室的同志们，正在改编今春出版的《中国建筑史参考图》，预备明年四、五月间重行出版。它的内容，除了增加相片与图样以外，并拟增加说明数万字。因此，也许要改换一个书名。等这本综合性的书编好以后，接着就要编辑教学与设计业务方面急于需要的《中国建筑图集》。这是一部分门别类的图集，第一册为居住，第二册为都市计划与宫苑……等等。内容比前述综合性的书更详细一些。不过我近来时常气喘、失眠、肋骨痛，十天中有五天不能努力工作，所以实际上能否如期出版，尚不敢过于乐观。

《中国营造法》笔记，我已通知潘谷西与甘柽二人，暂借你一用，此外并寄一份《清式建筑比例表》及若干蓝图，作为参考之用。关于幻灯片，我正在选择二百张基本片子，用以说明建筑历史的演变，制成后再通知你们学校来晒印。关于参考书，另单附后，但恐一时不易搜集。此间研究室正着手收购图书，打算数年后，扩充为一个小规模的图书馆，你寒暑假都可到这里来看书。即讯

近好。

刘敦桢

1953 年 12 月 21 日

* [整理者注]：郭湖生为东南大学（前南京工学院）教授。20 世纪 60 年代曾参加刘敦桢先生主持的中国建筑史编辑工作。

致单士元先生函——关于建筑材料及彩画保护*

士元先生：

八日惠书奉悉一切。波兰保护砖、砂石、石灰石、大理石的水玻璃(Benzene 的一种)，忙中未及问用法与出售地点。使朽木硬化的树胶也未曾问清楚。因牵涉许多化学问题，外行无法了解也。闻文化部今年将派遣二人赴波兰，最好至 Torun 市向哥白尼大学修理古文物专业的 L. Touwirt 教授请教。

关于保护彩画的办法，如依英国保护油画的方式，可在表面涂透明的凡晨斯一层。但缺点是表面发亮，太俗气。法国便反对此法，宁愿待画面有灰尘时，再以 Amonia chloride-ethen 揩拭之。故宫彩画太多，还需考虑经济问题，最好向苏联、波兰等国询问有无新方法，再组织一委员会讨论讨论（必需请化学方面的专家参加）。

此致

敬礼

刘敦桢

1956 年 9 月 10 日

*[整理者注]：单士元先生亦中国营造学社社员。1933 年曾与刘敦桢先生共校《营造法式》故宫本。解放后任北京故宫博物院副院长。

贺朱启钤老先生九十大寿函*

桂师尊鉴：旬前奉上寸柬，计达

座右。回忆民国初季，

先生发现《营造法式》抄本，遂究心宋《法式》与清《做法》。进而组织营造学社，以完成中国建筑史，又勉励后进，培养人材。今日建筑史学界在党领导下，蓬勃发展，一日千里，当年

先生筚路蓝缕之功，因亦垂诸不朽。敦桢亲聆教益三十余年于兹，受惠之深，楮墨难罄，属此九十大寿，理应赴京祝嘏，然以痼疾纠缠，不克北上。而朱君鸣泉来信，云苏州绣影未能如期付邮，下怀尤为不安。谨此专函祝寿，兼述歉忱。尚恳

海涵于格外。临颖不尽万一。专肃敬叩

寿安！

门人 刘敦桢拜 陈敬同叩

1961年11月16日

*[整理者注]：朱启钤先生，字桂辛，号蠖公。1932年创立中国营造学社，任社长。先后聘请梁思成、刘敦桢等学者参加中国古建筑调查研究工作，成就斐然，“伯乐”之功高不可没。

致喻维国、张雅青函（之一）——关于民居调查及建筑史写作 *

维国、雅青二同志：

正在想念你们，恰好收到来信，欣慰前月23日你们俩获得宁馨儿，母子都平安健康，真高兴之至。陈从周先生的命名更是意义深长，将来一定能继承父业，并发扬光大，谨表示衷心的祝贺。

浙江民居调查图样，从去年起画了二三遍。这次展览我虽被邀参加，适赴北京出席全国政协会议，失去至杭沪观摩的机会，很是可惜。据说表现方法有好几种，绘图技术相当高，成绩是应该首先肯定的。同时我也同意维国同志的看法，民居的内容是全面的和综合的，作为设计参考资料来说，透视图固然解决了三度空间的视觉，这是好的。但如缺乏平面、立面、剖面和局部详图，不能对功能、材料、构造等作全面的了解，可能会引导人们走向纯艺术观点上去。尤其是透视图，带有若干主观的表现和倾向，可将丑的、破烂的房屋画成很美丽的形体，在这一点上，相片倒能表达真实情形，所以绝对不可缺少。如果从历史方面来衡量，那要求就更多了。

我一直认为建筑史的写法有好几种方式：可以简，可以详；可以全面，也可以写专题、专史。但是正规的建筑史应该是全面的、综合的和断代的。当然，古为今用，为建筑设计提供参考资料是建筑史目的之一。但提供参考有广义的，也有狭义的。狭义的可直接应用，广义的则应从培养建筑文化的技术和艺术修养着眼。更重要的是从历史唯物观点出发，叙述建筑发展的特征，从民族文化方面阐扬它的历史价值与艺术价值。若不如此，我认为就不能满足教学上的要求。至于表现方法，最好做到平面、立面、剖面、详部、透视图和复原图、分析比较图及相片等都能兼收并蓄，不要有所偏废。这就使建筑史成为长期间努力的艰苦细致工作，不是三年、五年内可以收速成之效的。

此致贺忱，并问

近好

刘敦桢
陈　敬　同启
1963年5月25日

*［整理者注］：二人均为同济大学建筑系教授，现旅美。喻维国20世纪60年代曾参加刘敦桢先生主持之建筑史编辑工作。

致陈从周先生函 *

从周先生：

奉接惠书已一周，事冗竟无暇握笔奉复，曷胜歉罪。前月中旬与童寯先生赴苏小住数天，并至吴江同里一游。匆匆五日，曾遍涉诸园。觉苏地石料丰富，用石亦未负过滥。沧浪亭外岸悉叠石，不露寸土，反不自然。拙政园芦苇丛中竟建石矶，更不知是何用意。询之韩氏父子，谓星伯意旨如是，而星伯不承认。不仅与文征明《拙政园图》土岸多于石岸大不相侔，且池水面积日小，令人为之一叹。怡园东侧读书楼原为该园十六景之一，虽颓废，然不宜拆除，已建议设法修复矣。在王言主任处见台端一函，以虎丘塔倾斜为念，足征关心古物甚殷，佩极。归宁回（整理者按：恐为“后”之笔误），省文管（整理者按：恐脱漏一“会”字）欲我派人赴苏复测是否倾斜 20 公分。下走以此事既由苏城建局负责，何必插手其间。乃省文化局又来公函催促，只得由南工土木系派助教一人，携仪器前往查核。发现两年来倾斜极微，下怀为之稍安。然苏州方面缺乏仪器与技术人员，今后每年测查，竟成为问题矣。

去岁五月送阅之《中国古代建筑史》第六稿，早经批准，只修正少数明显错误处，已送出。第八稿因在国内出版，按手续须审查，恐年内不能问世。下走也感此稿阶级观点不够突出，明、清住宅部分亦略嫌简略，非增加不可。

瞻园南部假山正在修整。北山上茅亭拟拆去，易以石屏，日来为此颇形忙碌。幸贱躯尚顽适，足释遥注。

即候

近祉，不一。

嫂夫人均候。

刘敦桢

1964 年 6 月 7 日

* [整理者注]：陈从周先生为同济大学建筑学教授 。

致侯幼彬函 *

侯幼彬同志：

接本月九日来信已逾旬日，因近来参加社会主义教育的学习，并抽工夫整理《苏州古典庭园》旧稿，于十一月底送交建研院。因此，迟至今天才写这封回信，希原谅。

您能南来参观实物，并访问杨廷宝、童寯、赵深、陈植等老前辈，了解过去建筑界情况，我认为是必要的。对选择实例、搜集图样相片，帮助很大。文稿则希望能于本年十二月内，至迟于明年一月交出便可。

图样数量我打算只画 50 幅，因过多不仅不符合“少而精”的原则，而且印刷费增加，不能达到“人手一册”的要求。不过图样从选择资料、核对资料、构图、铅笔稿到上墨、写字，工作量相当大。估计每幅约需二周时间。50 幅需 100 周。如有 5 位绘图员，每人画 10 幅，至少需 4 个月左右，方能完成这工作。我打算明年春节后开始，画一个学期。人手方面已有哈工、华南、南工三人。清华建筑系因抽调十余人支援华侨大学、科委及外事工作，不能派人参加。我已函同济、天津、重庆三校设法协助，但尚无回信寄来。不管有几人参加工作，我们还是分期着手，努力完成预定的任务。

专复，并问

近好。

刘敦桢

1964 年 10 月 24 日

---

*［整理者注］：侯幼彬为哈尔滨建工学院教授，20 世纪 60 年代前参加刘敦桢先生主持的建筑史编辑工作。

致喻维国、张雅青函（之二）

——关于若干古建筑及中建史八稿写作

维国、雅青同志：

接本月二日来信已逾一周，因建筑理论与历史研究室南京分室定于本月底结束，移交江苏省城建厅接管。在结束前，须将《苏州古典庭园》旧稿整理送京，因此近来很忙，未能早日裁复，甚歉。

承示暑假中调查情况，甚感。其中河南常乐寺塔我曾去过，但未攀登，只摄取了相片。此塔内部有暗层，与木塔相仿佛，实为宋代砖石塔中少见之例。河北定兴北齐石柱覆以亭屋，对保护此柱有好处，但不便摄影，是其缺陷。正定开元寺塔亦未登临，荷寄照片数帧，略悉此塔上部木结构，感谢。

《八稿》又修改了三四百处，仍不满意，只能暂作资料保留，等候一个时期再说。前曾函请陈从周先生不可随便引用。讵料他在讲课时竟逐句念给学生听，难免不传播一些已修正的不妥当词句，使我不胜惶恐。本来此稿系苏联《世界建筑通史》中的中国古代建筑史稿（即大家编写的第六稿）的副产品，不能作为教材，而是为了一般阅读用。所以打算以《中国古代建筑史纲要》名义出版。可是其内容芜杂，对精华糟粕的分析不够清楚，距出版要求尚远，所以打印本上注明“仅供审查用”，不拟分送给各院校。后来我希望有更多的人对此稿提出意见，所以才送同济、天大各一份。希望对它多提批评而少引用，至盼，至盼！

今夏在上海拟定的《中建史试用大纲》，因分量还是太多，而且批评少，肯定多，与《纲要》同一毛病。暑期中我们在北京又拟了一份提纲，送建工部作参考。因而部里将原来的《试用大纲》改为《参考大纲》。其实，就我们所拟的新大纲，在目前着手文字的写作中，又发现了不少缺点。这只有等脱稿后，分寄各院校审阅，再作进一步修改。承寄同济中建史大纲已收到，谢谢。但今春所寄前数章已遗失，如有余件，尚恳补寄，俾可供编写教材之用。不情之请，尚希原谅为幸。

中建史绘图人员现在已有四个半人，即哈工、重庆、华南、南工各一人，天津半个人（只参加三个月工作），估计可完成任务。同济既然人员很紧张，请不必考虑派人参加为盼。

专复，顺候

近好

刘敦桢

1964 年 11 月 12 日

致陆元鼎、马秀芝函 *

元鼎、秀之二同志：

旬前奉寄《工作小结》初稿一份，想已收到。

教材的文字部分，因同济接受了中宣部主编的《自然辩证法》的土建部分撰稿任务，需要喻维国同志兼顾双方面的工作，我已表示同意。前周喻维国同志来宁，处理古代部分的图样、相片后已回上海，大约四月初可以再来南京工作。在这期间，他先将技术与艺术一节文字整理寄来，以免耽误绘图工作，其余部分则陆续分批寄来。现原始、奴隶二章与封建社会概说我正在执笔中，预定三月初可脱稿。乐卫忠同志因须赴京收集古代与近现代的相片，往返约三星期，所写文稿须四月初交稿。我打算三月底起，即着手打印（或排印）文稿，争取五月中送审。因此，希望元鼎同志的稿子，至迟于三月初寄来南京，是为至盼。

绘图工作已增加一人，正与杨、杜二位描绘近、现代图样的墨线。目前进度每人每周画一张，熟练后速度可增加，但仍感人手不够，拟设法再加一人。四月起，乐卫忠同志可参加绘图，刘叙杰可能做半工；另外再派一人专门写字。估计至迟五月初可完成全部图样和相片。

现在有一事请您二位考虑见复。就是最近有人建议中国建筑的发展规律，与其分散置于绪论与各章后面，不如从原始社会到解放后，总结为若干条，以“结语”名义写一、二千字，置于全书之末，也许更有力量。我想写建筑史而不谈发展规律，等于画龙而未点睛。对于规律，我们曾经讨论过，而且初步找出了若干条，只是分散安插于绪论与各章内。如果集中起来，可以使读者得到较完整的概念，又何乐而不为？不知您们的意见如何？

总的来说，我认为原始、奴隶等五章以外，应该有四个辅助性质的文字：一是绪论，二是结语，三是术语说明，四是编后记。这四者的内容如何？现在先把我的想法写出来，能否采用？或须增减，请您二位代为斟酌。

一、绪论：主要介绍教材的总面貌

1. 中国建筑史的教学目的和要求。
2. 中国建筑的背景——自然条件与社会条件（包括多民族）。
3. 中国建筑的发展概况——随着不同性质的社会分为五期。

二、结论：主要阐述中国建筑的发展规律。

1. 结合中国社会发展的具体情况，说明建筑的社会性、阶级性、民族性和人民性。
2. 建筑的服务对象与经济基础所起的作用。
3. 建筑发展的主要动力——劳动人民。
4. 继承与革新的关系——总是以革新为主，走出自己的道路。

三、术语说明

四、编后记

*［整理者注］：陆元鼎、马秀芝二人均为华南理工大学建筑系教授。20 世纪 60 年代曾参加刘敦桢先生主持的中国建筑史编辑工作。

1. 编写经过；

2. 工作人员。

以上意见，如果基本上对头，一、二两部分就请元鼎同志执笔，三由刘叙杰担任，四由我写。

专此并问

近好。

陈伯齐先生
龙非了先生 均此问候

刘敦桢

1966年2月14日

附录一 刘敦桢先生生平纪事年表（1897 ~ 1968 年）

1897 年（清光绪二十三年）

• 9 月 19 日（农历 8 月 23 日）生于湖南省新宁县曹家码头后街祖宅。父刘永涛，母李氏，有兄长敦榉、敦桨二人。

1901 年（4 岁）

• 四岁开始接受封建传统文化启蒙教育。后随父赴江苏东台县令任所。

1909 年（12 岁，清宣统元年）

• 夏随长、次兄至长沙，就读楚怡小学及楚怡工业学校。

1913 年（16 岁，民国三年）

• 9 月以官费录取赴日本留学，入东京正则学校学习。

1916 年（19 岁）

• 4 月考入东京高等工业学校（现东京工业大学）机械科（系）。以志趣不合，次年转建筑科。由此对古建筑产生浓厚兴趣，为日后矢志研究中国传统建筑奠定了基础。

1921 年（24 岁）

东京高等工业学校建筑科毕业，随即在池田建筑士事务所服务一年。

1922 年（25 岁）

• 2 月返回上海，在上海绢丝纺织公司任建筑师。设计有工厂厂房、办公室、小住宅等。

• 与同窗柳士英等共创第一家全由华人经营的华海建筑师事务所于上海法租界霞飞路。设计有商店、里弄住宅、小住宅等。

1923 年（26 岁）

• 8 月与朱士圭、黄祖淼、柳士英同创中国第一所中等建筑技术专业——苏州工业专门学校（以下简称苏工专）建筑科并执教。公余遍访京、沪、杭一带古建筑胜迹，进行实地踏勘调查。

1925 年（28 岁）

• 6 月至湖南长沙湖南大学土木系执教。

• 设计湖南大学教学楼二座及城内名胜天心阁。

1926 年（29 岁）

• 返回苏工专继续任教。

• 结识苏州工师首领姚补云，公余踏访古建、园林、住宅，相与切磋研讨。

1927 年（30 岁）

• 12 月携苏工专建筑科师生至南京，与刘福泰等共建我国第一所高等建筑专业——中央大学工学院建筑系，任副教授，积极参与建系及教学活动。

1928 年（31 岁）

• 发表第一篇有关中国古建筑论文“佛教对中国建筑之影响”。

• 任永宁建筑师事务所建筑师。设计有小住宅、办公楼等。

1930 年（33 岁）

• 加入我国最早成立的民间研究中国古建筑学术机构——中国营造学社。

• 7 月率中大建筑系师生赴山东、河北及北平参观宫殿、坛庙、陵墓等古建筑，是为国人最早进行的古建筑教学团体考察活动。

• 是年冬，与陈敬女士在长沙结婚。

1931 年（34 岁）

• 翻译日本学者滨田耕作《法隆寺与汉、六朝建筑式样之关系》及田边泰《"玉虫厨子" 之建筑价值》，并作大量订正及补充。均发表于《中国营造学社汇刊》(以下简称《汇刊》) 三卷一期。引起社长朱启钤注意。

• 设计并建造南京中山陵光化亭，为石构之传统民族形式建筑。是自己对中国古建筑之初次实践。又与卢奉璋教授对南京栖霞山舍利塔进行维修。创我国以现代科学方法修葺古建筑之首例。

1932 年 (35 岁)

• 7 月辞去中央大学建筑系教职，前往北平中国营造学社专门从事中国古建筑研究。任社研究员及文献部主任。

• 写 "北平智化寺如来殿调查记" 及 "大壮室笔记"，发表于《汇刊》三卷三、四期。

1933 年 (36 岁)

• 进行大量文献考证工作。发表论文有 "万年桥志述略"、"牌楼算例"、"复艾克教授论六朝之塔"、"故宫钞本营造法式校勘记"，"同治重修圆明园史料" 等。调查报告则有 "明长陵" 等，均载于《汇刊》第三卷三期至第四卷四期。

1934 年 (37 岁)

• 9 月对北平及河北省西部定兴、易县、涞水、涿县等地古建进行实地调查，著有 "河北省西部古建筑调查记略"、"易县清西陵"、"定兴北齐石柱" 等。

1935 年 (38 岁)

• 任中央文物保管委员会专门委员。

• 5 月再对河北省保定、蠡县、安平、安国、定县、曲阳、正定等市、县及北平市古建文物继续调查考证，并撰写 "河北古建筑调查笔记"、"北平护国寺残迹"、"清皇城宫殿、衙署图年代考"、"河北涞水县水北村石塔"、"河北定县开元寺塔" 等著作。

1936 年 (39 岁)

• 赴河南、山东、河北及江苏作古建调查。报告有 "河南古建筑调查笔记"、"苏州古建筑调查记"、"河北、河南、山东古建筑调查日记"、"河南省北部古建筑调查记"、"明鲁般营造正式钞本校读记"、"江苏吴县罗汉院双塔"、"河南济源县延庆寺舍利塔" 等多篇。

1937 年 (40 岁)

• 赴河南、陕西作古建筑遗迹田野调查，写有 "河南、陕西二省古建筑调查笔记"、"龙门石窟调查记" 等著作。

• 7 月 7 日卢沟桥事变前夕，匆匆自外地赶回北平。7 月 30 日北平沦陷。8 月与梁思成、杨廷宝等共举家离开北平。9 月由天津经海路至青岛，再循铁路到长沙。10 月自长沙返故乡新宁。

1938 年 (41 岁)

• 3 月由新宁过广西全州、桂林、南宁、镇南关（今睦南关），经越南至昆明。此时抵昆之营造学社成员已有梁思成、林徽因、刘致平、陈明达、莫宗江，在城南巡津街设立工作地点。

• 10 月起对昆明城内、外古建筑进行调查。11 月下旬起对云南西北部古建作田野调查。地点包括大理、丽江、鹤庆、宾川……，工作延续至 1939 年 1 月下旬。

1939 年 (42 岁)

• 因敌机轰炸日烈，8 月学社工作地点由城内迁至郊区龙泉镇麦地村。住所则迁镇东瓦窑村杨姓家。年底再迁麦地村兴国庵。

• 8 月下旬赴四川、西康考察。所调查城市有重庆、成都、灌县、雅安、芦山、夹江、乐山、彭山、新都、绵阳、梓潼、剑阁、广元、昭化、苍溪、阆中、南部、蓬安、渠县、岳池、南充、蓬溪、遂宁、潼南、大足、合川等市、县共二十余处。

1940 年（43 岁）

• 上述四川、西康考察至 2 月中旬结束。写“丽江县志稿”等。7 月起再进行西南古建调查。

• 父病逝于新宁故居，以途远不克奔丧。

• 日寇占越南，威胁昆明。10 月学社由昆明内迁，经贵阳至四川泸州，转水路抵南溪县李庄镇。驻月亮田村张宅，与故宫博物院（今南京博物院）隔墙相对。

1941 年（44 岁）

• 继续调查西南古建筑至年底。写“川、康古建调查日记”、“西南古建筑调查概况”等报告。

• 迁居至李庄镇羊街八号，与梁思永同宅，并李济隔垣为邻。其时故宫博物院、中央研究院历史语言研究所、同济大学等先后迁来李庄，此普通小镇顿时成为国内文化中心之一。著名学者除前述者，尚有董作宾、曾昭燏、陶行之、劳干、童第周等，平日多有往来。

1942 年（45 岁）

• 学社经费来源日少，故不克远行，仅能在附近一带作调查。但积压之大量调查资料仍需整理。成文者有“云南之塔幢”、“云南古建筑调查记”（未完）、“四川宜宾旧州坝白塔”、“川、康之汉阙”等。又写“营造法原跋”。

• 再由镇上迁居至距学社较近之偏朝门村。

1943 年（46 岁）

• 因健康情况日下及学社经济匮乏，致使研究工作停顿，故接受中央大学建筑系聘，于 8 月赴重庆沙坪坝任教。又兼任重庆大学建筑系教授。

• 作“中国之廊桥”。

1944 年（47 岁）

• 任建筑系主任。延聘国内著名建筑师多位（童寯、陆谦受、黄家骅等）来系执教，使教学水平上升至新高度，学生成绩突进，人材辈出。

• 兼任华盖建筑师事务所顾问建筑师。又被选为中国建筑师学会常务理事、监事。

• 专题论述有“龙氏瓦砚题记”、“六朝时期之东、西堂”、“中国之塔”等。

1945 年（48 岁）

• 9 月 5 日，日本无条件投降，第二次世界大战结束。10 月被校长吴有训任命为工学院长，仍兼建筑系主任，组织全院师生员工数千人及诸多图书、设备东下，复员工作至为繁重。

• 为中大自西南联大聘来名教授钱钟韩、吴大镛。

1946 年（49 岁）

• 4 月返回南京，积极筹备各项基建工程，包括设计建造新学生宿舍、食堂、教工宿舍三十余栋。

• 将所携辗转滇、川近万里之《营造法原》稿再交门人张镛森整理。

1947 年（50 岁）

• 辞去工学院长职务，仍任建筑系主任。

• 设计建造南京中央图书馆新楼。

• 组织建筑系部分高年级学生赴苏州参观传统古建、园林建筑。

1948 年（51 岁）

• 再组织、率领建筑系部分教师及高年级学生至苏州参观古建、园林、民居。

1949 年（52 岁）

• 4 月南京解放，中央大学易名南京大学。建筑系教师未变，系主任改由杨廷宝担任。

1950 年 (53 岁)

被任命为南京市文物保护委员会委员，多次对市内外文物古迹（六朝墓葬石刻、栖霞寺石塔、明故宫、城墙、孝陵、功臣墓葬……）进行考察，并写有笔记、报告多篇。

• 8 月及 11 月二次赴上海调查真如寺大殿建筑情况，定为元代建筑。

1951 年 (54 岁)

• 4 月至山东曲阜，调查孔庙情况并写出整修报告。又赴平邑县视察汉阙。

• 被选为南京市人民代表大会代表。

1952 年 (55 岁)

• 被聘为南京市建设委员会顾问。

• 12 月至皖南歙县一带调查古建筑，发现一批明代祠堂、住宅、牌坊……，为此写专文介绍。

• 载于国内报刊之“中国建筑艺术”一文，为日本《国际建筑》杂志译为日文，发表于 1952 年 12 月，V01. XIX。

1953 年 (56 岁)

• 全国高校院系调整，南京大学工学院独立为南京工学院。建筑系与华东建筑设计公司合办中国建筑研究室，被任命为室主任。随即开展全国民居调查，迅速引起国内重大反响。

• 任中国建筑学会理事兼南京分会理事长。

1954 年 (57 岁)

• 4 月被中国科学院聘为自然科学史研究委员会委员及建筑委员会委员。

• 继续对传统民居进行研究，又开展对我国古典园林之调查。

• 调查苏州云岩寺塔，并对其倾斜问题提出修整意见，为苏州市领导重视，被任命主持此项工作。

• 当选为江苏省人民代表大会代表。

• 录取胡思永、邵俊仪、章明（女）、乐卫忠为首批中国建筑史研究生。

1955 年 (58 岁)

• 6 月被选为中国科学院科学技术学部委员（即今科学院院士）。

• 被评为一级教授。

• 被任为江苏省文物保管委员会常务理事。

• 设计南京博物院大殿琉璃瓦顶（辽式）。

1956 年 (59 岁)

• 专著《中国住宅概说》写成（次年由建筑工程出版社正式出版）。

• 在南京工学院第一次科学报告会上，宣读对苏州古典园林研究的阶段性成果——《苏州的园林》，引起国内广泛注意。

• 加入中国共产党。

• 以身体欠佳，为建筑系本科上最后一次中建史课。

1957 年 (60 岁)

• 随中国建筑代表团访问波兰（至华沙、革但斯克、波兹南等城市）。又访问苏联。

• 学校在南京玄武湖为先生举行六十岁寿诞庆祝会。

• 积极筹备并参与“三史”(《中国古代建筑史稿》、《中国近代建筑史稿》、《建国十年》)之编辑及写作工作。

• 被聘为建国十年国庆工程科学技术委员会建筑艺术专门委员会委员。

• 当选为江苏省第二届人民代表大会代表及江苏文联常务理事。

1958 年 (61 岁)

• 受南京市政府委托，主持瞻园（原明中山王徐达宅园）改建、扩建工程，积极领导并参与该工程，亲自设计南池、南北石山、溶洞等。此为将多年对我国传统古典园林之研究付诸实践。

1959 年 (62 岁)

• 率中国文化代表团访问印度，参观各地古建胜迹。又为印总理尼赫鲁接见。写“访问印度日记”。

• “三史”进展顺利，编出《古代史及近代史（初稿）》及《建筑十年》图集。

1960 年 (63 岁)

• 复任命为建筑系主任。

• 写出《苏州古典园林》初稿。

• 主持写出《中国古代建筑史》第二稿。

1961 年 (64 岁)

• 主持写出《中国古代建筑史》第四稿。

1962 年 (65 岁)

• 为童寯《江南园林志》作序。

• 被选为江苏土木建筑学会副理事长。

• 9 月再度赴扬州考察传统园林、民居遗构，并作学术报告。

• 10 月，《中国建筑简史》（上、下）由中国工业出版社正式出版。

1963 年 (66 岁)

• 指导研究生对印度古代建筑之研究并讲课。

• 完成《中国古代建筑史》第六、七稿。

1964 年 (67 岁)

• 当选为第三届全国人民代表大会代表。

• 完成《中国古代建筑史》最后之第八稿。

1965 年 (68 岁)

• 瞻园改建首期工程竣工，获得好评。续作二期工程设计（竣工于 1988 年）。

• 建筑科学研究院中国建筑研究室南京分室撤销。分室人员另行分配工作，所积累资料、图书大部送交北京。

1966 年 (69 岁)

• “文化大革命”开始。教学、科研工作全部停顿。

• 9 月 21 日接待日本建筑师代表团，并同游明孝陵、中山陵，为最后一次之对外公开活动。

1967 年 (70 岁)

• “文化大革命”逐渐进入高潮。是年夏、秋，被冠以“反动学术权威”，受到“革命师生”的严厉批判、斗争，身心遭受严重打击，因伤病住院。

1968 年 (71 岁)

• 4 月 30 日清晨因病不治去世。

1978 年

• 12 月 22 日各界为先生隆重召开平反大会，会后将骨灰安葬于雨花台望江矶公墓。

1997 年

• 3 月因沪宁高速公路修建需要，望江矶公墓被撤除，又将骨灰迁葬于铁心桥普觉寺墓园。

附录二 刘敦桢先生著作目录

一、个人著作与合著

1．佛教对中国建筑之影响．《科学》第十三卷第四期，1928 年
2．法隆寺与汉、六朝建筑之关系并补注．《中国营造学社汇刊》第三卷第一册，1932 年 3 月
3．“玉虫厨子”之建筑价值并补注．《中国营造学社汇刊》第三卷第一册，1932 年 3 月
4．刘士能论城墙角楼书．《中国营造学社汇刊》第三卷第一册，1932 年 3 月
5．关野贞讲．吴鲁强译，刘敦桢译注．日本古建筑物之保护．《中国营造学社汇刊》第三卷二期，1932 年 6 月
6．琉璃窑轶闻．《中国营造学社汇刊》第三卷三期，1932 年 9 月
7．北平智化寺如来殿调查记．《中国营造学社汇刊》第三卷三期，1932 年 9 月
8．大壮室笔记．《中国营造学社汇刊》第三卷三期、四期，1932 年 9 月、12 月
9．刘敦桢，梁思成，蔡方荫．故宫文渊阁楼面修理计划．《中国营造学社汇刊》第三卷四期，1932 年 12 月
10．元 · 薛景石著．朱启钤，刘敦桢校译．梓人遗制．《中国营造学社汇刊》第三卷四期，1932 年 12 月
11．万年桥志述．《中国营造学社汇刊》第四卷一期，1933 年 3 月
12．牌楼算例．《中国营造学社汇刊》第四卷一期，1933 年 3 月
13．复艾克教授论六朝之塔．《中国营造学社汇刊》第四卷一期，1933 年 3 月
14．故宫钞本营造法式校勘记．《科技史文集》第二辑，1979 年 10 月
15．宋 · 李明仲《营造法式》校勘记录．1933 年 4 月
16．明长陵．《中国营造学社汇刊》第四卷二期，1933 年 6 月
17．同治重修圆明园史料．《中国营造学社汇刊》第四卷二、三、四期，1933 年 6 月、9 月、12 月
18．刘敦桢，梁思成．大同古建筑调查报告．《中国营造学社汇刊》第四卷三、四期，1933 年 9 月、12 月
19．梁思成，林徽因，刘敦桢．云岗石窟中所表现的北魏建筑．《中国营造学社汇刊》第四卷三、四期，1933 年 9 月、12 月
20．梁思成，刘敦桢．修理故宫景山万春亭计划．《中国营造学社汇刊》第五卷一期，1934 年 3 月
21．石轴柱桥述要（西安灞、浐、丰三桥）．《中国营造学社汇刊》第五卷一期，1934 年 3 月
22．抚郡文昌桥志之介绍．《中国营造学社汇刊》第五卷一期，1934 年 3 月
23．定兴县北齐石柱．《中国营造学社汇刊》第五卷二期，1934 年 6 月
24．刘敦桢，梁思成，鲍鼎．汉代的建筑式样与装饰．《中国营造学社汇刊》第五卷二期，1934 年 6 月
25．易县清西陵．《中国营造学社汇刊》第五卷三期，1935 年 3 月
26．河北省西部古建筑调查纪略．《中国营造学社汇刊》第五卷四期，1935 年 6 月
27．河北涞水县水北村石塔．1935 年
28．河北定县开元寺塔．1935 年
29．北平护国寺残迹．《中国营造学社汇刊》第六卷二期，1935 年 12 月
30．刘敦桢，梁思成．清故宫文渊阁实测图说．《中国营造学社汇刊》第六卷二期，1935 年 12 月
31．清皇城宫殿、衙署图年代考．《中国营造学社汇刊》第六卷二期，1935 年 12 月
32．朱启钤，刘敦桢．《哲匠录》（续）．《中国营造学社汇刊》第六卷二期，1935 年 12 月
33．朱启钤，刘敦桢．《哲匠录补遗》．《中国营造学社汇刊》第六卷二期，1935 年 12 月
34．苏州古建筑调查记．《中国营造学社汇刊》第六卷三期，1936 年 9 月
35．江苏吴县罗汉院双塔．1936 年
36．河南济源县延庆寺舍利塔．1936 年

37. 河南省北部古建筑调查记.《中国营造学社汇刊》第六卷四期，1937 年 6 月
38. 明鲁般营造正式钞本校读记.《中国营造学社汇刊》第六卷四期，1937 年 6 月
39. 歧阳王墓调查记.《歧阳世家文物图像册》，1937 年
40. 书评九则：
    ①辽、金时代之建筑及佛像.［日］关野贞、竹岛卓.《中国营造学社汇刊》第五卷三期，1935 年 3 月
    ②六朝佛塔之舍利安置.［日］小杉一雄.《中国营造学社汇刊》第五卷三期，1935 年 3 月
    ③隋仁寿舍利塔式样.［日］小杉一雄.《中国营造学社汇刊》第五卷三期，1935 年 3 月
    ④汉代圹砖集录. 王振铎.《中国营造学社汇刊》第五卷四期，1935 年 6 月
    ⑤新罗古瓦之研究.［日］滨田耕作，梅原末治.《中国营造学社汇刊》第五卷四期，1935 年 6 月
    ⑥栾.［日］奥村伊九良.《中国营造学社汇刊》第五卷四期，1935 年 6 月
    ⑦造像度量经（附《续补》）译述者工布查布.《中国营造学社汇刊》第六卷二期，1935 年 12 月
    ⑧印度における礼拜像形式研究.［日］逸见梅荣.《中国营造学社汇刊》第六卷二期，1935 年 12 月
    ⑨辽、金燕京城郭、宫苑图考. 朱偰.《中国营造学社汇刊》第六卷四期，1937 年 6 月
41. 河北古建筑调查笔记（1935 年 5 月 3 日～ 5 月 20 日）.《刘敦桢文集》第三卷，1987 年 9 月
42. 河南古建筑调查笔记（1936 年 5 月 14 日～ 6 月 29 日）.《刘敦桢文集》第三卷，1987 年 9 月
43. 河北、河南、山东古建筑调查日记（1936 年 10 月 19 日～ 11 月 24 日）.《刘敦桢文集》第三卷，1987 年 9 月
44. 龙门石窟调查笔记.《刘敦桢文集》第三卷，1987 年 9 月
45. 河南、陕西两省古建筑调查笔记（1937 年 5 月 19 日～ 6 月 30 日）.《刘敦桢文集》第三卷，1987 年 9 月
46. 昆明及附近古建筑调查日记（1938 年 10 月 10 日～ 11 月 12 日）.《刘敦桢文集》第三卷，1987 年 9 月
47. 云南西北部古建筑调查日记（1938 年 11 月 12 日～ 1939 年 1 月 25 日）.《刘敦桢文集》第三卷，1987 年 9 月
48. 告成周公庙调查记.《国立中央研究院专刊》，1939 年 5 月
49. 川、康古建调查日记（1939 年 8 月 26 日～ 1940 年 2 月 16 日）.《刘敦桢文集》第三卷，1987 年 9 月
50. 川、康之汉阙（1940 年）.《刘敦桢文集》第三卷，1987 年 9 月
51. 川、康地区汉代石阙实测资料（1940 年）.《刘敦桢建筑史论著选集》，中国建筑工业出版社，1997 年 10 月
52. 西南古建筑调查概况（1940 年 7 月～ 1941 年 12 月）.《刘敦桢文集》第三卷
53. 云南古建筑调查记（1940 ～ 1942 年）（未完稿）.《刘敦桢文集》第三卷
54. 云南之塔幢（1940 年）.《中国营造学社汇刊》第七卷二期，1945 年 10 月
55. 丽江县志稿（1940 年 9 月）.《刘敦桢文集》第三卷
56. 四川宜宾旧州坝白塔（1942 年 3 月 15 日）.《刘敦桢文集》第三卷
57.《营造法原》跋（1943 年 7 月）.《刘敦桢文集》第三卷
58. 中国之廊桥（1944 年）.《科技史文集》，1979 年 10 月
59. 龙氏瓦砚题记（1944 年）.《刘敦桢文集》第三卷
60. 六朝时期之东、西堂（1944 年）.《说文月刊》第四卷，1944 年；《刘敦桢文集》第四卷，1992 年 12 月
61. 复李济先生函（1944 年 11 月 28 日）
62. 复王秉忱先生函——关于六角亭及日晷设计（1945 年 2 月 19 日）
63. 中国之塔.《公共工程专刊》第一集，1945 年
64. 南京中央图书馆阅览、办公楼设计施工说明书（1947 年）
65. 都市的建筑美.《南京政府公报》，1948 年 1 月 31 日

66．广州古建筑随笔（1948 年秋）
67．南京及附近古建遗迹与六朝陵墓调查报告．刘敦桢，胡小石，曾昭燏，贺昌群，朱偰等（1949 年 12 月～ 1950 年 7 月）
① 南京文物保管委员会第一、二次野外调查报告（1949 年 12 月 18 日）
附“对南京六朝陵墓第一、二次调查报告的补充”（1950 年 2 月 24 日）
② 南京文物保管委员会第三次野外调查报告（1950 年 3 月 5 日）
③ 南京文物保管委员会第四次野外调查报告（1950 年 3 月 19 日）
④ 南京文物保管委员会第七次野外调查报告（1950 年 6 月 28 日）
⑤ 南京文物保管委员会第八次野外调查报告（1950 年 7 月 16 日）
68．南京附近六朝陵墓调查笔记（1949 年 12 月～ 1950 年 7 月）
69．修理栖霞山附近六朝陵墓及栖霞寺古迹预算表（1950 年夏）
70．对保护牛首山献花岩南唐陵墓的意见（1950 年 12 月 22 日）
71．粮食仓库设计大要（1950 ～ 1951 年）
72．曲阜孔庙之调查与其他（1951 年 4 月）．《刘敦桢文集》第四卷
73．曲阜古建筑调查笔记（1951 年 4 月）
74．真如寺正殿．《文物参考资料》1951 年 8 期
75．中国的建筑艺术．原载南京《新华日报》1951 年，后转载于《文物参考资料》第二卷第三期（1951 年 2 月）及日本《国际建筑》（1952 年 12 月）
76．皖南歙县古建筑调查笔记（1952 年 12 月 19 日～ 24 日）
77．皖南歙县发现的古建筑初步调查．《文物参考资料》1953 年 3 期
78．《中国建筑史》课程学习说明（1953 年）
79．致郭湖生函（1953 年 12 月 21 日）
80．《漏窗》序言．陈从周《漏窗》1954 年
81．山东平邑汉阙．《文物参考资料》1954 年 5 期
82．苏州云岩寺塔．《文物参考资料》1954 年 7 期
83．访问波兰笔记（1956 年 6 月 20 日～ 7 月 21 日）
84．访问苏联笔记（1956 年 7 月 25 日～ 30 日）
85．至单士元先生函——关于建筑材料及彩画保护（1956 年 9 月 10 日）
86．古建筑年代杂录（1956 年）
87．苏州的园林（1956 年 10 月）．《刘敦桢文集》第四卷
附录一：苏州传统园林、庭院调查目录（1957 年）
附录二：苏州传统园林、庭院常用花木品种（1957 年）
88．南京灵谷寺无梁殿的建造年代与式样来源（1957 年 2 月 8 日）．《建筑历史与理论》第一辑，1980 年
89．论明、清园林假山之堆砌（1957 年 11 月 30 日）．《建筑历史与理论》第一辑，1980 年
90．有关苏州园林花木的若干回答（1957 年）
91．苏州园林的绿化问题（1958 年 10 月）．《建筑历史与理论》第一辑，1980 年
92．访问印度日记（1959 年 1 月 8 日～ 2 月 25 日）．《建筑历史与理论》第一辑，1980 年
93．中国建筑艺术的继承与革新（1956 年 6 月 1 日）．在《住宅标准及建筑艺术座谈会》上的发言
94．江南园林志史料之补充参考（1959 年 7 月 18 日）．《刘敦桢文集》第四卷

95．中国古代建筑史初稿前言（1959 年 8 月）
96．南京瞻园设计专题研究工作大纲（1959 年 10 月 23 日）
97．刘敦桢，潘谷西．关于建筑风格问题．《光明日报》1961 年 5 月 10 日
98．贺朱启钤老先生九十大寿函（1961年11月16日）
99．中国古典园林与传统绘画之关系（1961 年 11 月 21 日）．《刘敦桢文集》第四卷
100．《鲁班经》校勘记录（1961 年）
101．评《鲁班营造正式》．《文物》1962 年 2 期
102．《江南园林志》序（1962 年 4 月）．童寯《江南园林志》，中国建筑工业出版社，1963
103．明、清家俱之收集与保护（1962 年 4 月 15 日）．《刘敦桢文集》第四卷
104．对扬州城市绿化和园林建设的几点意见（1962 年）．《刘敦桢文集》第四卷
105．印度古代建筑史（未完稿）（1962 年）．《刘敦桢建筑史论著选集》，中国建筑工业出版社，1997
106．略论中国筵席之制——致张良皋同志函（1963 年 1 月 21 日）．《刘敦桢文集》第四卷
107．对苏州古城发展与变迁的几点意见（1963 年 5 月 15 日）
108．致喻维国、张雅青函（之一）（1963 年 5 月 25 日）
109．漫谈苏州园林．《雨花》1963 年 11 期
110．编史工作中的若干体会（1963 年 5 月 8 日～1964 年 3 月 16 日）
111．对佛宫寺塔之评注（1964 年）
112．南京瞻园的整治与修建（1964 年 3 月 14 日）
113．致陈从周先生函（1964年6月7日）
114．对苏州部分古建筑之简介（1964 年 6 月 15 日～23 日）
115．苏州古典园林讲座之一：历史与发展（1964 年 5 月 19 日～6 月 11 日）
116．苏州古典园林讲座之二：设计之特点（1964 年 6 月 14 日）
117．中国古代建筑史的编辑经过（1964 年 6 月）．《刘敦桢文集》第四卷
118．致侯幼彬函（1964 年 10 月 24 日）
119．有关中国古代建筑史编辑之若干信件（1963 年 12 月 16 日～1964 年 10 月 26 日）
120．《中国古代建筑史》（教案）（1943～1964 年）．《刘敦桢文集》第四卷
　　附录一：学习中国古代建筑史的说明（1953 年）
　　附录二：学习中国古代建筑史参考书目（1964 年）
　　附录三：中国历代帝王都城简况（1964 年）
121．致喻维国、张雅青函（之二）（1964 年 11 月 24 日）
122．中国古代建筑营造之特点与嬗变．《刘敦桢文集》第四卷
123．中国木构建筑造型略述（1965 年 10 月 12 日）
124．宋《营造法式》版本介绍（1965 年 11 月 10 日）
125．略述中国的宗教和宗教建筑（1965 年 12 月）
126．致陆元鼎、马秀芝函（1966 年 2 月 14 日）

二、专著

1．中国住宅概说．中国建筑工程出版社，1957

2．苏州古典园林．中国建筑工业出版社，1979。被评为1977～1981年度全国优秀科技图书奖。

三、主持与参与编辑著作

1．《中国建筑史参考图集》（1953年，南京工学院、同济大学建筑系合编教材，非正式出版）
2．《中国建筑简史》（一、二册）．中国建筑工业出版社，1962
3．《建筑十年》（1949～1959）．1959年12月
4．中国古代建筑史．中国建筑工业出版社，1980。1980年获国家建筑工程总局优秀科研成果一等奖；1987年获城乡建设部优秀教材一等奖。

四、未刊著作

1．刘敦桢，梁思成．古建筑调查报告第二辑——元代建筑．1936年9月
2．刘敦桢，梁思成．古建筑调查报告第三辑——元代建筑．1936年9月
3．宋《营造法式》彩画作新释
4．西南建筑图录
5．南京朝天宫的建制及建筑——在南京文管会上的讲话
6．中国古典建筑的特征及其有关问题（1953年12月27日）．在中国建筑学会南京分会第一次会员大会上的讲话
7．致朱桂辛老先生函（1962年2月25日）
8．致杜仙洲同志函（1963年7月6日）
9．园林札录（1963年）（有目录）
10．敲槃集
11．南北朝时期几种佛塔式样的来源
12．外国建筑史（教案）
13．宋式营造法（教案）
14．清式营造法（教案）

五、建筑设计及文物保护规划

1．上海纱厂厂房及办公楼设计（1922～1924年）
2．上海、南京住宅、商店设计（1922～1931年）
3．湖南长沙天心阁设计（1925年）
4．湖南长沙湖南大学教学楼设计（二栋）（1925年）
5．南京中山陵光化亭设计（1931年）
6．南京栖霞寺舍利塔修复工程（1931年）
7．北平鼓楼平座及角梁修整方案（1933年）
8．北平故宫文渊阁楼面修理计划（1932年）
9．北平故宫景山万春亭修理计划（1934年）
10．河南登封汉太室、少室、啟母三阙修缮规划（1937年5月）
11．河南登封元测景台修缮计划（1937年）
12．陕西西安碑林修缮工程（1937年6月）
13．南京中央大学教师宿舍设计（二十余栋）（1946年）
14．南京中央大学学生宿舍设计（七栋）（1946年）
15．南京中央大学学生食堂设计（1946年）
16．南京中央图书馆阅览办公楼设计（1947年）
17．南京百货大楼结构设计计算（1947年）
18．南京六朝陵墓及石刻保护规划（1950年）
19．苏州虎丘云岩寺塔纤斜加固工程规划（1954年）
20．南京博物院大殿琉璃瓦顶设计（辽式）（1955年）
21．南京瞻园整修规划设计（1958～1964年）
22．苏州拙政园东园（归田园）规划草图

附录三 其他人为刘敦桢先生著作所写的序和后记

《刘敦桢文集》序*

原中国科学院学部委员、南京工学院建筑系主任、建筑学家刘敦桢教授，逝世已十二年了。他的部分学术文集经我们整理问世，这是令人感到欣慰的事。

先生学业渊深，品德高尚，是学者，也是长者。他追求真理，热爱祖国，热爱社会主义，热爱共产党，1956年，光荣地参加了中国共产党。

先生一生献身教育事业和中国建筑遗产的整理研究工作。他的重大贡献，是在20世纪30年代的中国营造学社，与梁思成先生共同奠定了研究中国古代建筑的科学基础，开拓出一个广阔的学术领域，树立楷模，造就了一代人材。至今中国古代建筑遗产研究的发展引人注目，凡是从事这方面工作的同志，直接或间接都得到他们的教益。

先生字士能，湖南新宁人，生于1897年，少年负笈日本，1922年归国，先后在苏州、长沙、南京等地从事建筑教育工作。1923年起，任教于苏州高等工业学校建筑科。1927年并入南京东南大学，嗣改第四中山大学，又改中央大学，现为南京工学院建筑系。他是我国最早建筑系的创始人之一，对系的创立和发展，先生曾为之付出大量心血与辛勤劳动，成绩蔚然。

1929年，朱桂辛氏创办中国营造学社于北平，以整理国故，发扬民族建筑传统为宗旨。我国古代建筑瑰丽宏伟，久为世人瞩目；20世纪初，日人伊东、关野，英人叶慈，德人艾克、鲍希曼，瑞典人奚仑等，纷纷搜集中国古建筑资料，著书立说，国内学界反而寂寞无闻。学社初立，与事者多非建筑本业，寄情于钩稽章句，移录掌故，久无所成。朱先生深悉得人之难，于1930年特聘请梁思成、刘敦桢两先生入社，分掌法式、文献两组。士能先生对中国古建筑夙所爱好，教学余暇，潜心研究，嗜古知新，用现代科学方法整理研究遗产，数年间成绩斐然，如出硎新刃，锐不可当，使他人皮相之谈瞠乎其后，黯然失色。士能先生文章醇醇，立义严密，不妄论断，尤为学界折服。

1937年夏，卢沟桥炮声猝起，先生弃多年庋藏图书，仓卒就道，自平、津转湘，桂入滇、川，虽颠沛窘困，仍研究不辍，沿途收集湖南、云南、贵州、四川等地古建筑资料，后来转向民间建筑广阔范围，实基于此时。1943年，先生离四川南溪李庄营造学社，重返中央大学讲席，次年任建筑系主任，1945年又膺工学院院长。抗战胜利后，随校返回南京。

解放后，中大易名南京大学，工学院调整为南京工学院。先生后又主持建筑系政，虽公务丛集，活动频忙，并多次衔命出国访问，仍矢志科学研究，未尝少懈。1953年，受华东建筑公司委托，办中国建筑研究室，即以调查研究民间住宅为中心任务，开辟建筑遗产研究新方向。1956年著《中国住宅概说》。又致力于苏州古典园林，同年作“苏州的园林”学术报告。一时园林、民居成为建筑遗产研究的主流，风靡全国。先生远见卓识与开拓之功，此其数端。

先生又一业绩，是受建筑科学研究院委托，从1957年起，主持编著《中国古代建筑史》，集中全国专业力量，历时七年，八易其稿，终底于成。此书融洽多年研究成果，使建筑史学达到更高水平，而先生晚年心力尽瘁于此，其间坎坷艰辛，难以尽言。

先生一生所嗜惟书，澹泊无所营求，所惧惟岁月易逝，空无涓埃以酬人民，以此日夜孜孜，不知倦息。古人云“太上有立德，其次有立言”；而立德立言谈何容易，一事甫半，毁者随之。1966年夏，风云变色，雷雹交下，凌辱嚣扰杂沓而来，先生个性强直，忧懑不知所为，受制至深，遂长卧不起。至弥留之际犹以工作为念，深以所期园林、建筑史研究未竟全功为憾。先生于1968年4月30日逝世，享年七十有一。

* ［整理者注］：此序文为原南京工学院(现东南大学)建筑研究所郭湖生教授执笔。

未几，思成先生亦于长期窘病后下世。“四人帮” 横行时，举国灾难深重，两先生相继去世，是民族科学文化事业之不幸，至可痛心。

先生一生持身正直。古人云：“务正学以言，无曲学以阿世”。科学之目的在寻求真理，应持严肃态度。先生厌弃浮华不实、欺世盗名，尤恶以学术为营求名利手段的市侩作风。他治学严谨，一丝不苟；律己严而待人宽，对青年后进谆谆善诱，奖掖不遗余力。他博览群书而谦逊不自满足。他遇事勇于任其，从不文过饰非。这些方面，都是我们熟悉而敬佩的。他的一生值得我们永远怀念。

近年，先生所著《苏州古典园林》、主编《中国古代建筑史》相继出版，中国建筑工业出版社复拟出版梁、刘两先生文集，委托我们整理士能先生生前著作文稿。

杨廷宝、童寯两先生与梁、刘两先哲论交四十余年，过从又密，对整理士能先生遗稿，力促其成，以志其对挚友怀念之情。

我们爰于付印之前，略述士能先生生平出处与治学态度，俾读者对先生的贡献有概括的了解，是为序。

南京工学院建筑研究所

一九八一年元月

《刘敦桢文集》整编后记

在父亲去世二十二年后的今天，对他大部分遗著的整理和编辑工作，终于基本完成了。这是一部析为四卷的建筑史学文集，依撰写时间的早迟，选入了他毕生创作的大部分主要学术论述(专著和与其他学者合作的在外)。内中包括已发表的和尚未公诸于世的论文、调查报告、工作日记、讲演、教案、读书笔记、书评和信函等，共达六十九篇，合计行文一百万字，另附插图、照片二千幅。这套书的出版，是对他半个世纪以来，在中国建筑史学方面所作卓越贡献的系统概括。同时，也为从事这一学术领域研究的学人，提供许多具体的资料和某些有益的启示。

整理和出版这文集的决定是在1979年作出的。当时曾打算在两三年内完成全部工作，而实际所耗费的时间，竟是原计划的四倍。其中第一卷的进展比较顺利，在大部分文稿原已整理、抄就的基础上，由湖生兄代表南京工学院建筑研究所撰写了前言。我则在文字补阙、注释、重制部分照片和插图方面做了些必要的工作。该卷于1982年11月由北京中国建筑工业出版社出版发行。不久，湖生兄因眼疾长期住院，尔后又东渡日本讲学，于是这书自第二卷的整编工作就完全落到我的肩上。由于人手一直匮乏，举凡文稿与图片的编选、组织、厘订、注释、抄录、校核、排版以及部分图片的再绘重拍，都须亲自动手。此外，从第三卷起，若干篇章因为文稿佚失不但未能定稿，而且还欠缺大量图片，这就大大增加了整理中的工作量和难度。加以具体事务上的许多意想不到的困难和繁杂，进而推延了原定计划的进度。同时，由于担负的各项本职工作(教学、科研和生产)与日俱增，也是自己不能全力以赴的重要原因。然而在各方面的重视和大力支持下，虽然困难重重，经过十二年的漫长和艰辛努力，这套书终于和读者见面了。作为承担具体工作的我，深感如释重负。

在整个工作过程中，由于个人职责所驱，必须仔细阅读并查核文稿中每一章节所述及的内容。此举费时虽多，但却使自己在专业知识上得到进一步深化与充实，由此得益良多。然而使自己感触最深的，还是来自精神上的激励。当我倾读有关西南地区的文稿时，回忆又将我驱赶到那抗日战争时期苦难深重与永生难忘的年代:低矮潮湿的乡间住所，损人健康的阴雨浓雾，昏暗如豆的桐油灯火和因长期疲惫但仍日夜伏案辛苦工作的菜色面孔……都再次一一清晰地显现在我的眼前。人们很难想像，在如此恶劣的工作和生活条件之下，一些中国知识界的精英，是如何坚持下来的，并且还用他们的血汗和生命，谱写了辉煌的科学成果。为了寻补在历次动乱中佚失的资料，后来我曾循沿父辈四十年前踏过的足迹，周行于川、康二十多个市、县及其偏僻的山区。虽然今天的条件远比过去为好，然而还是少不了崎岖险道的长程跋涉和山村野舍的粝食陋居，以及途中突然袭来的风霜雨雪。这些都使我深深体验到前人在当时倍加困难条件下坚持工作，是多么艰辛与可贵。他们为此付出的劳动和种种代价，常常是我们所无法想像的。遗憾的是，这些忘我的奉献，似乎已经随着岁月的逝去而逐渐被人们所淡化或忘怀了，甚至还被少数人低贬为不值一顾的简单劳动。事情是明显的，如果没有这样一批“苦行僧”为大家提供最早的和最必要的第一手素材，以后那些形形色色的分析、综合、逻辑推演和大胆设想，恐怕都将成为无本的空中楼阁。反映在父亲的著作到他生前活动中的一贯思想，就是对所从事工作的无比热忱和对生平理想的执着追求，不为富贵荣华和安逸享受所吸引，不被生活贫困或世间挫折所左右，在工作中始终坚持高标准高质量的严肃态度和实事求是的科学精神，并用身体力行和言行一致来达到自我实践的完善。这些无形的丰富内涵，也许比有形的华丽外表更为重要，也更为不易。因此，做一位有学问的人也许并不太难，但要做兼有学问和有道德的人就不那么简单了。

这文集的内容，并未能全盘反映先父的一切成就和对我国建筑学术界的所有贡献。例如，早在1922年，他就是第一家由国人经营的建筑设计单位(上海华海建筑师事务所)的创始人之一。尔后，他又积极参与了我国最早的中等建筑教育(苏州工业专门学校建筑科，1923年)和高等建筑教育(南京中央大学工学院建筑系，1927年)的创建。虽然他在研究方面的成就表现最为突出，但毕生的大部分时间还是在学校中度过的。为了创建和发展我国的建筑学专业，他对学制建设、教材编写、课程讲授、师资培养以及行政管理等方面历年投入的时间和精力,都是无法予以统计和折算的。而他的许多科研工作,也都和学校密不可分,特别是在解放后更是如此。另外,在参与编辑和主持撰写全国性的大型建筑史籍中(如《建国十年》、《中国建筑简史》、《中国古代建筑史》等),都曾作出了许多重要和积极的贡献。

父亲在学术上获得的成就,一方面固然是出于他个人不懈的努力和时代的机遇。更重要的还是在于国家所给予的足够重视,以及全国各方面的广泛支持。没有这些物质和精神上的后盾,任何最有决心和能力的人也将一无所成。我自己在整编工作中也有同样的体会。为此我要首先感谢在父亲毕生工作中,曾经多方面协助他的各界人士和单位;感谢学校各级领导和有关单位对这项文集整编工作一贯的重视和支持;感谢两位恩师与父挚杨廷宝教授和童寯教授生前对此工作的深切关怀;还有老友潘谷西、齐康、郭湖生的通力相助;以及清华大学建筑系与资料室林洙先生的无私提供图片;北京中国建筑工业出版社乔匀、彭华亮同志的密切配合。此外,还要衷心感谢提供文稿资料、协助绘制插图、拍摄与洗印照片的校内、外各方面同志,因为人数众多,这里就不另一一具名了。

附带说一下,由于目前有些条件尚不成熟,另有一些文稿,如“印度建筑史”、“中国营造法”等文摘和相当数量的信件,只能留待今后再行发表了。至于与其他学者的合著,则将与清华大学建筑系合作,另出专集,以飨读者。

刘叙杰
记于南京东南大学建筑研究所
1990年10月

《刘敦桢建筑史论著选集》序 *

值此东南大学建筑系成立七十周年及刘敦桢先生诞辰一百周年之际，出版这本学术专著是有其特殊历史意义的。

作为一位杰出的建筑教育家，刘敦桢先生是我国第一所高等建筑学系的创始人之一。1927 年，他和刘福泰、李祖鸿、贝季眉等先生共同创立了中央大学建筑系。从此中国开始了自己培养建筑师的历史进程，这是我国近代建筑史上的一件大事。建系伊始，筚路蓝缕，创业维艰，由于教师缺乏，刘先生担任了繁重的讲课任务，所开课程达八九门之多，为扶植、培育这个新生的建筑系——中国高等建筑教育的幼苗倾注了无数心血和艰辛劳动。执教五年之后，刘先生应中国营造学社之邀，赴北平从事中国古代建筑的研究工作。十一年后又重返讲坛，再执教于中大建筑系，辛勤耕耘，培育人才，数十年如一日，直至去世。其间除亲自登台讲课外，还两度出任系主任，前后共十四年，是建筑系任期最长的一位系主任，为系的建筑与发展呕心沥血，操劳筹划，作出了重要贡献。尤其是抗日战争时期在极其艰苦的条件下，继鲍鼎先生之后主持系政，直至全国解放。抗战胜利后又兼任工学院院长和迁校工作，以及主持返回南京后的校舍建设工程，任务之艰巨、繁重，可以想见。1959 年起，继杨廷宝先生之后再任系主任，共历时八年有余。这是一个动荡多变的历史时期，工作难度很大。但在杨、刘两位先生的主持下，建筑系有了很大发展，取得了骄人的成绩，在教学上、在科研上、在工程实践上，都处在全国各大学建筑系的前列。这个时期是系的第二个兴旺时期，其辉煌与兴盛不亚于被人们称颂的重庆沙坪坝时期。由此可见，刘敦桢先生以他毕生精力的绝大部分奉献给了东南大学建筑系，为建筑系的创立、发展、成功作出了不可磨灭的贡献。值此建系七十周年之际，回顾过去这段历史，更增加了对他的深切怀念之情。

作为一名著名的建筑史学家，刘敦桢先生是我国建筑史学科的创始人和奠基人之一。20 世纪 30 年代初，他在中国营造学社和梁思成先生共同开辟了这个学科的研究领域；此后不断扩大研究范围，从华北到西南、江南，从宫殿、寺观到传统民居、古典园林，从个别的建筑物、建筑类型到整个中国建筑发展历史。一篇篇的研究报告、论文，一本本的专门著作，使这个学科在各方面都取得了丰硕的开创性成果。他的数十篇调查研究报告，是研究中国古代建筑的典范；他的《苏州古典园林》，是研究中国古典园林的经典著作，影响遍于世界各国；他主编的《中国古代建筑史》是目前最具权威性的研究中国古代建筑发展的专著，由于刘敦桢、梁思成两位先生以及他们所领导的科研队伍数十年的不懈努力，使我国建筑史学科已经形成为一个具有相当深厚的学科基础和可观成就的学术门类，已经彻底改变了中国传统建筑由外国人来研究、中国古代建筑史由外国人来撰写的落后状况，把研究这门学问的中心，从国外又搬回到了中国。这是一个历史性的、伟大的变化。刘、梁两位先生的历史功绩，彪炳千秋，使我们这些后学者崇敬、追念不已。记得我当学生的时候，还没有一本中国人自己写的中国建筑史教材，上课完全靠记笔记。那时日本人写的专著却有不少，如伊东忠太的《中国建筑史》、关野贞的《中国建筑与装饰》等。另外还有德国人写的书。当时我们的西方建筑史课采用 B.Fletcher 的《比较建筑史》作教材。书中把中国建筑列入 Non-historical（非历史系统的）一类，表示了明显的鄙视态度。这一方面说明西方学者根深蒂固的欧洲中心论历史观的偏见，另一方面也暴露了他对中国建筑的无知。现在情况可大不一样了，我们不仅有了刘、梁两位先哲的众多专著，而且还有了中国建筑史的其他教材和著作。在全国范围也形成了一支实力相当雄厚的建筑史教学、科研的中、青年学者队伍。而且每年还有一定数量建筑史的硕士、博士不断参加到这个队伍中来。这不仅彻底改变了当年学科领域被外国人所占据的可悲状态，而且正日益发展、成长为该学科无可争辩的学术中心。值此香港即将回归祖国怀抱之际。追思当年刘敦桢、梁思成先生所取得的业绩，民族自豪感油然从心底升起。在我的面前似乎又出现了众多为中华民族的崛起、富强而奋斗不息

* [整理者注]：此序由东南大学建筑系潘谷西教授撰写。

的先贤们高大身影,而我的老师刘敦桢正是其中的一位。

本书的编者刘叙杰教授是刘敦桢老师的哲嗣,也是一位长期从事中国建筑史研究的学者,《刘敦桢文集》1~4卷就是由他编辑完成的。最近又完成了巨著《中国古代建筑史》五卷集中的第一卷。刘敦桢老师是一位大学问家,他的著作十分丰富,要在这本三十几万字的书中全面反映他的博大精深的学问那是不可能的,所以只能采取精选的方式,集中一些有代表性的著作,编成"选集"以飨读者。而本书编者的家学渊源和深厚的学术功底以及过去编辑《刘敦桢文集》的经验,使他在完成此书的编辑时能得心应手地做得十分精当而完美,这无疑为企盼进入刘敦桢老师学术殿堂的后学者们提供了便利的梯子。

潘谷西

1997年5月22日于南京兰园

成就的追索与遗范的昭示——《刘敦桢建筑史论著选集》编辑后记

本选集是为了纪念父亲诞生一百周年(1897～1997年)和由他参与肇建的我校建筑系成立七十周年(1927～1997年)而编辑的。内中收纳了他不同时期在田野调查、教学实践和科学研究中撰写的部分成果，分别以调查报告、工作日记、文献考证、专题论述、授课教材等形式予以发表。其中并包括过去尚未披露的“印度古代建筑史”(未完稿)与“川、康地区汉代石阙实测资料”二文，以及若干工作照片和影印的著作手稿、生平纪事年表及著作目录等等，共计12篇，并附插图与照片300余幅。

任何人的行为和成就，都与他所处的客观环境和主观世界分不开，这里就让我们再简短追索一下父亲的奋斗历程。在他有生之年的大半个世纪里，正值我中华民族处于水深火热和生死存亡的危急关头，以及地覆天翻与巨大转折的变革时代。社会激烈动荡所带来的种种冲击，深刻影响也改变了许多人的生活轨迹和沉浮命运。父亲出身于经济、文化都相当落后且地处偏僻的小县，又没有任何政治与经济上的背景，在上述复杂且纷乱的条件下，能够在中国建筑教育和传统建筑文化两大领域中，取得令人瞩目与信服的成就，的确很不容易。究其原委，除了客观上的若干机遇以外，更重要的，还是在于他的主观自我掌握。那就是任凭周围环境如何变化，他始终不放弃自己人生所追求的奋斗目标，数十年如一日的勤奋努力，以及从难从严的高标准要求。

由于为自幼灌输的诗书文史所薰陶，加以留学时又受到对传统建筑十分重视的启示，父亲很早就树立了要研究中国古建筑的宏愿。回国以后，除了从事建筑设计和建筑教学外，又利用业余时间踏访古迹，查阅文献，翻译、撰写学术论文，以及进行传统建筑设计等等。通过一段时期的实践，认识到要更加深入这一学术领域，就必须进行专门的探索与研究。于是父亲在1932年辞去中大建筑系的教学工作，放弃已有的建筑师丰厚收入与江南的舒适生活，举家北赴北平，全力参加中国营造学社作那报酬不高但倍加辛苦的研究工作。他的这个决定，曾为大多数亲友所反对，认为是本末倒置和难以理解。虽然以后多年的困苦生活也证明了那些人看法的“正确”，但他却执着地沿着这条道路前进而始终无悔。

在抗日战争全面爆发前的五年间(1932～1937年)，父亲除了对古代建筑文献作了大量的考证工作以外，还与梁思成先生和学社同事在华北地区(河北、山东、河南、山西、陕西等省和北平市)进行了多次古建筑田野调查。每次长途跋涉归来，就立即着手资料的校核与文字的撰写，以及图片的绘制与整理等繁重的工作。往往这项任务尚未完成，又要忙于下次的整装出发了。因此他的生活极为紧张，平时的休息与余暇很少。记得幼时去北海或中山公园，大多都只有母亲带领我们，这与其他小朋友的全家出游大不一样。就是这五年的辛勤工作，所带来的收获和形成的影响都是十分巨大的。通过上述调查和研究，积累并整理出一大批具有代表性的中国古建筑文字记录、测绘数据与图像资料，为这一新开辟的学术领域研究提供了第一手素材和必不可少的物质基础。更重要的是赢得了时间，在日寇侵华战争全面爆发前抢救出这批科学资料是极可宝贵的，特别是那些不久即毁于战火的遗构，若非有了上述图文记录，其形象将永远无从为后世所追索。

卢沟桥事变后不久，北平为日军占领。为了不当亡国奴，父亲与梁先生和部分学社同事带领家人，经过许多曲折和辛苦，终于在云南昆明又会合到一起。自1938年起，学社的古建调查工作，先从昆明市及其近郊开始，再逐步扩展到云南、四川、西康各地。西南地区虽然地较偏僻且交通不便，但据今日考古资料表明，原始社会时当地已有了较高文化，并很早就与中原有所联系。如《史记》所载:周武王伐纣时，已有蜀、髦、微人参与。其后楚威王、秦惠文王皆领有其地。巴蜀物产丰富，经济繁荣，古来号称“天府之国”，数千年来，其境内建筑之兴造自不在少数。然而过去除少数外人之零星报道，一直未经系统调查研究。学社此时对西南地区开展工作，正好弥补了我国建筑史中的这一空白。就发现的建筑遗迹而言，上起秦汉，下迄明清，种类及数量之多，令人大为吃惊！其中尤以汉代崖墓与石阙，唐、宋佛、道教的石窟、摩崖造像最为突出，而明、清与近代各民族的民居、祠堂亦甚有特点。这批宝贵建筑遗产的发掘与整理，是父亲和梁先生以及学社同事对中国建筑文化的又一重要贡献。然而由于当时经济条件的日益窘困，以及个人健康的急剧恶化，致使这项工作最终陷于停顿，而未能按计划全部完成。

基于上述原因，父亲于1943年不得不离开学社，回到当时位于重庆沙坪坝的中大建筑系，重执已放下十一年的教鞭。他除了将多年研究心得纳入授课教材，使其面目一新外，并组织及引导学生参观、调查周围的古建筑(后者如磐溪汉代石阙)，鼓励并协助他们组织学术活动和创办学术刊物。自己又先后发表了“六朝时期的东西堂”、“中国的廊桥”、“龙氏瓦砚题记”等著作多篇。表明他此时在教学中仍与科研有着密切的配合。

解放以后，父亲在中、外建筑史教学、教材及建筑史编辑、传统民居及古典园林研究等各项重要教学与科研活动中，所取得的种种成就，都是一贯遵循自己早年这一初衷，这里就不再另加叙述了。

父亲对自己智能的评价是：“不过中人之资”。认为在许多方面都不及老友梁思成、杨廷宝和童寯。要和他们在学术上并驾齐驱，就必须加倍勤奋努力。在我的记忆里，父亲每天工作的时间都很长，除了午休，饭后就立即上楼回到他的书室工作。在不进行写作时，总是阅看有关历史、考古或建筑方面的中外书刊。除了适量喝茶、吸烟，他似乎没有什么其他嗜好。他不喝酒、不下棋、不听戏、不看电影、不听音乐、不看球赛(虽然过去是足球爱好者)，更不上街闲逛。这样的生活，在许多人心目中未免过于乏味和单调，但他却甘之如饴，以为至乐。正是这样抓紧时间，所以才能在抗日战争前的五年间，在繁重且辛苦的田野调查以外，写出各种报告、论文等三十余篇五十余万字，绘制图片一千余幅(与其他学者合著的六篇二十五余万字尚不在内)。这种情况，也表现在解放后短短的几年内，在他所领导并参与具有划时代意义的传统民居和古典园林科研工作中。应当看到，抓紧时间并不仅是在数量上的单纯积累，它还在于积累中所形成的质变，而这些质变又用来指导新的实践。由于经年累月在抓紧自我，使得父亲有较一般人更多的时间和机会，来提高自己的学识水平和工作效能，从而得以当之无愧地稳步跨入这一学科中的最高神殿。

不断追求从难从严的高标准和高质量，是父亲在他的教学和科研工作中一贯坚持并身体力行的又一原则。这也是为了使工作尽可能达到完美并不断获得进步与提高的必要手段。他认为任何主观上对标准和质量上的降低要求，不仅带来物质上的巨大损失，而且还将在精神上产生许多恶劣影响(例如，马虎草率、不负责任、弄虚作假等恶习的进一步发展，最后将导致社会风尚与民族道德的败坏与沦丧)。因此，绝不能忽视这种表面似乎无形和在短期内难以看出负面效应的“癌细胞”，其后果的严重常远远超出人们的想像。作为教学和研究工作的带头人，更应当以身作则。首先以高标准和高质量来要求自己，以作为对其他工作人员的表率。因为这一标准，已经不仅限于实际工作，而更扩大到思想意识和道德范围了。因此，在他所有的授课讲稿和论文报告中，除了占有大量文史和实物的详尽依据外，在整体纲目、内容组织、文字措辞等方面，都要经过多次反复推敲厘订，力求无误。他曾经讲过：“好的文章，字字掷地应作金石声”。即使是这样，千虑之下，尚有一失。例如父亲早年发表在《中国营造学社汇刊》三卷一期的“法隆寺与汉、六朝建筑式样之关系并补注”，对原文将北朝东魏讹为三国曹魏之谬误未予更正，后于页上批注：“……非三国之魏甚明，余译滨田氏此文，以讹传讹，未予订正，八载于兹，可愧也。民国廿九年三月，士能记于昆明麦地村兴国庵”。又在此文补注二十四有关《金石索》等所引之孝堂山石室叙述上，另加批语：“按八角柱位于石室正面中央，分室为东、西二间，非浮雕。民国廿五年十一月调查石室后，始知轻率落笔之谬。士能补记”。从这两个例子，可以看出他对自己错误的态度：一是不予隐瞒，二是勇于承认，三是公开自遣，四是及时改正。这才是对自己的工作和读者负责的正确态度，而不是强词夺理，或另找借口，以文过饰非来顾全自己的“面子”。这一点在某些所谓的知名人士那里，尤难做到。

由于他对自己要求严格，因此对协同工作的其他人员也是如此。例如在苏州古典园林的研究工作中，对于所拍摄的图景照片，从角度、光线、时间和艺术效果等方面，都有严格要求。为了达到既定目的，有些照片竟重复拍摄了许多次。对于各种测绘图纸也是一样，首先要求尺度准确，然后再从物体形象的线条轮廓、表现技巧等各方面反复修改，直至满意为止。开始也许有人认为这样要求过于苛刻，当后来大家取得了共识时，就十分自觉地成为共同遵守的规矩了。其结果是使这书除了在学术上得到很高评价，就其插图与照片的优良质量而言，也得到一致的称赞。

这文集为我们提供了丰富的资料和许多有形的知识，但更重要的是内中所渗透的先辈治学态度和工作方法，它们是最可贵的无形教育和鞭策。在今日经济大发展的形势下，各种物质条件都比过去不知好上多少倍，人们的思想意识和价值观念，也有了很大的改变。但是对于科学的探索和研究，仍然需要不屈不挠的决心和艰苦奋斗的精神，以及严格自律的作风与认真敬业的态度。因此，先辈的上述遗范，对于包括我在内的许多后学，都应当是永志不忘的座右铭和毕生努力的方向。

本书的出版是通过学校的统筹规划和中国建筑工业出版社大力协助才得以实现。而序则由父亲生前教学与科研工作的主要助手潘谷西教授在百忙中拨冗精心撰写，特此一并表示衷心的感谢。

刘叙杰
1997年5月20日
于南京东南大学

附录四 作者手稿

故宫圖書館抄本營造法式原度南書房宣統出宮後移藏文獻館現歸圖書館保存
書凡二函函六冊内圖式三冊版心高二八・八公分闊一八・八公分每面十一行行二十二字首冊鈐有虞山
錢曾遵王藏書圖記一方書中順序首進書劄子次自序次總目次看詳以下本書三十四卷末
頁紹興十五年王晙重刊題名字數倅裁與紹興本殘頁一致惟錢氏圖章極不可靠非紙色質
地亦多疑點恐非讀書敏求記以四十千購自絳雲樓之真本也又此本卷六小木作版門脱落廿二
行卷三十二天宮樓閣佛道帳與天宮壁藏後無行在呂信刊及武陵楊潤刊題名仍係輾轉重
録非直接影鈔宋本者但卷四大木作未脱慢栱第五一條甚足珍異卷六脱簡廿二行適為同
卷第二頁全頁疑係鈔手偶尔遺漏或所據之本即無此頁以視丁本以訛傳訛者可同日而
語餘如圖繪精美標注詳明宋刊面目躍然如見直可與倫敦永樂大典殘本媲美遠非四庫
本丁本所可企及也民國廿二年四月上浣與謝剛主單士元二君以石印丁本校故宮鈔本凡六日畢事
新寧劉敦楨記

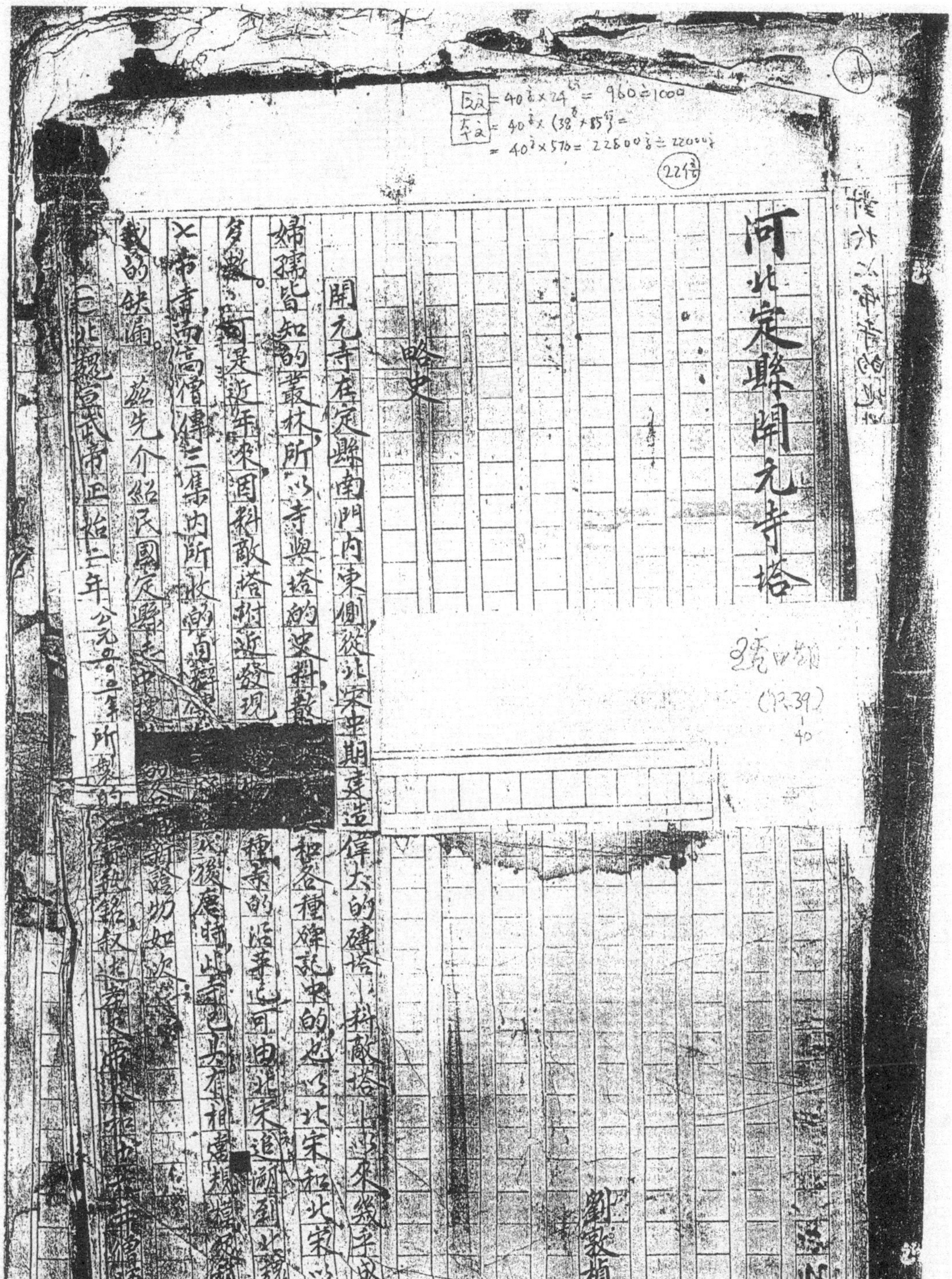

河北定縣開元寺塔

劉敦楨

略史

開元寺在定縣南門内東側，從北宋中期建造偉大的磚塔——料敵塔——以來，幾乎成為當地婦孺皆知的叢林，所以寺與塔的史料散[illegible]和各種碑記中的，也以北宋和北宋以後占據多數。可是近年來因料敵塔附近發現[illegible]種[illegible]的[illegible]已可由北宋追溯到北魏末期的[illegible]北齊高僧傳三集内所收的[illegible]以後唐時此寺已具有相當規模[illegible]載的缺漏。茲先介紹民國定縣志中[illegible]的各種證物如次：

（一）北魏宣武帝正始二年（公元五〇五年）所製的[illegible]石函銘敘述[illegible]

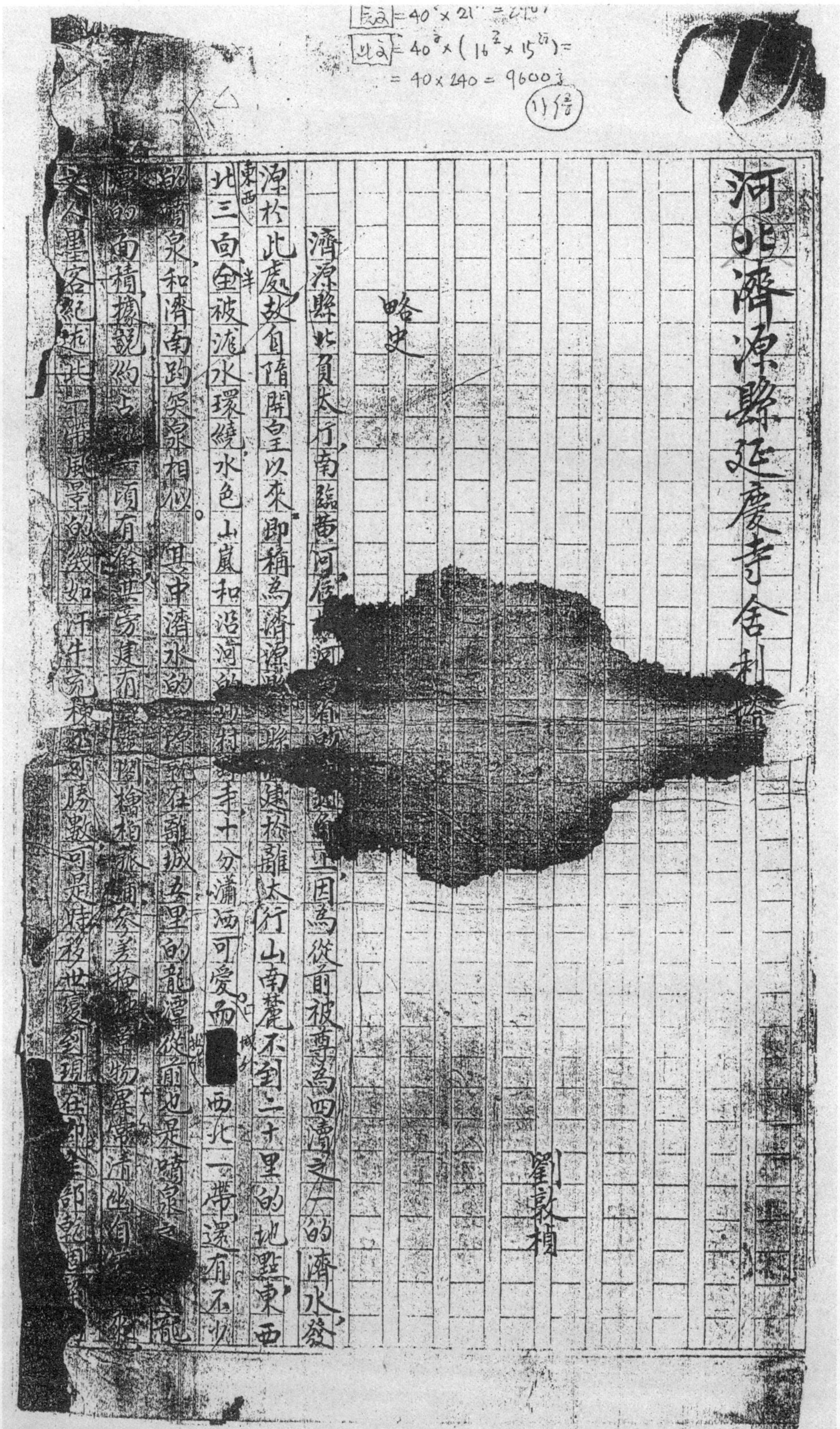

比例 = 40²×(16²×15行)=
= 40×240 = 9600字
(11倍)

河北濟源縣延慶寺舍利塔

略史

劉敦楨

濟源縣北負太行，南臨黃河，[illegible]河[illegible]，因為從前被尊為四瀆之一的濟水發源於此處，故自隋開皇以來，即稱為濟源[illegible]。[illegible]寺建於離太行山南麓不到二十里的地點。東西北三面，全被滤水環繞，水色山嵐和沿河的[illegible]村[illegible]，非十分瀟洒可愛。而[redacted]西北一帶還有不少的噴泉，和濟南的突泉相似。其中濟水的[illegible]在離城[illegible]里的龍潭，從前也是噴泉之[illegible]。[illegible]的面積，據說約占[illegible]頃，有餘世[illegible]建有[illegible]閣，檐柏[illegible]，參差掩[illegible]物，景常清幽自[illegible]。[illegible]人墨客紀述此一帶風景的，幾如汗牛充棟，亦列勝數。可是時移世變，到現在都[illegible]部毀[illegible]。

營造法原跋

刘敦桢

民國十五年秋，余執教於蘇州工業專門學校，始識姚先生承祖。姚氏自清嘉、道以來，累葉相承，為吳匠世家，至先生益為光大，巋然為當地木工之領袖。先生晚歲本其祖燦庭先生所著“梓業遺書”與平生營建經驗，編“營造法原”一書，以授工校諸生。書中所述大小木、土、石、水諸作，雖文詞質直，並雜以歌訣，然皆當地匠工習用之做法，較“魯班經”遠為詳密。不僅由此可窺明以來江南民間建築之演變，即清宮式建築名詞因音同字近、輾轉訛奪、不悉其源流者，往往於此書中得其蹤跡。余因促其付刊，以惠同好，而先生遜謝未遑。旋以同氣之求，余與先生過從漸密，春秋佳日，相與放懷山水，周訪故蹟，旁及宅第、園林，析奇辯難，遂成忘年之交。十七年春，余移教於南京中央大學，翌年，先生抵書於余，謂年近古稀，精力日敝，而舊作蕪雜，無所增益，希為釐訂，俾免散佚。顧余浮沉人海，荏苒數載，無以報命。廿一年秋余入中國營造學社，遂携其書北上，先生惠原稿簡略，復以家藏大小木作圖冊及《補雲小築》繪卷見貽。社長朱啟鈐先生曾窮數月之力，躬自整比，然南北術語差違殊甚，書中圖式復無繪尺，形象比例無法懸擬，卒廢然中輟。廿四年秋余小游吳門，時先生喘疾頗劇，以此書猶未問世為念，為之惄然不安。適及門張君鏞森服務於中央大學，張君亦蘇人也，於先生為後執，因以整理此書相屬。張君乃遍訪當地寺廟、住宅、園林，測繪實物，攝製相片，以與原文互釋，並進而補其遺漏，然遇有疑難輒諮教於先生病榻前，其勤慎可謂至矣。廿六年夏初稿殺青，視原著不啻倍蓰，余適因事至南京，張君請余為校核，詎蘆溝橋戰事突起，余自滬繞道秦皇島北返，慮旅途不測，存稿於葉遐庵先生處。秋九月余自天津附海船，經魯、豫、鄂，走長沙，翌年夏轉昆明，而先生於是年六月病逝於蘇州，享年七十有五，嗚呼，悲已。時張君隨校遷重慶，欲審訂此稿，而葉先生避地香港，稿存滬寓，至廿八年秋始託人攜滇，張君又因病返滬，幾不相及，於是此稿自滇而川，什藏於社中者又數載於茲。近張君有入川之議，而戰事方殷，行期難定，余復因病行將離社，憶往事如煙，已成陳迹，及今不述，將無以昭事實而詒來茲，因叙其經過如此，亦以誌余沓拖之罪，無以對亡友於地下也。擱筆於此，不禁黯然。民國三十二年七月劉敦楨識於川南李莊中國營造學社。

國立南京大學
NATIONAL UNIVERSITY OF NANKING
Nanking, China

修理棲霞山附近六朝陵墓及棲霞寺古蹟預算表

甲.說明

1.材料價格　本預算表所列各項材料價格，以南京市城內價格為標準。將來開工後，碎磚、沙泥、黃沙、石灰、石子等，如能就地購買，當較城內稍廉，但二吋陰胚磚與洋灰、鋼條、木料及其他材料工具，非由城內運去不可者，須另加運費若干。

2.材料運輸　擬修理之陵墓古蹟，散布各處，將來應以甘家巷為中心，設立工作站，逐項進行，惟該地距棲霞山車站數里，材料運輸，所費不貲，似不如自城內用卡車直接運至工程地，較為方便。為估算運費起見，所有材料數量，另表附後，以供參考。

3.工資　工人工資，因手藝高低不同，出入頗大；如泥、木、鐵工每日工資，自中熟米五升至八升不等。本預算暫以大工每日七升，小工每日四升為標準。將來一部分小工，就地雇用，或可稍廉。但為工作精良起見，一部分大工，非由城內雇用不可，其工資恐不能較七升更低。

4.工數　估算工數之標準，雖大体依照普通方式，但因本工程情形特殊，不得不將尺度略為放寬。其原因有二：(一)工程地距甘家巷近者一里，遠者四五里，工人每日攜帶材料工具往返二次，浪費時間不少。(二)各處鐵箍、電焊、油漆等工程，數量不多，而工作進行須按步就班，不能急就，因此每一順序之間，費于等候之時間，反較工作時間為多。

5.米價　本預算表所開中熟米數量，係以三月份南京市中熟米零售市價每斗二萬三千二百元為折算標準。

6.未估計事項　下列各項，未列入本預算之內：

(一)蕭景墓西辟邪之發掘修理。

(二)蕭憺墓碑亭基礎，是否須要木樁，依實際情形再行決定。

(三)獅子冲六朝陵東麒麟之鐵箍。

(四)張家庫六朝墓之碑座發掘與修理。

(五)材料運輸費。

(六)一部分工人之交通費。

(七)工作站人員薪俸、伙食，及交通費。

世仁、熹年、乃济三同志：

连寄数函，想都已收到。兹尚有数事奉告。

①第五章第169页第13至14行"各面阔"应是"各间面阔"，脱一"间"字，请代补添。

②春秋战国的高台建筑，西汉前期及中叶还盛行，但后来便逐步减少，原因何在？史稿未予说明，是一个漏洞。我想这事也是中国建筑发展过程中一件相当大的事情，应该予以解释。我初步想到的，是不是和木结构技术的进步、高楼建筑的发展有关系。因为在高台上建房屋，须先用夯土筑成高台，既费人力，又浪费地皮（因台分数层，下层面积相当大），后来楼阁式建筑发展，纠正了这些缺点，高台建筑自然归于淘汰矣。关于楼阁式建筑的发展，文献中可以约略看出一些线索。如汉武帝所建井干楼，颜师古注引《汉宫阙疏》谓积木而高为楼，若井干之形。可见当时木构架技术除了用很笨的井干方式以外，还不能建造很高的楼阁。可是王莽所建九庙，皆重屋，其太初祖庙高十七丈，余半之。而现在长安礼制建筑的故基中央之台不过二公尺余，不难推测其上已有高大的木构架。到三国魏文帝（曹丕）在洛阳建陵云台，《世说》和《洛阳宫殿簿》谓楼方四丈，楼去地十三丈五尺七寸五分，先称平众木轻重，然后构造。明帝虑其势危，以大木扶持之，可证明其为木构架楼阁无疑也。这里可看出从西汉武帝到三国间楼阁式建筑的发展概况，同时这种方形楼阁盛见于汉明器中，应是后来楼阁式木塔的前奏。以上意见请与汪主任、致平、明达二同志议论一番，如果大家同意这个看法，将来史稿付印时，请在第三章、第七章第94页楼阁一段，补充几句。

③八角形建筑始于何时？过去我们根据嵩山会善寺净藏禅师墓塔，断于唐天宝间。可是据日本编辑的《世界考古学大系》，六世纪朝鲜佛寺故基中已有八角形殿堂遗址。而颜师古注西汉井干楼，谓其形"或四角，或八角"。师古是初唐时人，如未看过当时实物，不会凭空想出八角形平面。又开元27年改建东都明堂，于平坐上建八角楼，亦早于净藏禅师墓塔。此外，致

煌壁画内，往往在屋顶上建平坐与八角小楼，可知此制在唐中叶相当流行，也许是宋代八角形楼阁式塔的权舆？至于屋顶上以八龙捧火珠，见于前述东都乾元殿（即明堂所改建），而遗物中如嵩山唐嵩阳观圣德感应碑亦如是。（北海白塔东麓清乾隆碑仿此制）将来此稿付刊时，请在第五章最末一节，补充几句为盼。

此问

近好。

刘敦桢 1964年5月5日

附录五 作者印章

附录六 作者教学、科研等活动照片

教学科研

中央大学工学院师生合影于工学院教学楼二楼中厅，由北面南左为教室，右为工学院图书室（1931 年）

南京大学工学院建筑系部分教师与一、二、三年级同学摄于南京中山陵前（1950 年）

中央大学工学院建筑系部分教师与 49 届毕业生合影于校本部大礼堂前（1949 年夏）

刘先生为国内学者介绍苏州古典园林研究成果（1955 年）

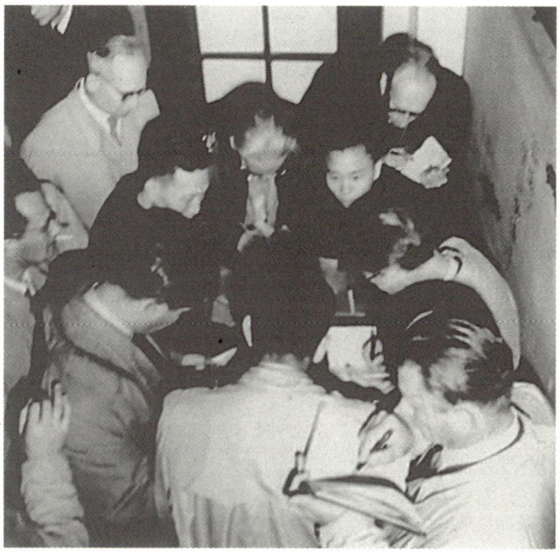

刘先生为来访波兰建筑师代表团介绍中国传统民居及园林研究成果（1957 年）

刘先生在苏州园林中（1947 年 5 月苏州汪家花园留影）

刘先生在苏州园林中（1953 年摄于苏州拙政园，吴科微摄）

刘先生在苏州园林中（1953 年摄于苏州拙政园）

刘先生在苏州园林中（1960 年夏摄于苏州留园北廊）

刘先生在苏州园林中（纽家巷方家谟宅）

刘先生在南京工学院教师食堂义务劳动（1958 年）

南京工学院领导为刘先生六十寿诞举行庆祝（1957 年，玄武湖）

刘先生与扬州市领导摄于扬州个园（1962 年）

刘先生与参加编写《中建史》的五院校（哈建工、同济、南工、华南、天大）青年教师参观南京瞻园（1965 年 12 月 29 日）

调查考察

1.1930 年夏刘先生率中大建筑系部分教师及高年级学生考察

北上师生与送行人员摄于浦口火车站（左第四为刘敦桢教授）

考察明十三陵途中

考察北平地坛

考察长城居庸关，摄于云台下（右第一人刘先生）

明十三陵陵门

考察北平颐和园昆明湖（右第四人为刘敦桢教授）

2.1936年夏刘先生考察河南登封会善寺净藏禅师墓塔

1936年夏摄于河南登封会善寺唐净藏禅师塔前

3. 湖南新宁名居古建（1937年11月）

民居小楼及窗扉样式

李氏宗祠大堂及侧楼

李氏宗祠大门

刘蕴真堂（刘先生旧宅）正屋及西屋
（左第一人刘叙杰，左第二人刘叙仪，左第三人刘叙彤）

4.1947 年刘先生带领建筑系部分师生参观苏州古建园林，摄于途中

5.1947 年刘先生带领建筑系部分师生参观南京中山陵音乐台

6.1950—1951 年刘先生与南京市文管会有关同志调查南朝陵墓石刻

第二次调查人员摄于梁临川郡王萧宏（梁武帝萧衍六弟）墓前
（左第二人曾昭燏、第三人蒋赞初、第四人胡小石、第六人贺昌群）

第二次调查人员摄于梁吴平侯萧景（梁武帝萧衍堂弟）墓前
（左第五人刘先生、第七人曾昭燏）

第四次调查人员合影于雨花台
（右起第三人刘先生、第五人蒋赞初、第六人曾昭燏、第八人贺昌群）

陈武帝陈霸先葬万安陵（南京光华门外上方桥）石麒麟

陈武帝陈霸先葬万安陵前东麒麟

南京侯村佚名六朝墓前石墓表

南京宋墅村佚名六朝墓前石墓表

梁始兴忠武郡王萧憺（梁武帝萧衍十弟）墓碑正面上部

梁始兴忠武郡王萧憺（梁武帝萧衍十弟）墓碑侧面

梁临川郡王萧宏（梁武帝萧衍六弟）墓碑及龟趺正面

梁临川郡王萧宏（梁武帝萧衍六弟）墓碑侧面

梁临川郡王萧宏（梁武帝萧衍六弟）墓神道石柱正面

梁临川郡王萧宏（梁武帝萧衍六弟）龟趺详部

梁临川郡王萧宏（梁武帝萧衍六弟）墓前石辟邪

梁罗平侯萧正之（萧宏第五子）墓前北辟邪

梁罗平侯萧正之（萧宏第五子）墓前南辟邪（收卷尺者为刘敦桢）

梁安成郡王萧绣（梁武帝萧衍七弟）墓神道石柱

梁临川郡王萧宏（梁武帝萧衍六弟）墓神道石柱侧面

梁罗平侯萧正之（萧宏第五子）墓前北神道石柱

梁罗平侯萧正之（萧宏第五子）墓前南神道石柱

刘先生与江苏省及南京市领导参观考察南朝陵墓石刻

7.1951 年 4 月刘先生调查山东曲阜，摄于大成殿前（右第一人为刘先生）

8.1952 年 12 月刘先生调查皖南古建筑

甲、歙县许国石坊

许国石坊正立面

许国石坊侧立面

许国石坊正立面详部之一

许国石坊正立面详部之二

许国石坊正立面详部之三

许国石坊正立面详部之四

许国石坊下部之石狮雕刻

乙、西溪南村

吴仲昇公祠（恩睦堂）

吴仲昇公祠（恩睦堂）前石坊全貌

吴仲昇公祠（恩睦堂）前石坊细部

吴仲昇公祠（恩睦堂）二门之一

吴仲昇公祠（恩睦堂）二门之二

吴仲昇公祠（恩睦堂）二门之三

吴仲昇公祠（恩睦堂）中殿之一

吴仲昇公祠（恩睦堂）中殿之二

吴仲昇公祠（恩睦堂）中殿内部之一

吴仲昇公祠（恩睦堂）中殿内部之二

吴仲昇公祠（恩睦堂）内殿之二

吴仲昇公祠（恩睦堂）内殿之一

吴仲昇公祠（恩睦堂）内殿之三

吴仲昇公祠（恩睦堂）内殿之四

吴仲昇公祠（恩睦堂）内殿之五

吴仲昇公祠（恩睦堂）内殿内檐柱头及平身科斗栱

吴仲昇公祠内殿内檐斗栱

吴仲昇公祠内殿内檐斗栱

吴仲昇公祠内殿前廊内部

老屋角吴息之宅

吴息之宅外景观

吴息之宅门楼上层屋架

吴息之宅后楼檐柱柱础

吴息之宅后楼上层梁架结构（一）

吴息之宅后楼上层梁架结构（二）

吴息之宅后楼上层梁架结构（三）

吴息之宅后楼上层梁架结构（四）

吴息之宅后楼上层梁架结构（五）

吴息之宅后楼上层外部壁板及垂莲柱

吴息之宅后楼上层外部壁板

绿绕亭，1952 年 12 月

绿绕亭侧立面外观

刘先生与其他考察人员摄于绿绕亭下（明代建筑）

绿绕亭内部梁架（一）

绿绕亭内部梁架（二）

绿绕亭檐角（东南角）

绿绕亭檐角（东北角）

绿绕亭外观

绿绕亭内部梁架（四）

丙、潜口村

汪氏下祠堂

下祠堂石牌楼（一）

下祠堂石牌楼（二）

下祠堂池上石拱桥

下祠堂前门廊

下祠堂侧廊檐柱及檐枋

下祠堂大门

下祠堂大厅内部梁架

下祠堂大厅内部梁架

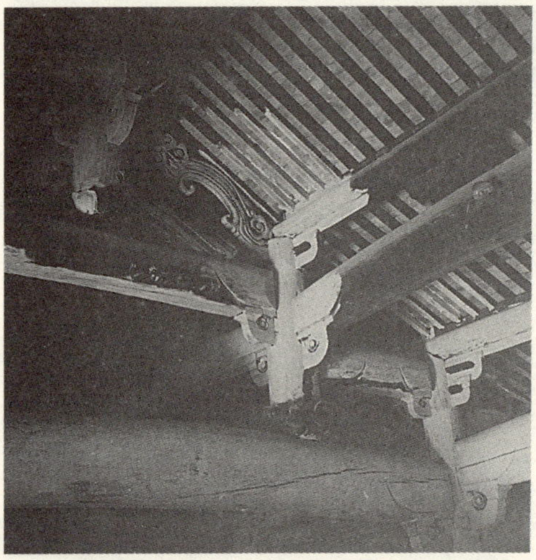
下祠堂大厅内部梁架（一）

下祠堂大厅内部梁架（二）

下祠堂大厅内部梁架（三）

下祠堂大厅内部彩画

汪氏保宁社

保宁社大厅

保宁社大厅内结构

曹门厅（中左）
程氏宗祠（中右）

曹门厅大厅及右廊

程氏宗祠入口木坊门

丁、坤沙村（下左）
戊、西溪村（下右）

方文泰宅二楼之木栏及其下之木雕饰

汪氏家祠忠烈祠石牌楼

工程设计

长沙湖南大学教学楼

教学楼正面正门

教学楼正面外观

教学楼正面正门上部檐口

教学楼正面端部外观

教学楼正面透视

教学楼被列为长沙市近现代保护建筑

南京中山陵光化亭

中山陵光化亭外观

中山陵光化亭监造、施工立石

中山陵光化亭内部柱、枋、雀替

中山陵光化亭内部天花

中山陵光化亭石栏寻杖、云栱、宝瓶

中山陵光化亭石栏望柱

中山陵光化亭石栏下角螭首

中山陵光化亭石栏抱鼓石

南京中央图书馆阅览、办公楼

中央图书馆立面

中央图书馆透视

中央图书馆正面入口

中央图书馆侧立面

中央图书馆入口门厅

中央大学文昌桥教师、学生宿舍

中央大学文昌桥教师宿舍外观（一）

中央大学文昌桥教师宿舍外观（二）

中央大学文昌桥教师宿舍外观（三）

中央大学文昌桥教师宿舍外观（四）

中央大学文昌桥教师宿舍外观（五）

中央大学文昌桥教师宿舍外观（六）

中央大学文昌桥学生宿舍外观（一）

中央大学文昌桥学生宿舍入口

中央大学文昌桥学生宿舍外观（二）

中央大学文昌桥学生宿舍外观（三）

中央大学建筑工程组全体人员合影（1947年）

南京博物院屋顶瓮瓦工程

南京博物院大殿屋顶铺瓦后正立面

南京博物院大殿屋顶铺瓦后透视

外事活动

访问波兰（1956年6月20日–7月23日）

二战期间波兰城市遭受极大破坏（一）

二战期间波兰城市遭受极大破坏（二）

二战期间波兰城市遭受极大破坏（三）

二战期间波兰城市遭受极大破坏（四）

华沙市内恢复之某广场纪念柱及建筑

华沙市内之居住建筑群组

华沙市内之莫斯科大学及周旁建筑

华沙市区某广场周边之居住建筑

华沙市内某居住街坊内部之公共活动绿地

波兰某教堂

中国建筑师代表团访问 Torun 市（1956 年 6 月 30 日）

Torun 市建筑工地正在施工的预制构件（1956 年 6 月 30 日）

Torun 市已经建成之居住街坊建筑(1956 年 6 月 30 日)

代表团访问波兰革但斯克市(Gdansk,7 月 2 日，左第四人刘敦桢，第六人周部长，第八人梁思成)

代表团访问波兰革但斯克市(Gdansk,7 月 2 日)

代表团访问波兰革但斯克市（Gdansk）规划委员会（7 月 2 日）

访问 szczecin 市途中（7 月 4 日）

参观 Szczecin 市体育场（7 月 4 日）

参观 Gdansk 住宅区工地预制构件施工（7 月 2 日）

参观 Gdansk 市旧城（7 月 2 日）

Szczecin 市大教堂(7 月 6 日)

克拉科夫市 (Krakow) 古城堡(7 月 11 日)

克拉科夫市平面图

克拉科夫市内广场及建筑

代表团参观波兰华沙工业大学建筑系学生作业（7 月 21 日）

代表团在波兰华沙工业大学与建筑系教师举行座谈（7 月 21 日）

刘先生与波兰建筑师交谈

代表团参观波兰华沙旧城街道及建筑（7 月 22 日）

刘先生接受波兰华沙工业大学建筑系赠书（7 月 21 日）

访问苏联（1956年7月）

自河桥上望红场

红场列宁墓夜景

莫斯科大街（一）

莫斯科大街（二）

莫斯科河上风景

苏联全苏农业展览馆之一

苏联全苏农业展览馆之二

苏联全苏农业展览馆之三

苏联全苏农业展览馆之四

苏联全苏农业展览馆之五

苏联全苏农业展览馆之六

苏联全苏农业展览馆之七

苏联全苏农业展览馆之八

莫欣教授举行家宴招待刘先生及翻译

日本建筑师代表团访问南京

摄于中山陵（福山敏男摄，1966 年 9 月 21 日陪同日本建筑师访华代表团参观明孝陵等地，为刘先生生平最后二幅留影之一）

摄于明孝陵（福山敏男摄，1966 年 9 月 21 日日本建筑师代表团访问南京，刘敦桢教授陪同参观明孝陵，此为刘先生最后一次公开活动

生 活

身着校服

摄于日本海滨浴场

刘先生单人照

1957 年夏摄于北京香山

刘先生单人照

全家合影（前排左起陈敬 刘先生　后排左起 女刘叙仪　子刘叙杰 媳宋逭）

1934 年摄于北京

1928 年摄于友人宅园

刘先生单人照

1957 年夏与夫人陈敬摄于北京香山

与夫人陈敬合影

追悼纪念

平反追悼会

家属签名（夫人陈敬，旁为龙希玉教授）

家属签名（左起宋竑、陈敬娟、刘叙仪、刘圻）

来宾签名（杨廷宝）

来宾签名

来宾签名

来宾签名（陈从周）

大会致辞

大会会场（一）

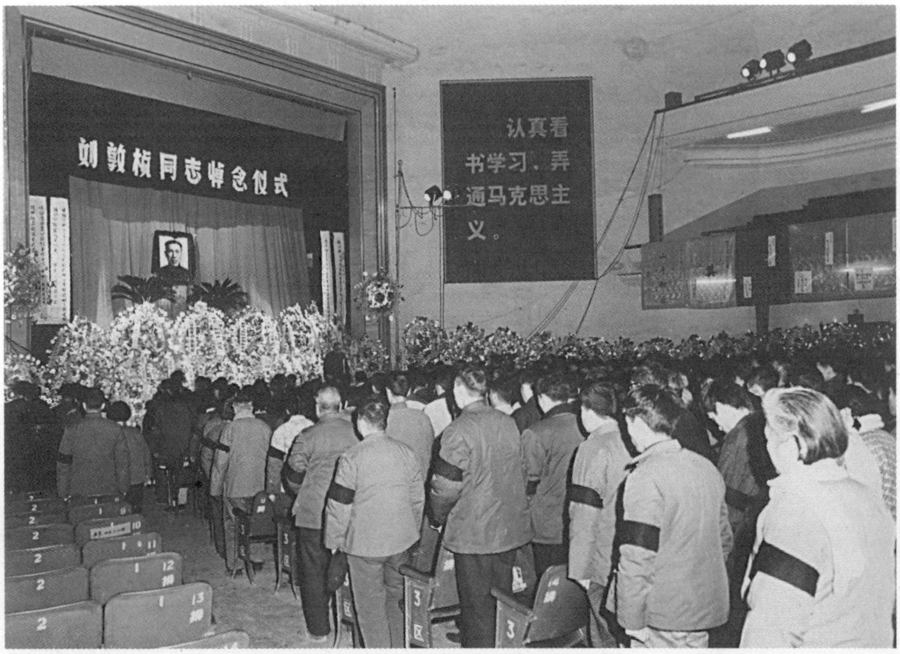

大会会场（二）

家属集体合影

1987年10月25日为纪念刘先生90寿诞举行国际学术报告会

会后与中外来宾合影于校大礼堂前
（前排左起：王慧英、陈敬、福山敏男、浅野清。后排左起：刘叙杰、田中淡、冈田英男、齐康、郭湖生）

会上1933届系友许道谦送来刘先生彩色肖像磁盘，先生夫人陈敬与王慧英教授合影于家中

刘先生画像

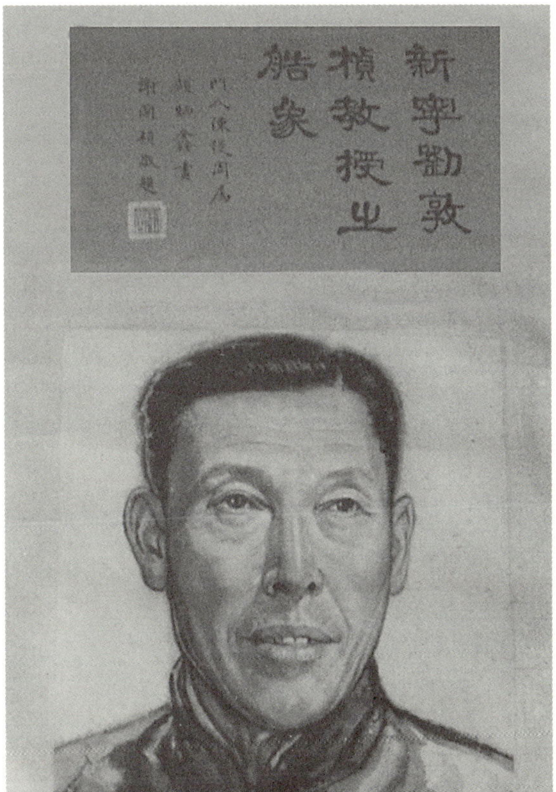

刘先生画像

刘敦桢 杨廷宝 童寯纪念铜像

刘敦桢 杨廷宝 童寯纪念铜像

《刘敦桢全集》整编后记

这是由10册合为一部的建筑史学文集，它体现了父亲——我国著名建筑史学家与建筑教育学家刘敦桢教授在建筑科研、教学、生产以及文物保护等方面毕生所作出的巨大成就与贡献，反映了父亲在20世纪30年代至60年代的四十余年间为我国建筑史学这一领域在理论与实践上创立的开拓性功绩。这套书包纳了他以及和其他学者历年所撰写的史学专著、专题研究、文献考证、理论探讨、调查报告、工作日记、保护规划、会议讲演、课程教案、书刊评述、往来信函，以及部分的建筑设计……此外，还附有他的生平大事和著作目录，以及若干文稿手迹与生前照片。全书共编有各类著作150余篇（册），总计行文210余万字，大小插图、照片4300余幅。

对于这套书的编辑工作，最初开始于1979年。当时的计划是将父亲的个人著作（不含专著及与其他学者的合著）编为文集四卷，并争取在两三年内出版。由于对工作中存在的种种困难估计不足，加以另一负责人郭湖生教授自第二卷起即行因病退出，而我自己担负的教学、科研和生产任务却有增无减，这些都打乱了原来的计划。在工作中，因文稿内大量图片的佚失和需要将多种体裁的内容（如中建史教案）予以综合重组等等，由此所带来额外的工作量，也是始料所不及的。至于更多繁杂的事务，例如文稿的抄录、照片的重拍和洗印、插图的再绘以及最后图片版式的尺寸核定与具体排列等等，都需要亲自动手。因此，这文集的第四卷直到1990年10月才全部交稿，其正式出版则延迟到了1992年12月，较之原定的计划整整晚了十年。

1997年为东南大学建筑系建系七十周年，又适逢先父百岁诞辰。为庆祝建筑学界中这两项盛事，学校特别出版了一套反映建系以来各方面成就的纪念丛书，其中也包括了一册《刘敦桢建筑史论著选集》。由于篇幅有限，仅选编了他若干有代表性的著述和少量未刊的遗作。

作为父亲的学生和子嗣，自己在十多年来担任了对遗作的两次主编以后，对于即将要整编为九册的全集工作，自然是义不容辞和责无旁贷的。特别是在2001年梁思成先生的全集出版后，这任务的紧迫感就更加突出了。而千方百计地全面搜寻尚未发表的遗作，乃是这一工作中的重中之重。虽然自己仍处于单枪匹马的不利条件下，但通过不懈地深入查找和得到许多热心人士的支持，到2006年2月底为止，终于在原有的基础上又陆续增添了二十多篇文稿，应当说是一个不小的收获。2005年冬，国家新闻出版署正式将这套书列为“十一·五”期间的重点出版项目，中国建筑工业出版社也将文稿的最后期限，由2006年年底提前到4月。工作时间的缩短，使得整编工作必须进一步提速，这就使原来所作出的计划安排，受到很大的影响。例如对《营造法式》各版本的校勘、若干史论和教材的进一步整理，就不得不留待以后再进行了。

2006年4月，我将《全集》第九卷最后一批文稿送到了北京的中国建筑工业出版社编辑部，满以为这项工作可以告一个段落了。讵料第二天在参加国家文物局召开的“指南针计划”会议时，忽然得到在中国文物研究所的库房里发现了一批父亲和梁先生文稿的消息，于是在会后就立即前往检视。这批文稿一共五篇，除了梁先生的“应县木塔”外，其余的“河北涞水县水北村石塔”、“江苏吴县罗汉院双塔”、“河北定县开元寺塔”、“河南济源县延庆寺舍利塔”都是父亲的遗作，撰写时间约在1935～1936年前后。这些佚稿的重见天日，是我国建筑史研究中的一件大事，令人兴奋不已。由于后来陆续寻得了“访问波兰笔记”等一批稿件，在征得出版社的同意后，我又投入到整编《全集》第十卷的工作，并在2007年6月得以完成（其中包括费时费力最多，原来仅整理了一半的宋《营造法式》诸版本校勘记录）。对于这书全部漫长曲折的整理过程而言，真可谓是“一波三折”。

至于整编中我的主要工作，首先是尽最大可能地收集尚未纳入的遗著，然后编修校核已有文稿，补充缺失图片。在其他的细节方面，如改补文稿中的错字和缺漏，调整文句的标点符号，统一建筑的宋、清名称，增补朝代年号及公元纪年，以及添加若干注释等等，都是一些具体和必要的工作。

通过这些工作，使自己不断地得到了许多收获，以及一些较过去更为深化的体会和感受：

1. 20世纪是中国历史中一个地覆天翻的世纪，它给世界上人口最多的国家带来极大的震荡和变革。随着中国最后一个封建王朝的覆灭，中国社会正在从封建体制向民主体制转型，这就引起了国内在政治、经济、文化、思想……上的巨大变化，而培养各方面急需的新型人才，就成为国家当时最为迫切的任务之一。为了适应这一需求，政府先后从各地选派了不少青年学子到国外留学，而后来在我国各个科学和技术领域中的奠基人和泰斗，大多都来自这些留学生。父亲的经历也是如此，设想如果没有辛亥革命的成功，没有被遴选赴东瀛留学，没有后来在建筑设计和建筑教学上的实践……也就没有他对传统建筑的志趣，更不会参加中国营造学社并取得以后的重大科研成果了。由此可见，客观的条件和机遇，乃是决定个人人生道路最根本的因素。然而个人的主观因素也是十分重要的。例如有的留学生就因为种种原因而永久泄留在异国他乡；留学回来的人也常常出于金钱、地位和生活中的许多诱惑而放弃了自我奋斗的初衷；有些人则被生活中的挫折所打倒而一蹶不振……凡此种种，不一而足。其关键乃是他们在人生转折的重要时刻，解除了自我的思想武装，放弃了初衷的奋斗理想。从父亲的毕生经历来看，他对献身于中国建筑教育和科研事业的志愿，一直终身不渝。为此他无意追逐名利，不计生活困苦，一贯勤奋努力，从高依严律已，终于在学术上取得了非凡的成就和崇高的声誉。而这一切的实现，绝非出自偶然。

2. 四十年来的辛勤创业和刻苦努力，为父亲的事业铺垫了登顶的道路。但成功的确是得来不易，早在1932～1937年，他就和营造学社的同仁们经年累月跋涉于华北五省的山水之间，以最快的速度和最短的时间，多次调查测绘了这一广大地区中的大部分有代表性的古建筑和遗迹。往往是在上次的调查报告和测绘图纸尚未全部完成，就又踏上了新的旅途。所承担的工作量之大与劳动强度之高，绝非常人所能想像。据父亲回忆：学社社长朱启钤老先生平日待人接物十分和蔼，但对学社的工作却把握和督促得极为严紧，以致有些工作人员因为没能如期完成任务，在无奈之下常常急得跳脚。正是由于全社上下一致的艰苦努力，才能在日寇全面发动侵略战争以前，提前完成了对华北地区的古建调查工作。在尔后的抗日战争期间，学社的调研工作转移到了我国西南的大后方（调查地域主要在云南、四川两省）。这时父亲和学社同仁们又为中国建筑史开拓了新的领域，其意义和成就足可与华北调查媲美。这时对他们的重大威胁，不仅来自日本飞机的炸弹，还有日益窘困的经济状况和十分恶劣的气候和工作条件。特别是1942年以后，缺乏资金和疾病竟导致了学社科研工作的中止。1949年中华人民共和国成立，为建筑学科教学和科研的蓬勃发展带来了新的机遇。父亲在这时先后开拓了对传统民居和古典园林方面具有“里程碑”意义的系统调研工作，又多次积极参与了举全国学科之力的中国建筑史的编辑和撰写，都取得了十分突出的成绩。然而由于当时“极左”思潮的影响，各项政治运动相继开展，又厉行对非无产阶级思想的改造批判和阶级斗争，给正常的学术活动带来了很大的干扰。这不仅对父亲的既有工作大有影响，而且还妨碍了他在科研和教学方面更多的开拓和展延。

3. 在对父亲遗著的整理过程中，自己的巨大收获，首先自然是在专业知识上的大大提高，而且其程度随着工作的进程而日益深化。内中使我深为叹服的，是父亲多年积累下来的渊博知识和深厚的文史基础，这使得他对学科中许多具体问题（年代、结构、造型……）的判断较一般人更为精准，同时又能对学科的未来和发展，有着更为敏锐的前瞻性。再加上他一贯踏实与不懈的工作精神和作风，这些都对他毕生从事的教学和研究工作带来了至为关键的影响。众所周知，除了中国建筑以外，父亲对西方古典建筑的了解和理念也非同一般人可比（这也反映在他历年来对西方建筑史的授课以及多次的涉外学术活动的成功）。但他对印度古代建筑史的深入研究，却是大家所未曾预料到的。从他1959年访问印度写下的日记，以及存留至今的有关印度古建筑的文稿与笔记，其所反映的内容和水平，乃是通过长期积累而绝非经由短期努力所能达到的。他曾经计划对中国周边的亚洲各国建筑史开展研究，这又是一个具有战略性远见的重大课题，并将过去仅着眼于国内研究的范围扩大到了国外。其中日本和印度自然是两大重点，对于前者他过去已经具备了很好的基础，对于后者他也曾作出了大量的准备工作，并进行了研究生的重点培养。可惜这一原来极有希望开拓的新研究领域，由于“文化大革命”的爆发，使得多年来的努力化为了泡影。

父亲的治学严谨，也是众所周知的。他认为凡属论述，就必须持有充足的证据。除了在特殊情况下，“孤例不足为凭”是他常讲的一句话。在他论著的撰写中，一贯力求简明扼要，言之有据，认为“文章掷地应作金石声”，而绝不应故弄虚玄或言之无物，与主题风马牛不相及。但在严肃的考证中，也偶有例外。例如抗日战争前，他在河南、山东等地作田野调查时，对途中所见到的自然景象和农民生活的描绘，都充分抒发了他对中华大地斯土斯民深厚的内在情感，使读者也能产生强烈的共鸣而犹若身临其境。通过这些隽美的词文和写实的表达，也反映了他在文学上的才华。

4．社会的发展也是人的认识发展过程，只有通过反复和不断的深化，人的认识才能提高。父亲是一位大家公认的知识渊博学者，但他的认识过程也必然遵循着这一共同的规律。例如早在20世纪20年代他就已长住苏州，并且对市内外的古建、园林、民宅作过多次踏访。但是对罗汉院双塔和玄妙观大殿如此突出显著的宋代建筑，直到30年代再来苏州时才得以发现。在园林方面也是如此，除了大加赞赏木渎镇的严家花园外，竟对拙政园、留园等曾经大放异彩的名园未能给予足够的重视。这里可能有因当时园中亭轩败坏、草莽丛生，以致匆匆一瞥未能认识其“庐山真面目”以外，与当时他在这方面的专业认识还不够深化，恐怕也是一个重要原因。就苏州园林而言，父亲在30年代和50年代的认识可说是有了天壤之别，而后来的飞跃性提高，自然与进行了大规模与深入的研究工作密切有关。这也说明了任何人对知识的获得，都要经过从无到有、由浅入深的过程。而一切成绩的获得，也绝非来自侥幸，只有通过不断地努力探索和实践，才有可能进入超凡的境界。

认识不足必然带来判断上的偏差，对自己出现的偏差又应当如何对待？我在文稿整编过程中，多次在《中国营造学社汇刊》的页端和页下，发现父亲亲笔写下的勘误，除了订正他文中的不足，还表达了对读者的深切歉意和诚恳的自责。这表明了他对工作所持的一贯认真负责的作风，以及对自己的错误不加隐瞒并立即改正的态度。事实证明，即使后来在担任学术领导的各项工作中，他从不文过饰非，或将责任推诿给他人，而是由自己承担起来。应当看到，这也是衡量一名科学家和学科带头人的一条重要标准。

5．人类的社会是一个群体，需要大家通力合作。对于教学、科研和生产工作也是一样，虽然都需要有学术上的带头人，但是还必须经由大家的协同努力，才能取得良好的成果。父亲认为他的一切成就都是来源于此，例如《苏州古典园林》和《中国古代建筑史》的成书，都是依靠他和几十位甚至几百位工作人员长期共同的艰辛劳动。这里既有在多个学术领域（如考古、历史、建筑、地理……）中从事专业工作的各级人员，也有包括行政领导、后勤服务等非专业工作者，甚至还有那些给以热情支持和关怀的社会各界人士。即使是范围和篇幅较小的个人论文，也离不开上述许多方面的帮助（其中还应包括撰写文献与考证史料的前人）。父亲从来没有因为自己做了某些工作取得某些成绩而贪天之功或沾沾自喜，反而特别强调和重视与大家的亲密协作。为此他一贯十分尊重别人的努力和成绩，尤其是重视那些非常敬业而又有才华的中、青年学人的意见，不但充分发挥他们的潜力，还尽可能帮助解决他们面临的各方面问题。直至目前，一些曾经和父亲共同工作过的人，还保有许多这方面的深刻印象。

6．由于数十年来种种客观上的天灾人祸与主观上的始料所未及和疏漏，使得父亲原有的不少作品和资料都已亡毁或散失，而成为千古绝唱。另一些文稿则因时不我与而未来得及整理（如外国建筑史、印度建筑史、宋、清式营造法……）。此外，少数与专业无大关连的（例如在政治运动中的批判和发言……），在本书中也未被采用。基于上述种种原因，所以本书并没有完全包纳父亲毕生的全部创作。因此，今后在这一方面，还有相当宽广的发展空间和研究机会。

在整编这书的二十多年来，本人除了一直得到许多单位（如东南大学、中国建筑工业出版社……）和有关各级领导的大力支持外，还得到各方面众多人士的积极协助和支持鼓励，有的撰写了序言，有的提供了佚文、资料和图幛、照片，有的则从事了极不显眼的日常事务工作，有的甚至还无私地奉献出珍藏多年的实录和笔记。他（她）们的热情支持和实际行动，都使我深为感动。除了在过去的两篇后记及有关注释中提到的各位先生和女士以外，还有国家文物局罗哲文先生，中国建筑设计研究院建筑历史研究所傅熹年院士、陈同滨所长，中国文物研究所张廷皓所长、刘志雄和殷立欣先生、杨新和查群女士，北京建筑工程学院许政老师，东南大学杜顺宝、王建国、陈薇教授，陈建纲和刘圻工程师，南京市建委叶菊华总工程师，江苏省建筑设计研究院吕国刚工程师，南京大学马晓老师，同济大学戴复东院士、喻维国教授，华南理工大学陆元鼎教授，哈尔滨工业大学侯幼彬教授，武汉工业大学左濬沅教授，苏州科技学院邵俊仪教授，中国建筑工业出版社王莉慧编辑等等。为此，谨向大家表示最衷心的感激和致谢。另外，内子宋逭教授和顾丽娟女士虽未从事过建筑专业工作，但也为这书稿件的完成贡献了不少力量。

二十多年来的努力，终于使得这项工作获得了一定的成果，只是出于自身能力有限，许多地方尚难尽如人意。对自己来说，这乃是义不容辞的责任和应尽的本分。然而持续多年的紧张工作，已使得七十六岁的我深感心力交瘁。特别是在2006年6月决定再增编第十卷以后，工作量的巨大和时间的紧迫，已经使我难以承受。就在这不久后的7月间，家中最宠爱的女儿从北京回宁探亲，不幸在一次极为意外的事故中永远离开了人世。如此沉重的打击对我和家人身心所带来的伤害，是无法用任何方式来表述的。但是生活还必须继续下去，我不但要向卧病中的老母亲隐瞒事实，还要每天去医院探视为此住院的内子。更重要的，则是必须克服自己因悲痛而十分低落的情绪，努力去完成那些尚未竟了的工作。而全集的许多段落，就是在夜阑人静泪流满面的情况下整理出来的。因此，在最后的这一年里，我所受到的煎熬和困苦，确已远超过去整编此书的所有年代。时至今日，尘埃似已大体落定。面对去世已近四十周年的父亲在天之灵，以及目前久病卧床的一百零六岁母亲，我只能像一名跑得筋疲力尽的万米运动员那样说："请原谅我，虽然没能够得到奖牌，但是我尽力了。"

刘叙杰
2007年6月22日于南京东南大学